高等职业教育土木建筑类专业新形态教材

建筑工程施工图识读

（第3版）

主　编　郭烽仁　孙　羽

副主编　郭　泉　李　萍　张幼鹤　华　云

　　　　丁晓冬　王爱兰　李苗苗　韦柄光

主　审　余煦明

北京理工大学出版社

BEIJING INSTITUTE OF TECHNOLOGY PRESS

内 容 提 要

本书根据现行建筑工程制图标准及16G101系列国家标准图集进行编写。全书共分为9章，主要包括建筑工程施工图识读基础、建筑工程施工图识读、结构施工图识读、基础结构施工图识读、主体结构施工图识读、装配式建筑施工图识读、室内给水排水施工图识读、室内电气施工图识读、钢结构施工图识读等。

本书可作为高等院校土木工程类相关专业的教材，也可作为函授和自考辅导用书，还可供建筑工程施工现场相关技术和管理人员工作时参考。

图书在版编目（CIP）数据

建筑工程施工图识读／郭烽仁，孙羽主编.—3版.—北京：北京理工大学出版社，2021.2
（2021.3重印）

ISBN 978-7-5682-9572-7

Ⅰ.①建… Ⅱ.①郭… ②孙… Ⅲ.①建筑工程－建筑制图－识图－高等学校－教材 Ⅳ.①TU204

中国版本图书馆CIP数据核字（2021）第031839号

出版发行／北京理工大学出版社有限责任公司

社　　址／北京市海淀区中关村南大街5号

邮　　编／100081

电　　话／（010）68914775（总编室）

　　　　　（010）82562903（教材售后服务热线）

　　　　　（010）68948351（其他图书服务热线）

网　　址／http://www.bitpress.com.cn

经　　销／全国各地新华书店

印　　刷／北京紫瑞利印刷有限公司

开　　本／787毫米×1092毫米　1/16

印　　张／17

插　　页／4

字　　数／403千字

版　　次／2021年2月第3版　2021年3月第2次印刷

定　　价／49.00元

责任编辑／钟　博

文案编辑／钟　博

责任校对／周瑞红

责任印制／边心超

第3版前言

工程施工图是科学表达工程性质与功能的通用工程语言，在工程设计与施工过程中起着至关重要的作用，是工程技术人员进行建筑工程设计与施工的基础。绘制建筑工程施工图并对其进行识读，是设计人员、施工人员及工程管理人员都必须掌握的基本技能，这不仅关系到设计构思是否能够准确实现，同时也关系到建筑工程施工质量能否达到并满足相关质量验收标准规范的要求。

随着平法标注方式在混凝土结构施工图中得到广泛应用，现阶段混凝土结构施工图大都采用平法标注方式。为使本书内容能更好地贴合工程实际、更好地满足高等教育教学需要，编者在认真总结建筑工程实践经验及广泛调查研究的基础上，根据各高等院校教材使用者的建议，结合现行建筑制图标准及16G101国家标准图集，对书中相关内容进行了必要的修改与补充。

本次修订主要根据《混凝土结构设计规范（2015年版）》（GB 50010）、《建筑抗震设计规范（2016年版）》（GB 50011）、《高层建筑混凝土结构技术规程》（JGJ 3）及《混凝土结构施工图平面整体表示方法制图规则和构造详图》（16G101）进行。在修订过程中，编者力求对编写体例有所创新，删除了一些实际建筑工程施工过程中较少涉及的内容，特别是根据16G101国家标准图集中的混凝土结构相关节点构造及平法制图规则，对结构施工图识读部分的相关内容重新进行了编写。为满足培养装配式建筑技术和管理人才的需要，本次修订还结合企业需求及装配式建筑发展趋势，对装配式建筑施工图识读进行了介绍。

本次修订时，编者注重对建筑工程施工图识读的原理性、基础性知识内容进行介绍，进一步强化培养学生发现和解决问题的能力，从而有助于学生对理论知识的掌握与实践技能的协调发展。另外，本次修订还对各章的"学习目标"及"教学方法建议"重新进行了编写，明确了学习目标，以便于学生对教学重点的掌握；对各章后的"习题"也进行了适当补充，有利于学生课后复习，培养学生应用所学理论知识解决工程实际问题的能力。

本书由福建信息职业技术学院郭烽仁、山东商务职业学院孙羽担任主编，由福建农林大学郭泉、福建信息职业技术学院李萍、王爱兰、张家口职业技术学院张幼鹤、江西工业职业技术学院华云、枣庄职业学院丁晓东、阜新高等专科学校李苗苗、广西现代职业技术学院韦柄光担任副主编，全书由福建信息职业技术学院余煦明主审定稿。在本书修订过程中，编者参阅了国内同行的多部著作，部分高等院校的老师也提出了很多宝贵的意见，在此表示衷心的感谢！

虽经反复讨论修改，但限于编者的学识及专业水平和实践经验，书中仍难免存在疏漏或不妥之处，恳请广大读者批评指正。

编　者

第2版前言

本书第1版自出版发行以来，经有关院校使用，深受广大专业任课老师及学生的欢迎及好评，他们还提出了很多宝贵的意见和建议，编者对此表示衷心感谢。为使本书能更好地体现当前高等院校建筑工程施工图识读课程的需要，我们组织有关专家、学者结合近年来高等院校教学改革动态，依据最新制图标准以及相关法律法规对本书进行了修订。

本书修订以第1版为基础进行，修订时遵循"立足实用、打好基础、强化能力"的原则，以培养面向生产第一线的应用型人才为目的，注重培养学生的实践能力和动手能力，力求做到内容精简、由浅入深，注重阐述基本概念和基本方法，联系工程实际，在文字上尽量做到通俗易懂。通过本书的学习，学生能初步掌握建筑施工图识读的基本知识；能够识读、绘制建筑工程施工图；能够识读结构施工图、室内给排水施工图、室内电气施工图以及钢结构施工图等；能把所学知识运用到实际工程，为以后工作打下基础。

为方便教师的教和学生的学，本次修订除对各学习情境内容进行了必要更新外，还对有关学习情境的顺序进行了适当的调整，并结合广大读者、专家的意见和建议，对书中的错误与不合适之处进行了修改。本次修订重点依据11G101系列国家标准图集及新国家标准规范，对平法施工图的内容进行了补充与修订，如：桩承台基础部分增加了相应的承台钢筋配筋图，增加了基础梁底部非贯通纵筋长度规定；柱平法施工图识读部分增加了复合箍筋的构造形式，以及抗震KZ柱箍筋加密区范围规定及相关的节点构造详图；梁平法施工图识读部分增加了抗震框架梁KL及抗震屋面框架梁WKL的纵向钢筋构造图及梁侧面纵向构造钢筋和吊筋构造详图；楼梯平法施工图识读部分增加了常见的AT、BT楼梯，楼梯休息平台板、梯段、梯梁等配筋图和实例等。

本书由郭烽仁担任主编，由郭泉、李萍、黄身辉担任副主编，肖萍、王群力参与编写。具体编写分工为：郭烽仁编写学习情境3，郭泉编写学习情境2，李萍编写学习情境1，黄身辉编写学习情境6，肖萍编写学习情境5，王群力编写学习情境4。林起健审阅了全书。

在本书修订过程中，编者参阅了国内同行的多部著作，部分高等院校的老师提出了很多宝贵的意见，在此表示衷心的感谢！对于参与本书第1版编写但未参与本书修订的老师、专家和学者，感谢你们对高等教育教学改革作出的不懈努力，希望你们对本书保持持续关注并多提宝贵意见，

本书虽经反复讨论修改，但限于编者的学识及专业水平和实践经验，仍难免存在疏漏和不妥之处，恳请广大读者指正。

编　者

第1版前言

建筑工程施工图是建筑工程施工的主要依据之一，是进行建筑工程投标报价的基础，也是进行建筑工程结算，编制建筑工程施工计划、物资采购计划、资金分配计划、劳动力组织计划等的依据。因此，无论是建筑工程设计人员、施工人员还是工程管理人员都必须掌握建筑工程施工图识读的基本知识。这不仅有助于工程施工的顺利进行，也能提高工程施工质量和施工效率。对高等院校的学生来说，其毕业后就业的岗位定位即为施工员、质检员、资料员等，这就要求学生具备一定的建筑工程施工图识读能力以更好地开展工作。

本书根据高等教育人才培养目标和工学结合人才培养模式以及专业教学改革需要，从更好地服务于高等院校学生毕业就业的角度出发，在内容选取上涉及建筑工程施工图识读基础、建筑施工图识读、结构施工图识读、室内给排水施工图识读、室内电气施工图识读和钢结构施工图识读等内容，严格遵循《房屋建筑制图统一标准》（GB/T 50001—2010）、《总图制图标准》（GB/T 50103—2010）、《建筑制图标准》（GB/T 50104—2010）、《建筑结构制图标准》（GB/T 50105—2010）、《建筑给水排水制图标准》（GB/T 50106—2010）等国家标准规范进行编写。通过对本书的学习，可以为今后专业技术水平的提高与发展打下坚实的基础。

本书在编写过程中，注重原理性、基础性与现代性，强化学习理念和综合思维，着重培养学生发现和解决问题的能力，有助于理论知识与实践技能的协调发展。本书由具有丰富教学经验的教师和建筑工程设计与施工领域的专家、学者合作编写，教材内容更加贴近教学实际和建筑工程设计与施工管理实际，具有较强的实用性。

在本书编写过程中，编者参阅了国内同行的多部著作，部分高等院校教师提出了很多宝贵意见，在此表示衷心的感谢！

本书虽经推敲核证，但限于编者的专业水平和实践经验，仍难免存在疏漏或不妥之处，恳请广大读者指正。

编 者

目 录

第一章　建筑工程施工图识读基础

学习目标

掌握建筑工程制图标准的基本规定，掌握建筑工程施工图的表达内容和表示方法，具有识读一般民用建筑工程施工图的基本能力。

教学方法建议

以全套图纸引导建筑工程施工图的手工绘图及识图方法，以学生熟悉的一般民用建筑为载体，引导学生熟悉绘制建筑工程施工图的基本方法，主要采用教、学、做结合的方法。

第一节　认识房屋建筑构造

一栋建筑物，无论是民用建筑还是工业建筑，一般都是由基础、墙和柱、楼地层、楼层、屋顶和门窗六大部分组成，如图 1-1 所示。它们分别处在同一房间中不同的位置，发挥着各自应有的作用。在这些建筑物的基本组成中，基础、墙和柱、楼层、屋顶等是建筑物的主要组成部分；门窗、楼梯、地层等是建筑物的附属部分。各组成部分的作用及构造要求如下。

一、基础

基础是建筑物最下部的承重构件，它承受建筑物的全部荷载，并将荷载传给下面的土层地基。地基可分为天然地基和人工地基两大类。用自然土层做地基的称为天然地基；经过人工加固处理的地基称为人工地基。常用的人工地基有压实地基、换土地基和桩基。

二、墙和柱

墙和柱是建筑物的承重和维护构件，它承受来自屋顶、楼面、楼梯的荷载并传给基础，同时能遮挡风雨，是建筑物垂直方向的承重构件。按墙的位置不同，墙有外墙和内墙之分，凡位于房屋四周的墙称为外墙，其中在房屋两端的墙称为山墙，与屋檐平行的墙称为檐墙；凡位于房屋内部的墙称为内墙。另外，与房屋长轴方向一致的墙称为纵墙，与房屋短轴方向一致的墙称为横墙。外墙起围护作用；内墙起分隔作用，把建筑物的内部空间分为若干相互独立的空间，避免使用时互相干扰。为了扩大空间、提高空间的灵活性，同时，也为了结构的需要，有时以柱代墙，建筑物采用柱作为垂直承重构件时，墙填充在柱间，仅起围护和分隔作用。

墙和柱必须稳定、坚固，并应满足质量小、隔声、防水和保温(隔热)等要求。

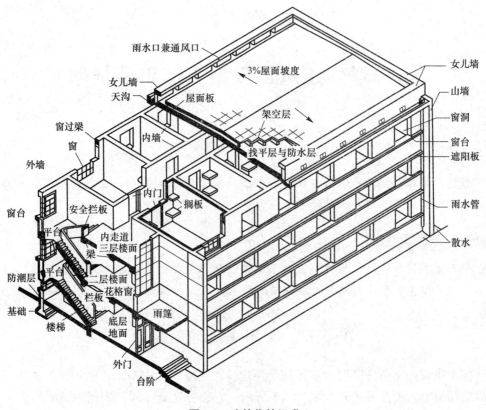

图 1-1　建筑物的组成

三、楼地层

楼地层包括楼层和地层。楼层是指楼板层，是建筑物的水平承重构件，把建筑空间在垂直方向划分为若干层，将所有荷载连同自重传给墙或柱，同时对墙或柱起水平支撑作用。地层指底层地面，承受其上的荷载并传给地基。

楼地层应有足够的强度和刚度，并应满足隔声、隔热、防水等要求。

四、楼梯

楼梯是楼房建筑中联系上下各层的垂直交通设施，供人们上下楼和紧急疏散使用。楼梯主要由梯段、楼梯平台板与平台梁、踏步、栏杆(栏板)与扶手组成。根据建筑物功能的需要，还可设置电梯、坡道、自动扶梯等垂直交通设施。楼梯必须坚固、稳定，并应有足够的疏散能力。

五、屋顶

屋顶是建筑物顶部的承重和围护结构，主要由支承构件(结构层)、屋面层和附加层组成，它承受作用在其上的荷载并传给墙或柱，主要起覆盖、排除雨水和积雪，以及保温、隔热的作用。同时，屋顶形式对建筑物的整体形象起着很重要的作用。

屋顶应有足够的强度和刚度，并应满足防水、排水、保温(隔热)等要求。

六、门窗

门窗属于非承重构件，是房屋的重要配件。门主要供人们进出房屋，有时兼起采光、通风等作用，并应有足够的宽度和高度；窗主要起采光和通风的作用，并应有足够的面积。门窗也是围护构件，对房屋起分隔、保温(隔热)、防风、防水及防火的作用。

根据门窗所处的位置，门窗应满足防风沙、防水、保温及隔声等要求。

上述房屋的六大主要组成部分与构造要求，是建筑施工技术人员阅读图纸、读懂图纸的基础知识，也是他们必须熟练掌握的基本技能。

除此之外，建筑施工技术人员还应了解和掌握建筑物各种配件的名称、作用和构造，包括过梁、圈梁、挑梁、台阶、阳台、雨篷、勒脚、散水、明沟、墙裙、踢脚板、天沟、檐沟、女儿墙、雨水口、水斗、雨水管、顶棚、花格、烟囱、通风道、垃圾道、卫生间、盥洗室等建筑细部构造及相关建筑构、配件。在房屋的顶部还应留有上人孔，以供维修人员上屋顶检修。

第二节　绘制建筑工程施工图

一、定位轴线及编号

定位轴线应用细单点长画线绘制。定位轴线应编号，编号应注写在轴线端部的圆内。圆应用细实线绘制，直径为8~10 mm。定位轴线圆的圆心应在定位轴线的延长线上或延长线的折线上。

除较复杂的平面图需采用分区编号或圆形、折线形外，平面图上定位轴线的编号，宜标注在图样的下方或左侧。横向编号应用阿拉伯数字，从左至右顺序编写；竖向编号应用大写拉丁字母，从下至上顺序编写(图1-2)。

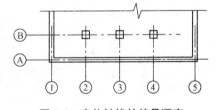

图1-2　定位轴线的编号顺序

拉丁字母作为轴线编号时，应全部采用大写字母，不应用同一个字母的大小写来区分轴线编号。拉丁字母的I、O、Z不得用作轴线编号。当字母数量不够使用，可增用双字母或单字母加数字注脚。

组合较复杂的平面图中定位轴线也可采用分区编号(图1-3)。编号的注写形式应为"分区号-该分区编号"。"分区号-该分区编号"采用阿拉伯数字或大写拉丁字母表示。

附加定位轴线的编号应以分数形式表示，并应符合下列规定：

(1)两根轴线的附加轴线，应以分母表示前一轴线的编号，分子表示附加轴线的编号。编号宜用阿拉伯数字顺序编写。

(2)①号轴线或Ⓐ号轴线之前的附加轴线的分母应以⓪①或⓪Ⓐ表示。

(3)对于通用详图中的定位轴线，应只画圆，不注写轴线编号。

一个详图适用于几根轴线时，应同时注明各有关轴线的编号(图1-4)。

圆形与弧形平面图中的定位轴线，其径向轴线应以角度进行定位，其编号宜用阿拉伯数字表示，从左下角或−90°(若径向轴线很密，角度间隔很小)开始，按逆时针顺序编写；其环向轴线宜用大写拉丁字母表示，从外向内顺序编写(图1-5、图1-6)。

折线形平面图中定位轴线的编号可按图1-7所示的形式编写。

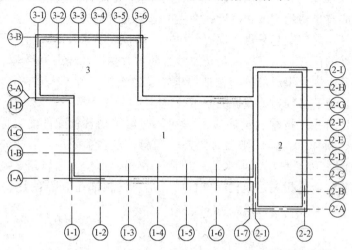

图1-3　定位轴线的分区编号

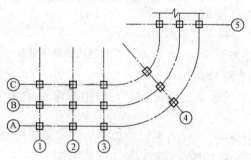

图1-4　详图的轴线编号

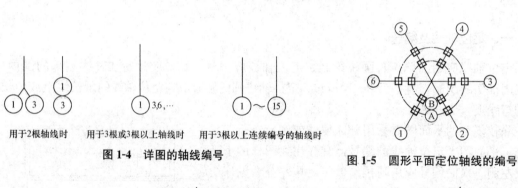

图1-5　圆形平面定位轴线的编号

图1-6　弧形平面定位轴线的编号

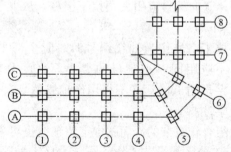

图1-7　折线形平面定位轴线的编号

二、索引符号和详图符号

(一)索引符号

图样中的某一局部或构件，如需另见详图，应以索引符号索引[图1-8(a)]。索引符号由直径为8～10 mm的圆和水平直径组成，圆和水平直径应以细实线绘制。索引符号应按下列规定编写：

(1)索引出的详图，如与被索引的详图同在一张图纸内，应在索引符号的上半圆中用阿拉伯数字注明该详图的编号，并在下半圆中间画一段水平细实线[图1-8(b)]。

(2)索引出的详图，如与被索引的详图不在同一张图纸内，应在索引符号的上半圆中用阿拉伯数字注明该详图的编号，在索引符号的下半圆用阿拉伯数字注明该详图所在图纸的编号[图1-8(c)]。数字较多时，可加文字标注。

(3)索引出的详图，如采用标准图，应在索引符号水平直径的延长线上加注该标准图集的编号[图1-8(d)]。需要标注比例时，文字在索引符号右侧或延长线下方，与符号下对齐。

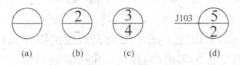

(a)　　(b)　　(c)　　　　(d)

图1-8　索引符号

用于索引剖视详图的索引符号，应在被剖切的部位绘制剖切位置线，并以引出线引出索引符号，引出线所在的一侧应为剖视方向，如图1-9所示。

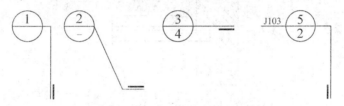

图1-9　用于索引剖面详图的索引符号

零件、钢筋、杆件、设备等的编号应以直径为5～6 mm的细实线圆表示，同一图样应保持一致，其编号应用阿拉伯数字按顺序编写(图1-10)。消火栓、配电箱、管井等的索引符号，直径宜为4～6 mm。

图1-10　零件、钢筋等的编号

(二)详图符号

详图的位置和编号应以详图符号表示。详图符号的圆应以直径为14 mm的粗实线绘制。详图编号应符合下列规定：

(1)详图与被索引的图样在同一张图纸内时，应在详图符号内用阿拉伯数字注明详图的编号(图1-11)。

(2)详图与被索引的图样不在同一张图纸内时，应用细实线在详图符号内画一水平直径，在上半圆中注明详图编号，在下半圆中注明被索引的图纸的编号(图1-12)。

图1-11　与被索引图样在同一张图纸内的详图符号

图1-12　与被索引图样不在同一张图纸内的详图符号

三、标高

(一)标高的分类

标高表示建筑物某一部位相对于基准面(标高的零点)的竖向高度,是竖向定位的依据。标高有绝对标高和建筑标高两种表示方法。

绝对标高以我国青岛黄海的平均海平面为零点,全国各地标高以此为基准测出。绝对标高用黑色三角形表示,图纸上某处所标注的绝对标高,就是说明该图面上某处的高度比海平面高出多少。绝对标高一般只用在总平面图上,以标出新建筑所处位置的高度。绝对标高有时在建筑工程施工图的首层平面上也有注写,如±0.000＝▼60.000,表示该建筑的首层地面比黄海海平面高出 60 m。

建筑标高除总平面图外,其他施工图上用来表示建筑物各部位的高度,均以该建筑物的首层(即底层)室内地面高度作为零点(写作±0.000)进行计算。比零点高的部位称为正标高,如比零点高出 4 m 的地方,可标成 $\overset{4.000}{\triangledown}$,而数字前面不标注"＋";反之,比零点低的地方,如室外散水低 0.350 m,可标成 $\overset{-0.350}{\triangledown}$,在数字前面标注"－"。建筑工程施工图上标高表示方法如图 1-13 所示。

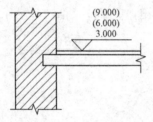

图 1-13　建筑工程施工图上标高表示方法

(二)标高符号的表示

标高符号应以直角等腰三角形表示,按图 1-14(a)所示形式用细实线绘制,当标注位置不够时,也可按图 1-14(b)所示形式绘制。标高符号的具体画法应符合图 1-14(c)、(d)所示的规定。

注意:总平面图室外地坪标高符号,宜用涂黑的三角形表示,具体画法应符合图 1-15 所示的规定。

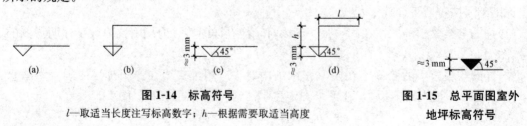

图 1-14　标高符号

l—取适当长度注写标高数字;h—根据需要取适当高度

**图 1-15　总平面图室外
地坪标高符号**

(三)标高数值的标注

(1)标高符号的尖端应指至被注高度的位置。尖端宜向下,也可向上。标高数字应注写在标高符号的上侧或下侧(图 1-16)。

（2）标高数字应以米（m）为单位，注写到小数点以后第三位。在总平面图中，可注写到小数点以后第二位。

（3）零点标高应注写成±0.000，正数标高不标注"＋"，负数标高应标注"－"，如 3.000、－0.600。

（4）在图样的同一位置处需标注几个不同标高时，标高数字可按图 1-17 所示的形式注写。

图 1-16　标高的指向　　　　　　图 1-17　同一位置注写多个标高数字

（5）相邻的立面图或剖面图宜绘制在同一水平线上，图内相互有关的尺寸及标高宜标注在同一竖线上（图 1-18）。

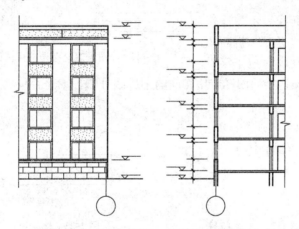

图 1-18　相邻立面图、剖面图的位置关系

四、引出线

引出线应以细实线绘制，宜采用水平方向的直线，与水平方向成 30°、45°、60°、90°的直线，或经上述角度再折为水平线。文字说明宜注写在水平线的上方[图 1-19（a）]，也可注写在水平线的端部[图 1-19（b）]。索引详图的引出线，应与水平直径线连接[图 1-19（c）]。

同时引出的几个相同部分的引出线，宜互相平行[图 1-20（a）]，也可画成集中于一点的放射线[图 1-20（b）]。

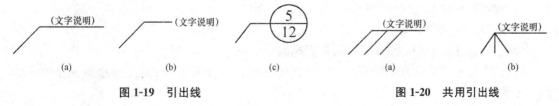

图 1-19　引出线　　　　　　图 1-20　共用引出线

多层构造或多层管道共用引出线，应通过被引出的各层，并用圆点示意对应各层次。文字说明宜注写在水平线的上方，或注写在水平线的端部。说明的顺序应由上至下，并应与被

说明的层次对应一致；如层次为横向排序，则由上至下的说明顺序应与由左至右的层次对应一致(图1-21)。

五、对称符号与连接符号

对称符号由对称线和两端的两对平行线组成。对称线用细单点长画线绘制；平行线用细实线绘制，其长度宜为6～10 mm，每对的间距宜为2～3 mm；对称线垂直平分于两对平行线，两端宜超出平行线2～3 mm(图1-22)。

连接符号应以折断线表示需连接的部位。两部位相距过远时，折断线两端靠图样一侧应标注大写拉丁字母表示连接编号。两个被连接的图样应用相同的字母编号(图1-23)。

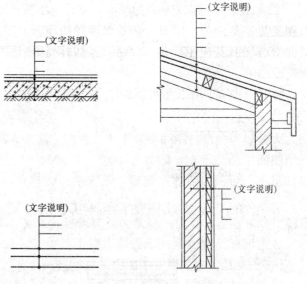

图1-21　多层共用引出线

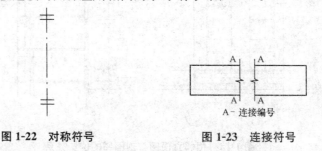

图1-22　对称符号　　　　**图1-23　连接符号**

六、标高标注

建筑物应以接近地面处的±0.000标高的平面作为总平面。字符平行于建筑长边书写。总图中标注的标高应为绝对标高，当标注相对标高时，则应注明相对标高与绝对标高的换算关系。建筑物、构筑物、铁路、道路、水池等有关部位的标高应按下列规定标注：

(1)建筑物标注室内±0.000处的绝对标高在一栋建筑物内宜标注一个±0.000标高，当有不同地坪标高时以相对±0.000的数值标注。

(2)建筑物室外散水，标注建筑物四周转角或两对角的散水坡脚处标高。

(3)构筑物标注其代表性的标高，并用文字注明标高所指的位置。

(4)铁路标注轨顶标高。

(5)道路标注路面中心线交点及边坡点标高。

(6)挡土墙标注墙顶和墙趾标高，路堤、边坡标注坡顶和坡脚标高，排水沟标注沟顶和沟底标高。

(7)场地平整标注其控制位置标高，铺砌场地标注其铺砌面标高。

标高符号应按现行国家标准《房屋建筑制图统一标准》(GB/T 50001—2017)的有关规定进行标注。

七、指北针与云线

指北针的形状应符合图 1-24 所示的规定，其圆的直径宜为 24 mm，用细实线绘制；指针尾部的宽度宜为 3 mm，指针头部应注"北"或"N"字。需用较大直径绘制指北针时，指针尾部的宽度宜为直径的 1/8。对图纸中局部变更部分宜采用云线，并宜注明修改次数(图 1-25)。

图 1-24　指北针

图 1-25　变更云线

注：1 为修改次数

第三节　识读常用建筑工程施工图图例

一、常用总平面图图例

总平面图图例见表 1-1。

表 1-1　总平面图图例

序号	名称	图例	备注
1	新建建筑物	$X=$ $Y=$ ① 12F/2D $H=59.00$ m	新建建筑物以粗实线表示与室外地坪相接处±0.000 外墙定位轮廓线 建筑物一般以±0.000 高度处的外墙定位轴线交叉点坐标定位。轴线用细实线表示，并标明轴线号 根据不同设计阶段标注建筑编号，地上、地下层数，建筑高度，建筑出入口位置(两种表示方法均可，但同一图纸采用一种表示方法) 地下建筑物以粗虚线表示其轮廓 建筑上部(±0.000 以上)外挑建筑用细实线表示 建筑物上部连廊用细虚线表示并标注位置
2	原有建筑物		用细实线表示
3	计划扩建的预留地或建筑物		用中粗虚线表示

序号	名称	图例	备注
4	拆除的建筑物		用细实线表示
5	建筑物下面的通道	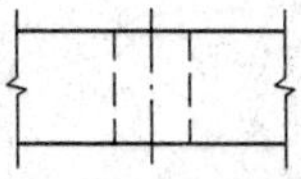	—
6	散状材料露天堆场	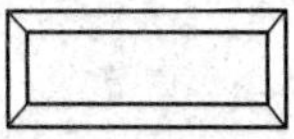	需要时可注明材料名称
7	其他材料露天堆场或露天作业场	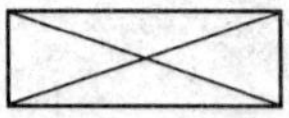	需要时可注明材料名称
8	铺砌场地	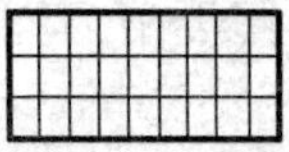	—
9	敞棚或敞廊	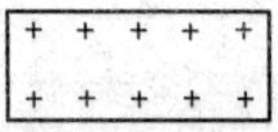	—
10	高架式料仓	 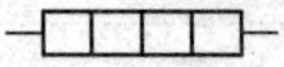	—
11	漏斗式贮仓		左、右图为底卸式，中图为侧卸式
12	冷却塔(池)	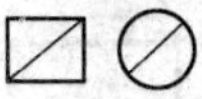	应注明冷却塔或冷却池
13	水塔、贮罐	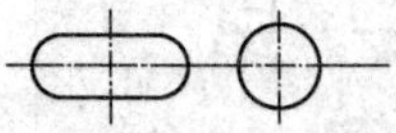	左图为卧式贮罐，右图为水塔或立式贮罐
14	水池、坑槽		也可以不涂黑
15	明溜矿槽(井)	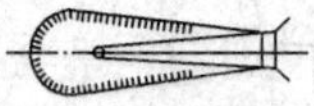	—
16	斜井或平硐	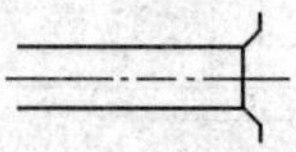	—
17	烟囱		实线为烟囱下部直径，虚线为基础，必要时可注写烟囱高度和上、下口直径

序号	名称	图例	备注
18	围墙及大门	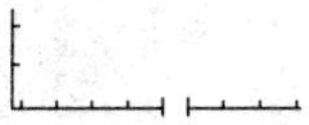	—
19	挡土墙	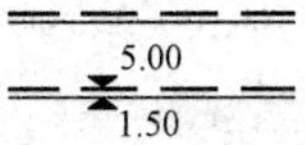 5.00 1.50	挡土墙根据不同设计阶段的需要标注 墙顶标高 墙底标高
20	挡土墙上 设围墙		—
21	台阶及 无障碍坡道	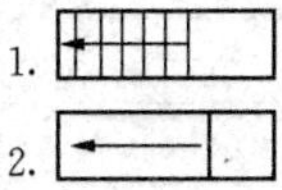 1. 2.	"1."表示台阶(级数仅为示意),"2."表示 无障碍坡道
22	露天桥式 起重机	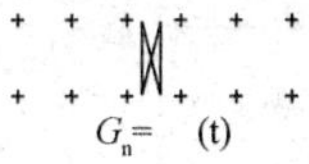 $G_n=$ (t)	起重机起重量 G_n,以 t 计算; "+"为柱子位置
23	露天电动 葫芦	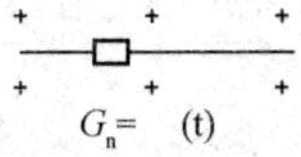 $G_n=$ (t)	起重机起重量 G_n,以 t 计算; "+"为支架位置
24	门式起重机	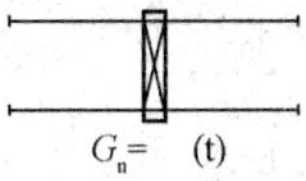 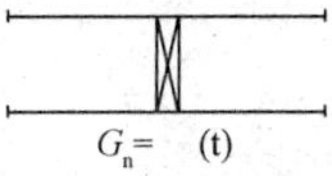 $G_n=$ (t) $G_n=$ (t)	起重机起重量 G_n,以 t 计算; 上图表示有外伸臂,下图表示无外伸臂
25	架空索道	 I　　I	"I"为支架位置
26	斜坡 卷扬机道	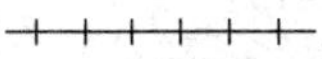	—
27	斜坡栈桥 (皮带廊等)	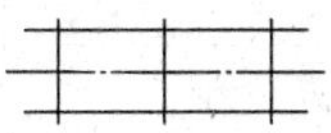	细实线表示支架中心线位置
28	坐标	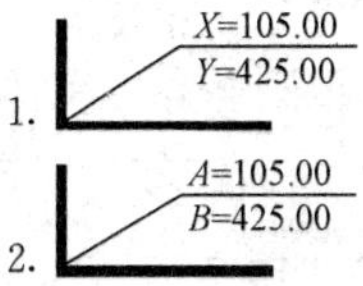 1. $X=105.00$ $Y=425.00$ 2. $A=105.00$ $B=425.00$	"1."表示地形测量坐标系,"2."表示自设 坐标系; 坐标数字平行于建筑标注
29	方格网 交叉点标高	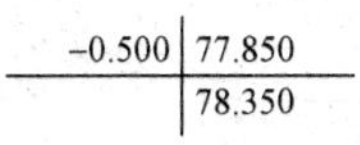 -0.500 | 77.850 78.350	"78.35"为原地面标高; "77.85"为设计标高; "—0.50"为施工高度; "—"表示挖方("+"表示填方)

序号	名称	图例	备注
30	填方区、挖方区、未整平区及零线	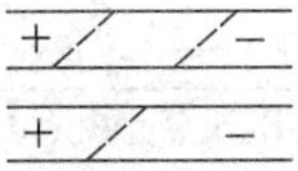	"+"表示填方区；"—"表示挖方区；中间为未整平区；点画线为零点线
31	填挖边坡		—
32	分水脊线与谷线	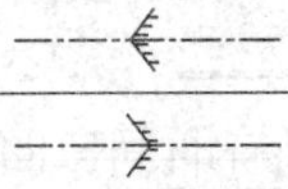	上图表示脊线，下图表示谷线
33	洪水淹没线	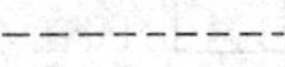	洪水最高水位以文字标注
34	地表排水方向		—
35	截水沟	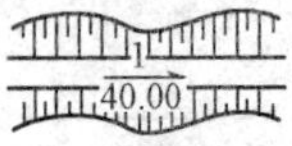 40.00	"1"表示1‰的沟底纵向坡度，"40.00"表示变坡点间距离，箭头表示水流方向
36	排水明沟	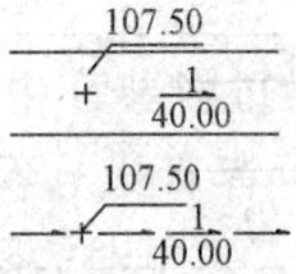 107.50 $\frac{1}{40.00}$ 107.50 $\frac{1}{40.00}$	上图用于比例较大的图面，下图用于比例较小的图面；"1"表示1‰的沟底纵向坡度，"40.00"表示变坡点间距离，箭头表示水流方向；"107.50"表示沟底变坡点标高（变坡点以"+"表示）
37	有盖板的排水沟	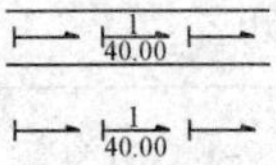 $\frac{1}{40.00}$ $\frac{1}{40.00}$	—
38	雨水口	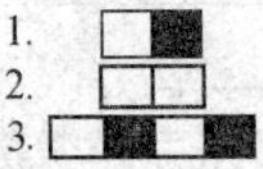 1. 2. 3.	"1."表示雨水口，"2."表示原有雨水口，"3."表示双落式雨水口
39	消火栓井		—
40	急流槽		箭头表示水流方向
41	跌水	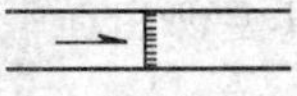	
42	拦水(闸)坝		—
43	透水路堤	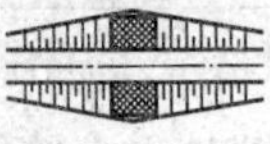	边坡较长时，可在一端或两端局部表示
44	过水路面		—

序号	名称	图例	备注
45	室内 地坪标高	151.000 ▽(±0.000)	数字平行于建筑物书写
46	室外 地坪标高	▼ 143.000	室外标高也可采用等高线
47	盲道		—
48	地下车库 入口		机动车停车场
49	地面露天 停车场		—
50	露天机械 停车场		—

二、常用建筑材料图例

常用建筑材料图例见表1-2。

表1-2 常用建筑材料图例

序号	名称	图例	备注
1	自然土壤		包括各种自然土壤
2	夯实土壤		—
3	砂、灰土		—
4	砂砾石、 碎砖三合土		—
5	石材		—
6	毛石		—
7	实心砖、 多孔砖		包括普通砖、多孔砖、混凝土等砌体
8	耐火砖		包括耐酸砖等砌体

序号	名称	图例	备注
9	空心砖、空心砌块		包括普通或轻骨料混凝土小型空心砌块等砌体
10	加气混凝土	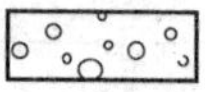	包括加气混凝土砌块体、加气混凝土填板及加气混凝土材料制品等
11	饰面砖		包括铺地砖、马赛克、陶瓷锦砖、人造大理石等
12	焦渣、矿渣	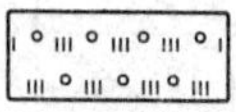	包括与水泥、石灰等混合而成的材料
13	混凝土	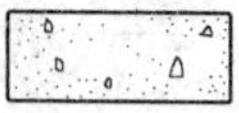	1. 包括各种强度等级、骨料、添加剂的混凝土;
14	钢筋混凝土		2. 在剖面图上绘制表达钢筋时，则不需绘制图例线; 3. 断面图形较小，不易绘制表达图例时，可填黑或深灰(灰度宜为70%)
15	多孔材料		包括水泥珍珠岩、沥青珍珠岩、泡沫混凝土、软木、蛭石制品等
16	纤维材料	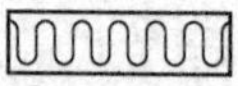	包括矿棉、岩棉、玻璃棉、麻丝、木丝板、纤维板等
17	泡沫塑料材料	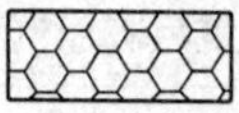	包括聚苯乙烯、聚乙烯、聚氨酯等多聚合物类材料
18	木材		1. 上图为横断面，左上图为垫木、木砖或木龙骨; 2. 下图为纵断面
19	胶合板	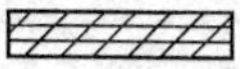	应注明为×层胶合板
20	石膏板	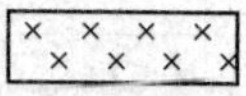	包括圆孔或方孔石膏板、防水石膏板、硅钙板、防火石膏板等
21	金属	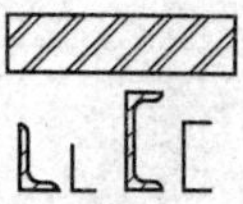	1. 包括各种金属; 2. 图形较小时，可填黑或深灰(灰度宜为70%)
22	网状材料		1. 包括金属、塑料网状材料; 2. 应注明具体材料名称
23	液体	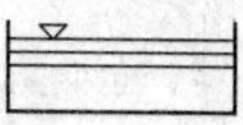	应注明具体液体名称
24	玻璃		包括平板玻璃、磨砂玻璃、夹丝玻璃、钢化玻璃、中空玻璃、夹层玻璃、镀膜玻璃等

序号	名称	图例	备注
25	橡胶		—
26	塑料		包括各种软、硬塑料及有机玻璃等
27	防水材料		构造层次多或绘制比例大时，采用上面的图例
28	粉刷	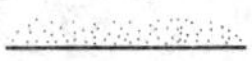	本图例采用较稀的点

注：1. 本表中所列图例通常在 1：50 及以上比例的详图中绘制表达。

2. 如需表达砖、砌块等砌体墙的承重情况，可通过在原有建筑材料图例上增加填灰等方式进行区分，灰度宜为 25% 左右。

3. 序号 1、2、5、7、8、13、14、15、21 图例中的斜线、短斜线、交叉斜线等的倾斜角度均为 45°。

三、常用建筑构造及配件图例

常用建筑构造及配件图例应符合表 1-3 所示的规定。

表 1-3　常用建筑构造及配件图例

序号	名称	图例	备注
1	墙体		1. 上图为外墙，下图为内墙； 2. 外墙粗线表示有保温层或有幕墙； 3. 应加注文字或涂色或图案填充表示各种材料的墙体； 4. 在各层平面图中防火墙宜着重以特殊图案填充表示
2	隔断		1. 加注文字或涂色或图案填充表示各种材料的轻质隔断； 2. 适用于到顶与不到顶隔断
3	玻璃幕墙		幕墙龙骨是否表示由项目设计决定
4	栏杆		—
5	楼梯	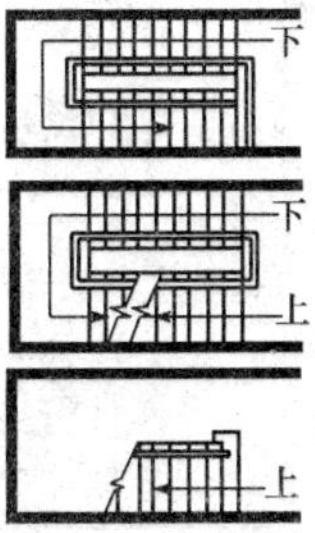	1. 上图为顶层楼梯平面，中图为中间层楼梯平面，下图为底层楼梯平面； 2. 需设置靠墙扶手或中间扶手时，应在图中表示

序号	名称	图例	备注
6	坡道	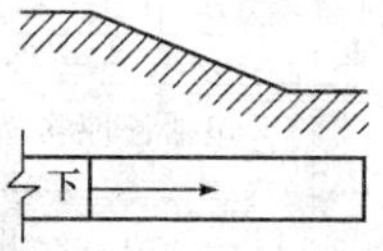	长坡道
		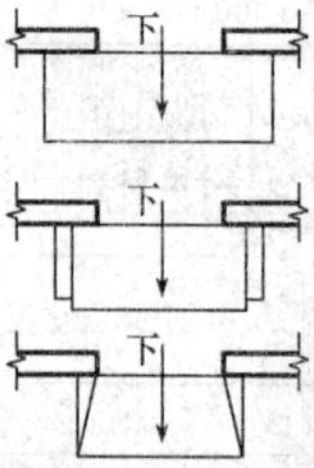	上图为两侧垂直的门口坡道，中图为有挡墙的门口坡道，下图为两侧找坡的门口坡道
7	台阶	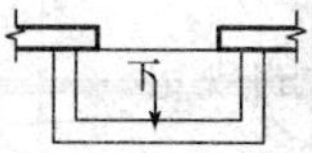	—
8	平面高差	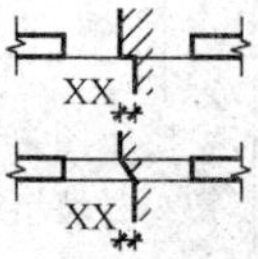 XX XX	用于高差小的地面或楼面交接处，并应与门的开启方向协调
9	检查口		左图为可见检查口，右图为不可见检查口
10	孔洞		阴影部分也可填充灰度或涂色代替
11	坑槽		—
12	墙预留洞、槽	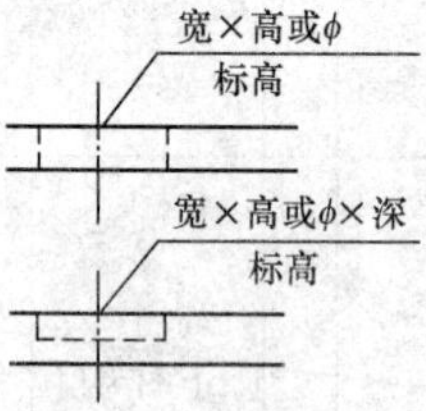 宽×高或φ 标高 宽×高或φ×深 标高	1. 上图为预留洞，下图为预留槽； 2. 平面以洞（槽）中心定位； 3. 标高以洞（槽）底或中心定位； 4. 宜以涂色区别墙体和预留洞（槽）
13	地沟	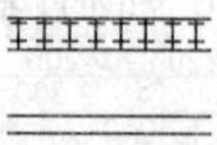	上图为有盖板地沟，下图为无盖板明沟

序号	名称	图例	备注
14	烟道	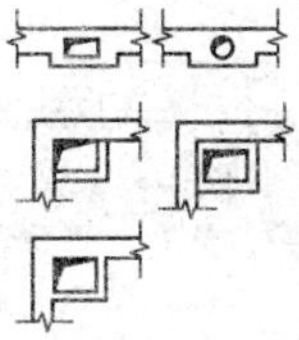	1. 阴影部分也可填充灰度或涂色代替； 2. 烟道、风道与墙体为相同材料时，其相接处墙身线应连通； 3. 烟道、风道根据需要增加不同材料的内衬
15	风道	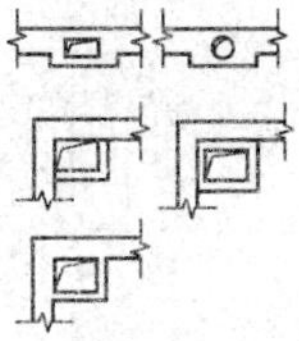	
16	新建的墙和窗	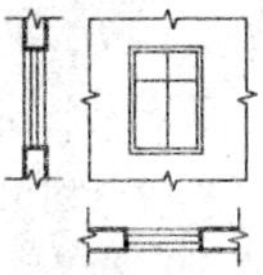	—
17	改建时保留的墙和窗	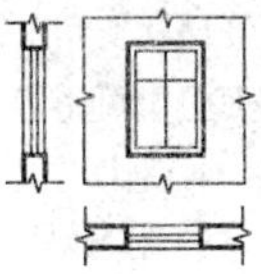	只更换窗，应加粗窗的轮廓线
18	拆除的墙	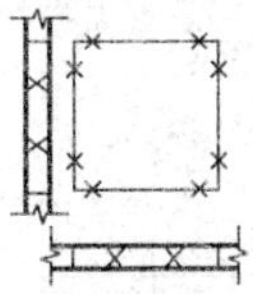	—
19	改建时在原有墙或楼板新开的洞	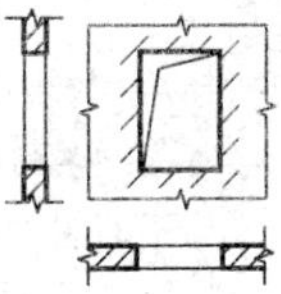	—
20	在原有墙或楼板洞旁扩大的洞	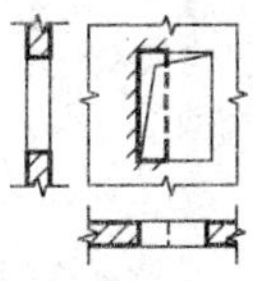	图示为洞口向左边扩大
21	在原有墙或楼板上全部填塞的洞	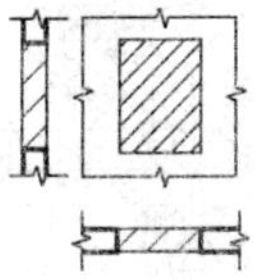	图示为全部填塞的洞； 图中立面填充灰度或涂色

序号	名称	图例	备注
22	在原有墙或楼板上局部填塞的洞	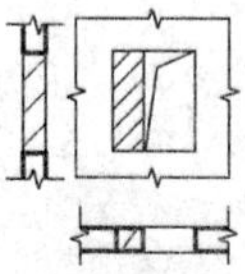	左侧为局部填塞的洞； 图中立面填充灰度或涂色
23	空门洞	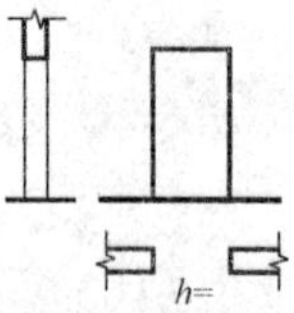	h 为门洞高度
24	单面开启单扇门（包括平开或单面弹簧）	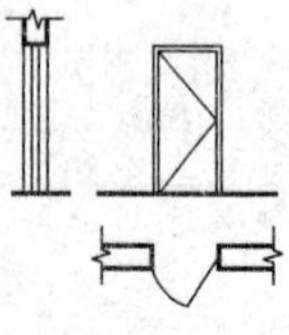	1. 门的名称代号用 M 表示； 2. 平面图中，下为外，上为内，门开启线的角度为 90°、60° 或 45°，开启弧线宜绘出； 3. 立面图中，开启线实线为外开，虚线为内开，开启线交角的一侧为安装合页一侧，开启线在建筑立面图中可不表示，在立面大样图中可根据需要绘出； 4. 剖面图中，左为外，右为内； 5. 附加纱扇应以文字说明，在平、立、剖面图中均不表示； 6. 立面形式应按实际情况绘制
	双面开启单扇门（包括双面平开或双面弹簧）	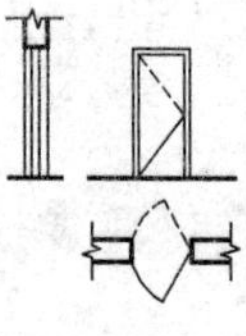	
	双层单扇平开门	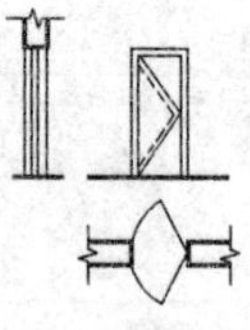	
25	单面开启双扇门（包括平开或单面弹簧）	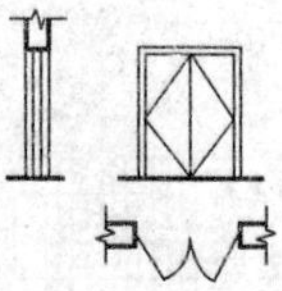	1. 门的名称代号用 M 表示； 2. 平面图中，下为外，上为内，门开启线的角度为 90°、60° 或 45°，开启弧线宜绘出； 3. 立面图中，开启线实线为外开，虚线为内开，开启线交角的一侧为安装合页一侧，开启线在建筑立面图中可不表示，在立面大样图中可根据需要绘出； 4. 剖面图中，左为外，右为内； 5. 附加纱扇应以文字说明，在平、立、剖面图中均不表示； 6. 立面形式应按实际情况绘制
	双面开启双扇门（包括双面平开或双面弹簧）	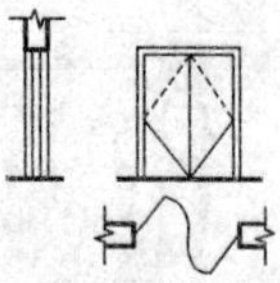	
	双层双扇平开门	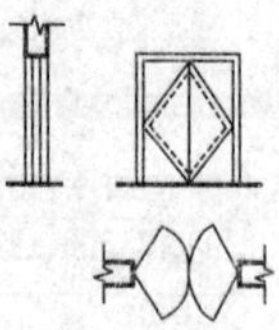	

序号	名称	图例	备注
26	折叠门	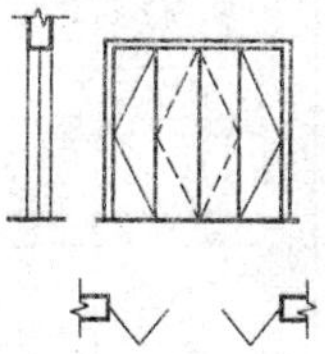	1. 门的名称代号用 M 表示； 2. 平面图中，下为外，上为内； 3. 立面图中，开启线实线为外开，虚线为内开，开启线交角的一侧为安装合页一侧； 4. 剖面图中，左为外，右为内； 5. 立面形式应按实际情况绘制
	推拉折叠门		
27	墙洞外单扇推拉门	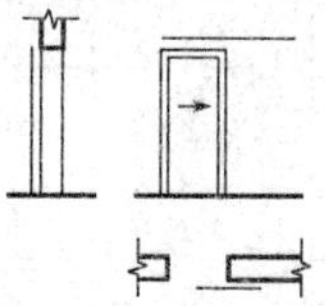	1. 门的名称代号用 M 表示； 2. 平面图中，下为外，上为内； 3. 剖面图中，左为外，右为内； 4. 立面形式应按实际情况绘制
	墙洞外双扇推拉门		
	墙中单扇推拉门	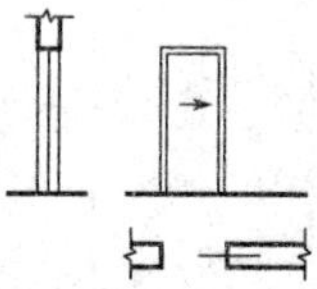	1. 门的名称代号用 M 表示； 2. 立面形式应按实际情况绘制
	墙中双扇推拉门		
28	推杠门	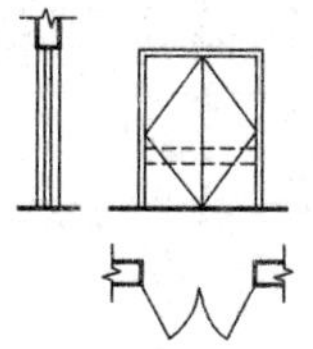	1. 门的名称代号用 M 表示； 2. 平面图中，下为外，上为内，门开启线的角度为 90°、60°或 45°； 3. 立面图中，开启线实线为外开，虚线为内开，开启线交角的一侧为安装合页一侧，开启线在建筑立面图中可不表示，在室内设计门窗立面大样图中需绘出； 4. 剖面图中，左为外，右为内； 5. 立面形式应按实际情况绘制
29	门连窗		

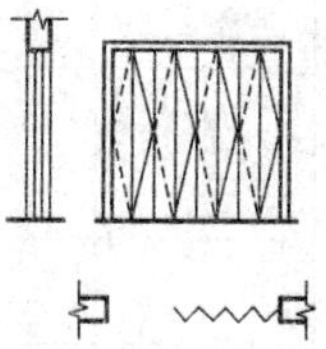

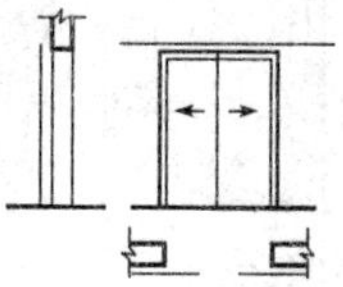

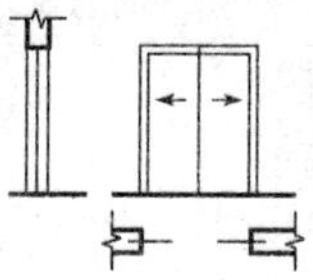

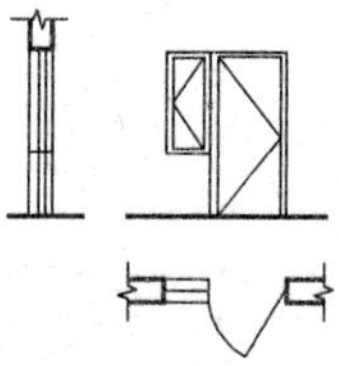

序号	名称	图例	备注
30	旋转门	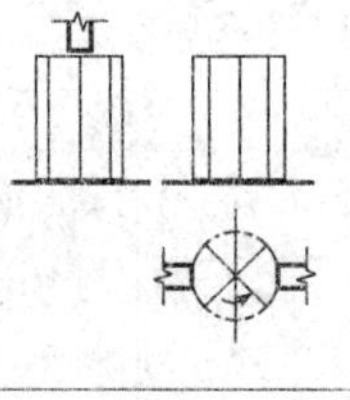	1. 门的名称代号用 M 表示； 2. 立面形式应按实际情况绘制
	两翼智能旋转门	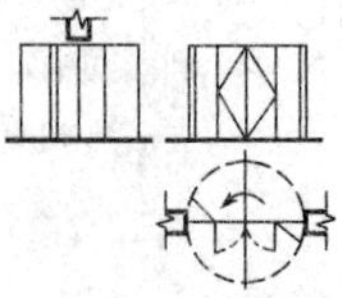	
31	自动门	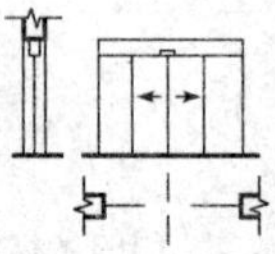	1. 门的名称代号用 M 表示； 2. 立面形式应按实际情况绘制
32	折叠上翻门	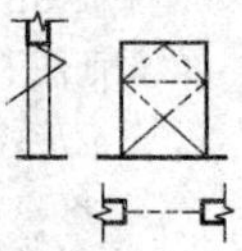	1. 门的名称代号用 M 表示； 2. 平面图中，下为外，上为内； 3. 剖面图中，左为外，右为内； 4. 立面形式应按实际情况绘制
33	提升门	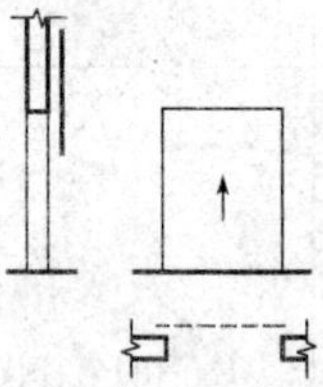	1. 门的名称代号用 M 表示； 2. 立面形式应按实际情况绘制
34	分节提升门	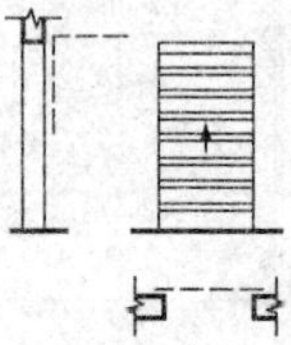	
35	人防单扇防护密闭门	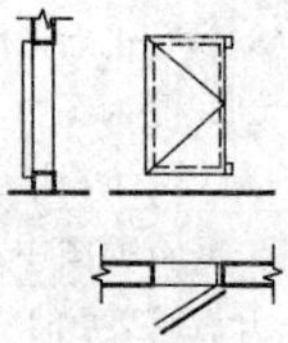	1. 门的名称代号按人防要求表示； 2. 立面形式应按实际情况绘制
	人防单扇密闭门	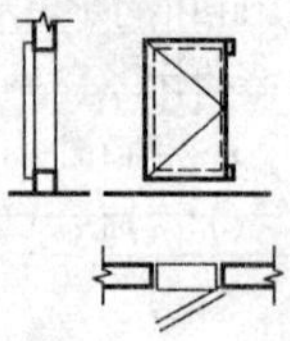	

序号	名称	图例	备注
36	人防双扇防护密闭门	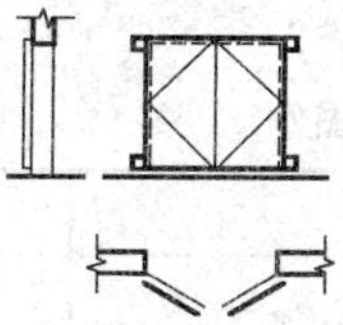	1. 门的名称代号按人防要求表示； 2. 立面形式应按实际情况绘制
	人防双扇密闭门	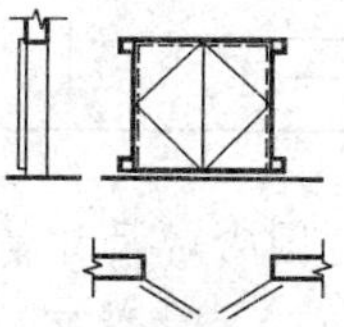	
37	横向卷帘门	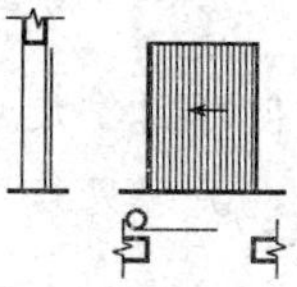	—
	竖向卷帘门	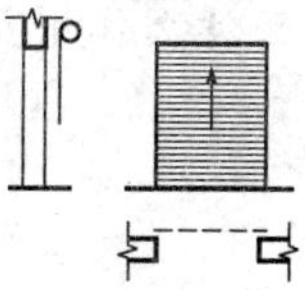	
	单侧双层卷帘门	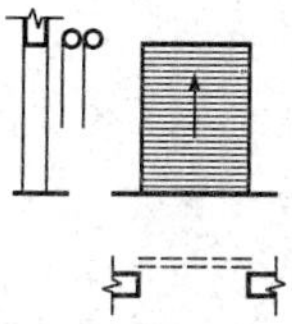	
	双侧单层卷帘门	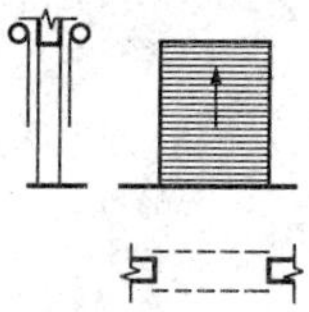	

习　题

一、选择题

1. 建筑物的耐久等级可分为(　　)级。

　　A. 3　　　　　　　　B. 4　　　　　　　　C. 5　　　　　　　　D. 6

2. 平面图上定位轴线的编号宜标注在图样的(　　)。

　　A. 下方与左侧　　　　　　　　　　B. 下方与右侧

　　C. 上方与下方　　　　　　　　　　D. 左侧与右侧

3. 表1-4中序号1为（   ）的图例，序号2为（   ）的图例，序号3为（   ）的图例，序号4为（   ）的图例。

A. 检查孔   B. 孔洞   C. 墙预留洞   D. 墙预留槽

表1-4 图例

序号	1	2	3	4
图例	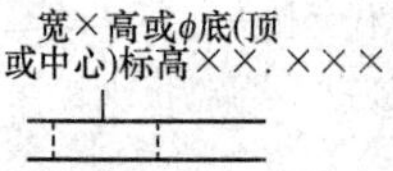 宽×高或φ底(顶 或中心)标高××.×××	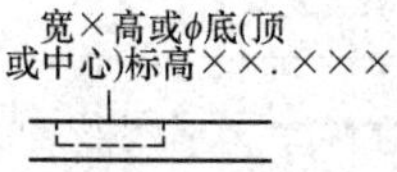 宽×高或φ底(顶 或中心)标高××.×××	⊠	 ●

4. 标注圆的直径尺寸时，（   ）一般应通过圆心，尺寸箭头指到圆弧上。

A. 尺寸线   B. 尺寸界线   C. 尺寸数字   D. 尺寸箭头

二、判断题

1. 图样自身的任何图线均不得用作尺寸线，但可用作尺寸界线。   （   ）
2. 标高符号的尖端应指至被标注高度的位置，尖端只能向下。   （   ）

三、思考题

1. 民用建筑的基本组成部分有哪些？它们各起什么作用？
2. 当图线与文字重叠时，应如何处理？
3. 对称符号与连接符号应如何绘制？
4. 如何进行标高标注？
5. 建筑工程施工图包括哪些内容？

第二章 建筑工程施工图识读

学习目标

掌握建筑工程施工图的表达内容、表达方法和图示特点，能熟读建筑工程施工图并具备一定的绘图能力。

教学方法建议

采用多媒体图片演示、案例教学分析的方法。

第一节 识读总平面图

一、总平面图的形成与作用

在画有等高线或坐标方格网的地形图上，画上新建工程及其周围原有建筑物、构筑物及拆除房屋的外轮廓的水平投影，以及场地、道路、绿化等的平面布置图形，即总平面图。

建筑总平面图是表明新建建筑物所在基础有关范围内的总体布置，反映新建、拟建、原有和拆除的建筑物、构筑物等的位置和朝向，室外场地、道路、绿化等的布置，地形、地貌、标高等，以及原有环境的关系和邻界情况等，也是建筑物及其他设施施工的定位、土方施工及绘制水、暖、电等管线总平面图和施工总平面图的依据。

二、总平面图的基本内容

(1)保留的地形和地物。

(2)测量坐标网、坐标值，场地范围的测量坐标(或定位尺寸)，道路红线、建筑控制线、用地红线。

(3)场地四邻原有及规划的道路、绿化带等的位置(主要坐标或定位尺寸)和主要建筑物及构筑物的位置、名称、层数、间距。

(4)建筑物、构筑物的位置(人防工程、地下车库、油库、储水池)等隐蔽工程用虚线表示。

(5)与各类控制线的距离，其中主要建筑物、构筑物应标注坐标(或定位尺寸)、与相邻建筑物之间的距离及建筑物总尺寸、名称(或编号)、层数。

(6)道路、广场的主要坐标(或定位尺寸)，停车场及停车位、消防车道及高层建筑消防扑救场地的布置，必要时加绘交通流线示意。

(7)绿化、景观及休闲设施的布置示意，并标示护坡、挡土墙、排水沟等。

(8)指北针或风向频率玫瑰图。

(9)主要技术经济指标表。

(10)说明栏内注写：尺寸单位、比例、地形图的测绘单位、日期，坐标及高程系统名称(如为场地建筑坐标网，应说明其与测量坐标网的换算关系)，补充图例及其他必要的说明等。

三、总平面图的识读方法

(1)先查看总平面图的图名、比例及有关文字说明。由于总平面图包括的区域较大，所以绘制时都用较小的比例，常用的比例有1：500、1：1 000、1：2 000等。总平面图中的尺寸(如标高、距离、坐标等)宜以米(m)为单位，并应至少取至小数点后两位，不足时以"0"补齐。

(2)了解新建工程的性质和总体布局，如各种建筑物及构筑物的位置、道路和绿化的布置等。由于总平面图的比例较小，各种有关物体均不能按照投影关系如实反映出来，只能用图例的形式进行绘制。要读懂总平面图，必须熟悉总平面图中常用的各种图例。

在总平面图中，为了说明房屋的用途，在房屋的图例内应标注名称。当图样比例小或图面无足够位置时，也可编号列表标注在图内。在图形过小时，可标注在图形外侧附近。同时，还要在图形的右上角标注房屋的层数符号，一般以数字表示，如"14"表示该房屋为14层，当层数不多时，也可用小圆点数量来表示，如"∷"表示房屋为4层。

(3)看新建房屋的定位尺寸。新建房屋的定位方式基本有两种：一种是以周围其他建筑物或构筑物为参照物，实际绘图时，标明新建房屋与其相邻的原有建筑物或道路中心线的相对位置尺寸；另一种是以坐标表示新建筑物或构筑物的位置。

当新建建筑区域所在地形较为复杂时，为了保证施工放线准确，常用坐标定位。坐标定位分为测量坐标和建筑坐标两种。

在地形图上用细实线画成交叉十字线的坐标网，南北方向的轴线为X轴，东西方向的轴线为Y轴，这样的坐标为测量坐标。坐标网常采用100 m×100 m或50 m×50 m的方格网。一般建筑物的定位宜注写其三个角的坐标，如建筑物与坐标轴平行，可注写其对角坐标，如图2-1所示。

建筑坐标就是将建设地区的某一点定为"0"，采用100 m×100 m或50 m×50 m的方格网，沿建筑物主轴方向用细实线画成方格网通线，垂直方向为A轴，水平方向为B轴，这适用于房屋朝向与测量坐标方向不一致的情况。其标注形式如图2-2所示。

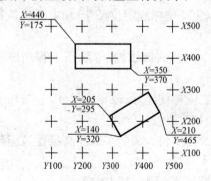

图 2-1　测量坐标定位示意

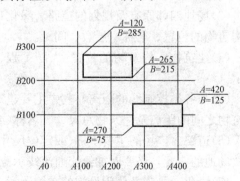

图 2-2　建筑坐标定位示意

(4)通过周围建筑概况了解新建建筑对已建建筑造成的影响，以及距相邻原有建筑物、拆除建筑物的位置或范围。

(5)了解新建建筑附近的室外地面标高，明确室内外高差。总平面图中的标高均为绝对标高，如标注相对标高，则应注明相对标高与绝对标高的换算关系。建筑物室内地坪，标准建筑图中±0.000处的标高，对不同高度的地坪，分别标注其标高，如图2-3所示。

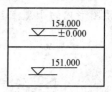

图2-3 标高注写法

(6)了解周围环境，包括建筑附近的地形、地物等，如道路、河流、水沟、池塘、土坡等，并应指明道路的起点、变坡、转折点、终点及道路中心线的标高和坡向等。

(7)查看总平面图中的指北针或风向频率玫瑰图(图2-4)。指北针主要表明了建筑物的朝向，用细实线绘制，指针的头部应注明"北"或"N"字样。风向频率玫瑰图是根据当年平均统计的各个方向吹风次数的百分数按一定比例绘制的。明确风向有助于建筑构造的选用及材料堆场的选择，如有粉尘污染的材料应堆放在下风位，也可明确新建房屋、构筑物的朝向和该地区的常年风向频率和风速。

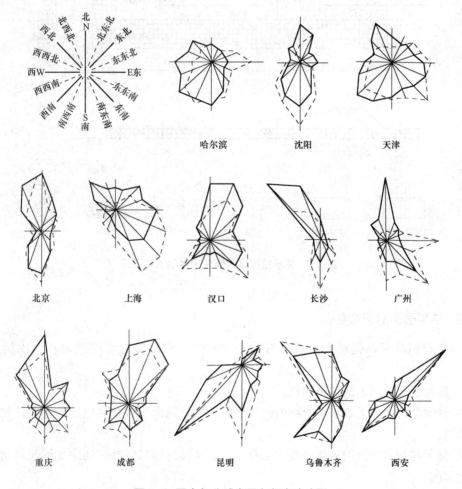

图2-4 国内部分城市风向频率玫瑰图

【例 2-1】 识读图 2-5 所示某学校拟建教师住宅楼的总平面图。

图中用粗实线画出的图形表示新建住宅楼，用中实线画出的图形表示原有建筑物，各个平面图形内的小黑点数表示房屋的层数。

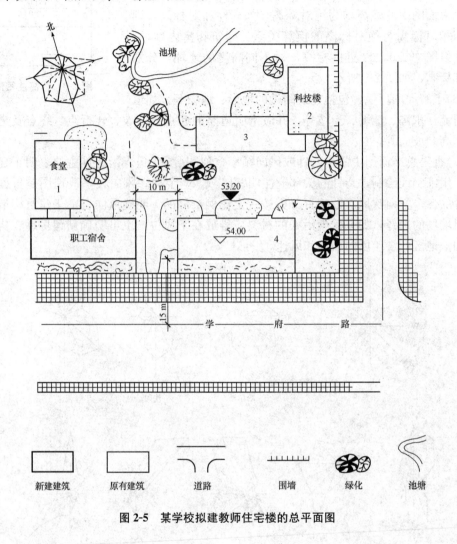

图 2-5　某学校拟建教师住宅楼的总平面图

四、总平面图的识读要点

(1)拿到图纸后，先对大概情况有一个初步的了解，即先看图纸名称、比例及文字说明。

(2)熟悉总平面图上的各种图例。

(3)看懂总平面图上表明建筑物朝向及该地区全年风向、频率和风速的指北针和风向频率玫瑰图。

(4)除了解新建房屋的平面位置、标高、层数及其外围尺寸外，还应了解建筑物的室内和周边情况。

(5)查看房屋的道路交通与管线走向的关系，确定管线引入建筑物的具体位置。

第二节　识读建筑平面图

一、建筑平面图的形成和作用

建筑平面图其实是一个剖面图，是假想用一个水平面去剖切房屋，剖切平面一般位于每层窗台上方的位置，以保证剖切的平面图中墙、门、窗等主要构件都能剖到，然后移去平面上方的部分，对剩下的房屋作正投影所得到的水平剖面图，习惯上称为平面图。图2-6为一栋单层房屋建筑的平面图。

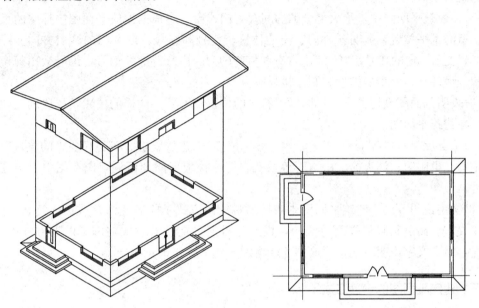

图 2-6　一栋单层房屋建筑的平面图

建筑平面图主要表示建筑物的平面形状、水平方向上各部分(如出入口、走廊、楼梯、房间、阳台等)的布置和组合关系、门窗位置、墙和柱的布置，以及其他建筑构配件的位置和大小等。其是施工图的主要图样，是施工放线，砌墙、柱，安装门窗框、设备的依据，也是其他图样设计的基础。

二、建筑平面图的基本内容

(1)定位轴线：根据定位轴线了解各承重构件的平面定位与布置。

(2)表明建筑物的平面形状，内部各房间包括走廊、楼梯、出入口的布置及朝向。

(3)表明建筑物及其各部分的平面尺寸。在建筑平面图中，必须详细标注尺寸。建筑平面图中的尺寸分为外部尺寸和内部尺寸。外部尺寸有三道，一般沿横向、竖向分别标注在图形的下方和左方。

第一道尺寸：表示建筑物外轮廓的总体尺寸，也称为外包尺寸。它是从建筑物一端外墙边到另一端外墙边的总长和总宽尺寸。

第二道尺寸：表示轴线之间的距离，也称为轴线尺寸。它标注在各轴线之间，说明房间的开间及进深的尺寸。

第三道尺寸：表示各细部的位置和大小的尺寸，也称为细部尺寸。它以轴线为基准，标注出门、窗的大小和位置，墙、柱的大小和位置。另外，台阶(或坡道)、散水等细部结构的尺寸可分别单独标出。

内部尺寸标注在图形内部，用以说明房间的净空大小，内门、窗的宽度，内墙厚度及固定设备的大小和位置。

(4)表明地面及各层楼面标高。建筑工程上常将室外地坪上的第一层(即底层)及室内平面处标高定为零标高，即±0.000标高处。以零标高为界，地下层平面标高为负值，标准层以上标高为正值。

(5)在建筑平面图中，绝大部分的房间都有门、窗，应根据建筑平面图中标注的尺寸确定门、窗的水平位置，表明各种门、窗的位置、代号和编号，以及门的开启方向。门的代号用"M"表示，窗的代号用"C"表示，有些特殊的门、窗有特殊的编号，编号数用阿拉伯数字表示。另外，门、窗的类型、制作材料等应以列表的方式表达。

(6)表明剖面图剖切符号、详图索引符号的位置及编号。楼梯的位置及梯段的走向与级数也应在建筑平面图上标注。

(7)综合反映其他各工种(工艺、水、暖、电)对土建的要求。各工程要求的坑、台、水池、地沟、电闸箱、消火栓、雨水管等及其在墙或楼板上的预留洞，应在图中表明其位置及尺寸。

(8)文字说明。对于建筑平面图中有些通过绘图方式不能表达清楚或过于复杂的内容，如施工要求、砖及灰浆的强度等级等，设计者可通过文字的方式在图纸的下方加以说明。读图时，结合文字说明看建筑平面图才能更深入地了解建筑。

三、建筑平面图的识读方法

(一)底层平面图的识读

底层平面图是建筑工程施工图中最重要的图纸之一，是施工放线、砌墙、安装门窗和编制土建工程概预算的依据。

【例2-2】 识读图2-7所示某教学楼的底层平面图。

(1)建筑物朝向。建筑物的朝向在底层平面图(图2-7)中用指北针表示。建筑物主要入口在哪面墙上，就称建筑物朝哪个方向。在图2-7中，教学楼的主要入口面向南方，即建筑物朝南。

(2)平面布置。平面布置是建筑平面图的主要内容，着重表达建筑的整体平面形状及各种用途房间与走道、楼梯、卫生间的关系。房间用墙体分隔。在图2-7中，新建教学楼沿旧教学楼修建，属"条形建筑"，接触处设有变形缝，新、旧建筑相连处有过道和上楼楼梯。底层教室的出入口外有一通廊，通廊没有栏杆，均直接与外部相通。

(3)定位轴线。房间的大小，走廊的宽窄和墙、柱的位置在建筑工程施工图中用轴线来确定。凡是主要的墙、柱、梁的位置都要用轴线来定位。

(4)标高。在房屋建筑工程中，各部位的高度都用标高表示。除总平面图外，建筑工程施工图中所标注的标高均为相对标高。在建筑平面图中，因为各种房间的用途不同，房间

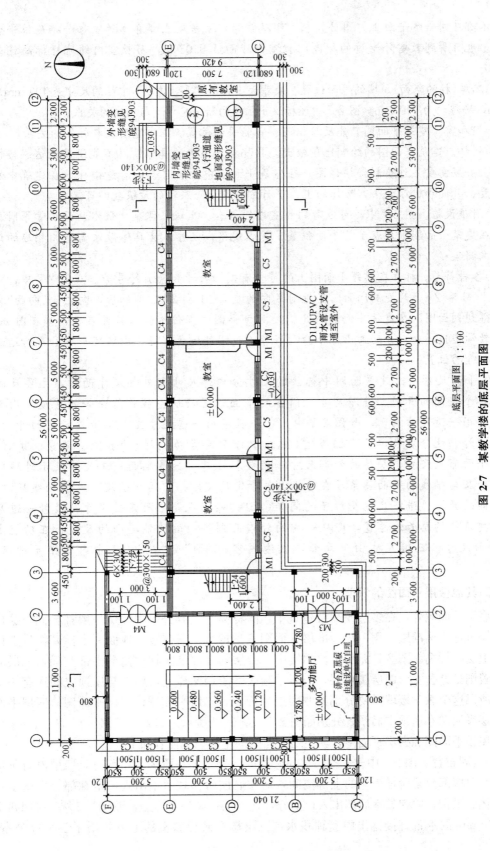

底层平面图 1:100

图 2-7 某教学楼的底层平面图

的高度不都在同一水平面上。图 2-7 中，可以看到处于房屋左部阶梯教室每一排座位平台的标高，也可看到教室外走廊的标高比教室内地面低 0.03 m，而教室内的地坪标高就是±0.000。

(5)墙厚(柱的断面)。墙的平面位置、尺寸大小都很重要。图 2-7 中柱的尺寸是 400 mm×400 mm，墙厚均为 240 mm。图 2-7 中还标注出柱子的断面尺寸及与轴线的关系。

(6)门和窗。建筑平面图只能反映出门、窗的平面位置、洞口宽度及与轴线的关系。

(7)楼梯。建筑平面图的绘制比例较大，楼梯在房屋中的具体情况不能清楚表达。楼梯的制作、安装需要另外绘制楼梯详图。在建筑平面图中，只需表示清楚楼梯设在建筑中的平面位置、开间和进深大小，楼梯的上、下行方向及上一层楼的步级数即可。

(8)附属设施。图 2-7 中，可以看到教室内的讲台、黑板、课桌、散水、雨水管等附属设施，在建筑平面图中只表示其平面位置、基本规格或尺寸，其具体做法需查阅相应的详图或标准图集。

(9)各种符号。标注在建筑平面图上的符号有剖切符号和索引符号等。在图 2-7 中，可以看到 1—1 和 2—2 两处剖切面，其投射方向为在 1—1 和 2—2 剖切后，向左(或向西)方向投射得到剖面图。在建筑平面图中凡需要另画详图的部位用索引符号表示，如在图 2-7 中新旧教学楼接合处，分别画出三个索引符号，说明外墙变形缝、内墙变形缝和人行通道地面变形缝的位置。

(10)平面尺寸。建筑平面图中标注的尺寸分内部尺寸和外部尺寸两种，主要反映房屋中各个房间的开间、进深尺寸，门窗的平面位置及墙、柱、门垛等的厚度。内部尺寸一般用一道尺寸表示，如图 2-7 中，各个教室用一道尺寸在表示清楚教室的开间、进深尺寸外，还分别表示了阶梯教室(图纸中标示为多功能厅)的台阶、课桌、讲台、黑板的平面布置尺寸。房屋的外部尺寸一般要标注三道，最里面一道尺寸表示外墙门窗的大小及与轴线的平面关系，在功能上属于定位尺寸；中间一道尺寸表示轴线尺寸，反映房间的开间、进深尺寸及柱子的间距(柱距)等，也是一种定位尺寸；最外一道尺寸表示建筑物的总长、总宽，即从一端的外墙面到另一端的外墙面的尺寸，在功能上属于定形尺寸。三道尺寸由里向外，表达内容由"细"变"粗"，尺寸内容相互对应、说明。

(二)其他楼层平面图的识读

除底层平面图外，在多层或高层建筑中，除标高有差异外，中间层一般都相同，这样的中间层可称为标准层，用一张标准层平面图表达即可。需在楼层地面一个标高符号上标出其他上层的标高。图 2-7 所示的教学楼中，二层的左部是阶梯教室的上部空间，三层的相同位置则是办公室，四层属顶层，需要单独表达绘制图样，顶层上与屋顶之间还有一个夹层，所以这个教学楼就需要分别绘制底层平面图，二层平面图、三层平面图、四层平面图、夹层平面图和屋顶平面图，分别如图 2-7～图 2-12 所示。

除屋顶平面图和夹层平面图，其他层平面图的主要识读内容如下：

(1)房间布置。图 2-8 中教学楼二层与底层的区别主要在阶梯教室部分，二层没有阶梯教室，其对应部分是阶梯教室的上部空间，对应底层阶梯教室主出入口走廊部分新增了一个学生休息平台；阶梯教室后部出入口上方，在二层楼是一个雨篷，坡度为 3%，采用两个伸出 120 mm 的水舌直接排出雨篷顶积水。三层楼在阶梯教室的上方新增了三个办公室。

四层是顶层，需要单独绘制图样，即使房间平面尺寸与布局与其他层相同，但楼梯间的顶层布置与其他层有所差异，因此需要单独绘制，这也是识读顶层平面图需要注意的重要内容。

（2）墙体的厚度（柱的断面）。图2-7所示教学楼为钢筋混凝土框架结构建筑，柱的断面尺寸（400 mm×400 mm）及墙（只承受自重，属填充墙）的厚度（240 mm）均未改变。若墙厚或柱截面尺寸有变化，变化的高度位置一般在楼板的下侧。

（3）墙面及楼地面的装饰及装饰材料在平面图中有所表示，但不能完全表达清楚，详情应在建筑设计总说明中提及。

（4）除底层外的其他层的门与窗的设置与底层往往不完全一致，下层是大门，相同位置的上层可能就是一堵墙或窗。对比图2-7中各层平面门窗位置和型号的异同，就可发现这一特点。

（三）夹层与屋顶平面图

坡屋顶的房屋通常会出现夹层。夹层主要仍为平层，如图2-11所示。教学楼的夹层平面图主要表现夹层平面的尺寸，坡屋面立柱的位置及尺寸，檐沟的位置、尺寸、坡度，雨水口的位置、规格及做法，以及检修口的位置和尺寸。

屋顶平面图（图2-12）主要表示以下三个方面的内容：

（1）屋面的排水情况。如屋脊线、排水分区、天（檐）沟、屋面坡度、雨水口的布置情况。

（2）突出层面的物体。如电梯机房、楼梯间、水箱、天窗、烟囱、检查孔、屋面变形缝等。这些构造在平屋顶（坡屋顶）上设置。

（3）细部做法。屋面的细部做法包括屋面防水、天沟、檐沟、变形缝、雨水口等。它们在建筑平面图中大多只表示一个位置，需要另加说明，使用索引符号，查阅相关详图。如图2-12所示的屋顶平面图，就对新、旧教学楼接合处的屋面变形缝位置进行了说明，根据说明及相应详图施工即可。

坡屋顶的夹层平面图与屋顶平面图相互配合说明了屋顶的构造，其表达的内容要求基本一致。有两个图样说明屋顶的情况，在夹层中已经表明的内容，在屋顶平面图中就可以省略，可以简化表达。

在高层建筑中还有另一种特殊的夹层，即设备层。因为高层建筑较高，水、暖、电的供给需要分区供应，设备层主要用于布置电机、水泵、风机、配电屏等设备。设备层平面图的识读与普通层平面图的识读基本一致，主要是了解设备层的房间类型、平面布置尺寸及工作通道的布置与尺寸。因为设备层主要面向设备工作所需，所以，其层高与其他层通常不同，识读时需要注意其楼地面的标高及通道设计内容。

四、建筑平面图的识读要点

查看建筑平面图时应该根据施工顺序抓住主要部位。在施工全过程中，往往一张建筑平面图要看很多遍，多次重复阅读，其目的是"看细、看透、看通"，保质保量，以防"万一"失误。因此，看图时应抓住总体，抓住关键，一步步地仔细看下去，才能把图纸内容、要求记住。

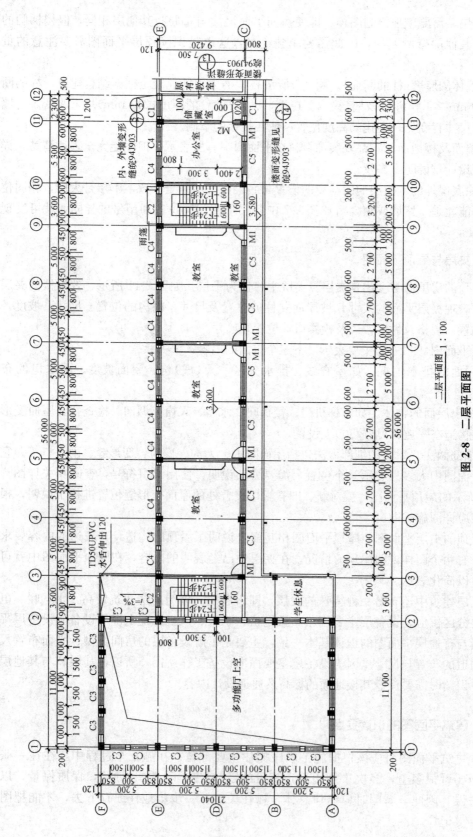

二层平面图 1:100

图 2-8　二层平面图

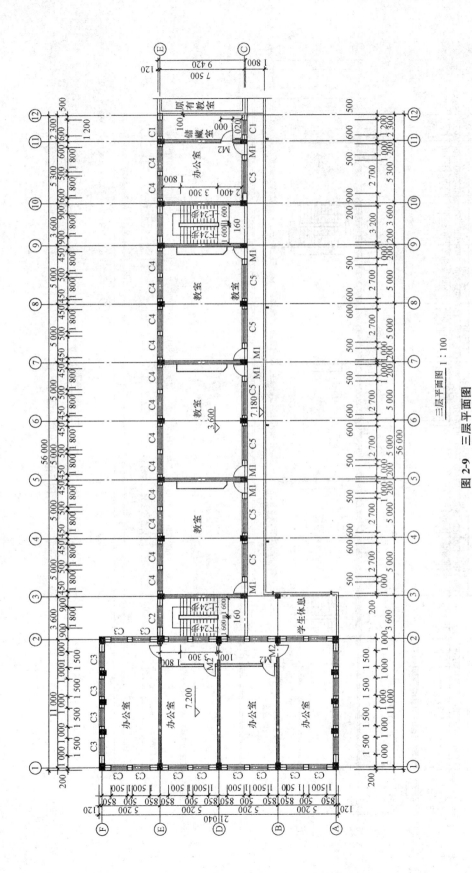

三层平面图 1:100

图 2-9　三层平面图

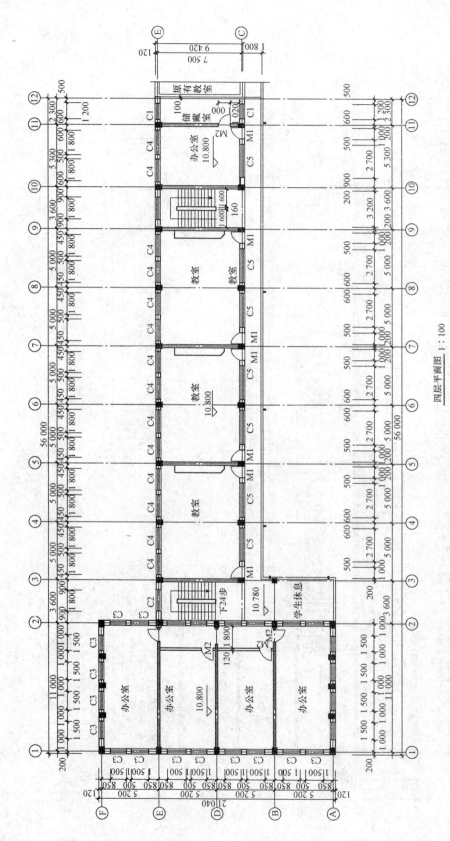

四层平面图 1：100

图 2-10 四层平面图

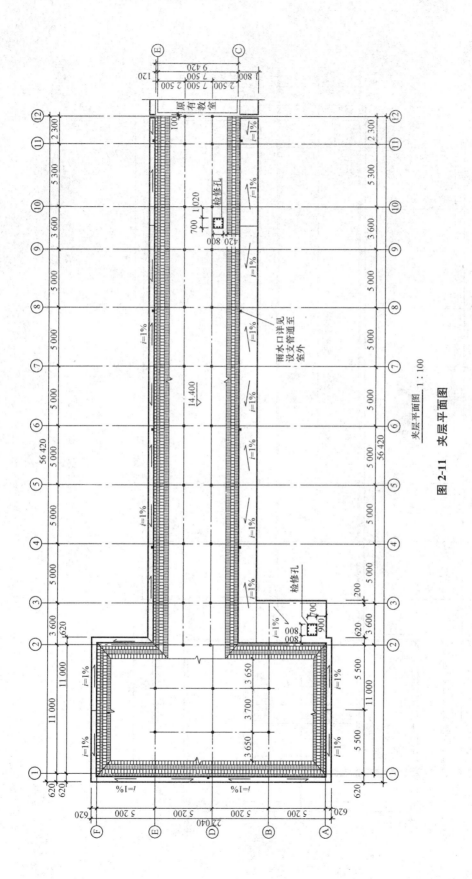

夹层平面图 1:100

图 2-11 夹层平面图

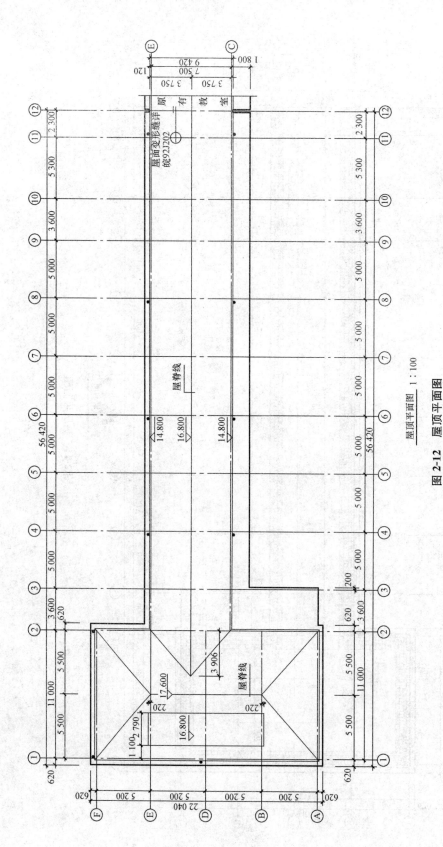

屋顶平面图 1:100

图 2-12　屋顶平面图

第三节　识读建筑立面图

一、建筑立面图的形成和作用

房屋建筑的立面图是房屋各个方向外墙面的视图，是利用正投影法从一个建筑物的前后、左右、上下等不同方向（根据物体复杂程度而定）分别互相垂直的投影面上来作投影，如图 2-13 所示。

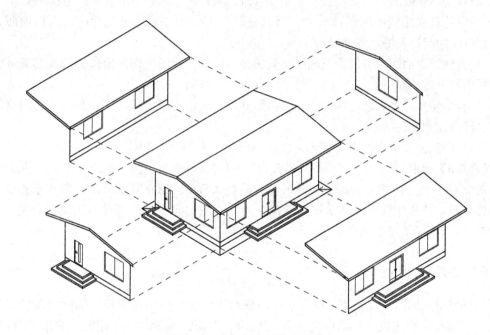

图 2-13　利用正投影作立面图

建筑立面图主要反映房屋的体型，门窗形式和位置，长、宽、高的尺寸和标高等，在该视图中，只画可见轮廓线，不画内部不可见的虚线。在建筑工程施工图中，建筑立面图主要用于表示建筑物的体型与外貌、立面各部分配件的形状及相互关系和立面装饰要求及构造做法等。

二、建筑立面图的基本内容

（1）画出室外地面线及房屋的勒脚、台阶、花池、门窗、雨篷、阳台、室外楼梯、墙柱、檐口、屋顶、落水管、墙面分格线等内容。门窗的形状、位置与开启方向是建筑立面图中的主要内容。有些特殊门窗，如不能直接选用标准图集，还会附有详图或大样图。

（2）标注外墙各主要部位的标高。建筑立面图的高度主要以标高的形式来表示，一般需要标注的位置有室外地面、台阶顶面、窗台、窗上口、阳台、雨篷、檐口、女儿墙顶、屋顶水箱间及楼梯间、屋顶等的标高。

（3）标注建筑物两端的定位轴线及其编号。详细的轴线尺寸以建筑平面图为准，建筑立面图中只画出两端的轴线，以明确位置。

(4)标注索引符号。用文字说明外墙面装修的材料及其做法。通过标注详图索引，可以将复杂部分的构造另画一详图来表示。

三、建筑立面图的识读方法

(1)看图名和比例。了解是房屋哪一立面的投影，绘图比例是多少，以便与建筑平面图对照阅读。

(2)看房屋立面的外形及门窗、屋檐、台阶、阳台、烟囱、雨水管等的形状、位置。

(3)看建筑立面图中的标高尺寸。通常建筑立面图中注有室外地坪、出入口地面、勒脚、窗口、大门口及檐口等处标高。

(4)看建筑立面图两端的定位轴线及其编号。建筑立面图两端的定位轴线及其编号应与建筑平面图上的相对应。

(5)看房屋外墙表面装修的做法和分格形式等。通常用指引线和文字来说明粉刷材料的类型、配合比和颜色等。

(6)看建筑立面图中的索引符号、详图的出处、选用的图集等。

【例2-3】 现以某教学楼立面图(图2-14～2-16)为例进行识读。

图2-14～图2-16所示为某教学楼的①～⑫轴立面图，图中直接采用标高符号表示各层及门窗标高，建筑外墙面的分格线以横线条为主来美化视觉。该教学楼主墙装修有 a 和 b 两种做法，a 表示白色乳胶漆饰面，b 表示砖红色乳胶漆饰面。

四、建筑立面图的识读要点

识读建筑立面图，首先要与建筑平面图核对建筑立面图两端定位轴线间建筑物长度的总尺寸；其次掌握建筑正立面图的出入口大门、雨篷、台阶的形式，窗口的形式与种类，墙面装饰材料的做法与要求；最后看各个建筑立面图的标高尺寸，并记住室内外标高差、门口雨篷标高、各层窗口标高、窗高度、窗间墙高度、屋顶配件高度等。

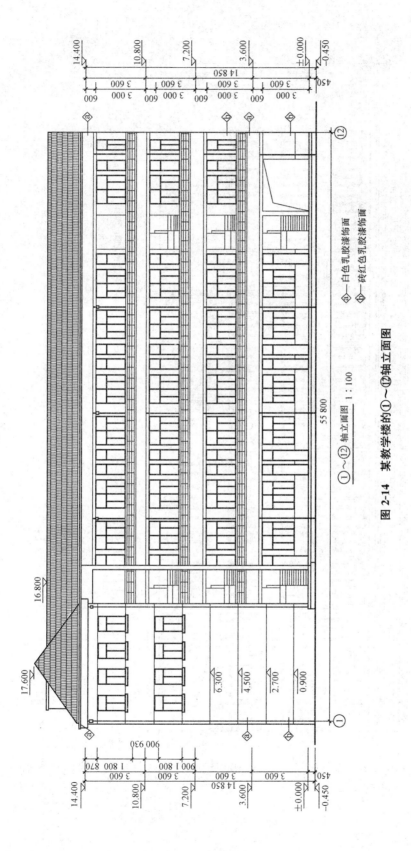

图 2-14 某教学楼的①~⑫轴立面图

① ~ ⑫ 轴立面图 1:100

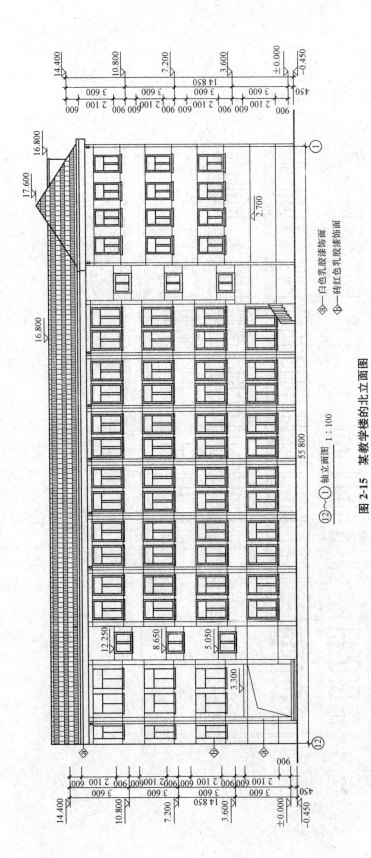

⑫~① 轴立面图 1:100

图 2-15 某教学楼的北立面图

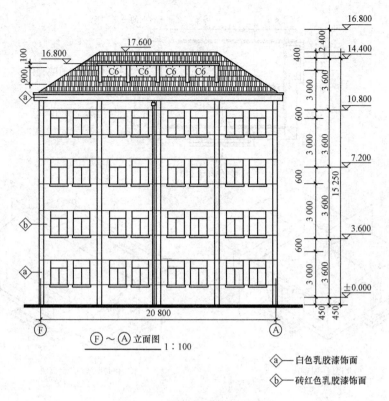

图 2-16　某教学楼的侧立面图

第四节　识读建筑剖面图

一、建筑剖面图的形成与作用

建筑剖面图是用一假想的竖直剖切平面，垂直于外墙将房屋剖开，移去剖切平面与观察者之间的部分作出剩下部分的正投影图，简称剖面图。因剖切位置不同，建筑剖面图又分为横剖面图（图 2-17 中的 2—2 剖面图）和纵剖面图（图 2-17 中的 1—1 剖面图）。

建筑剖面图主要表明建筑物内部在高度方面的情况；楼层分层、垂直方向的高度尺寸及各部分的联系等情况的图样，如屋顶的坡度、楼房的分层、房间和门窗各部分的高度、楼板的厚度等；同时，也可以表示出建筑物所采用的结构形式。在施工中，建筑剖面图是进行分层、砌筑内墙、铺设楼梯和屋面板等工作的依据。

二、建筑剖面图的基本内容

（1）表示被剖切到的墙、柱、门窗洞口及其所属定位轴线。建筑剖面图的比例应与建筑平面图、建筑立面图的比例一致，因此在 1∶100 的建筑剖面图中，一般也不画材料图例，而是用粗实线表示被剖切到的墙、梁、板等轮廓线，被剖断的钢筋混凝土梁、板等应涂黑表示。

（2）表明未被剖切到的可见的构配件。在建筑剖面图中，主要表达的是剖切到的构配件

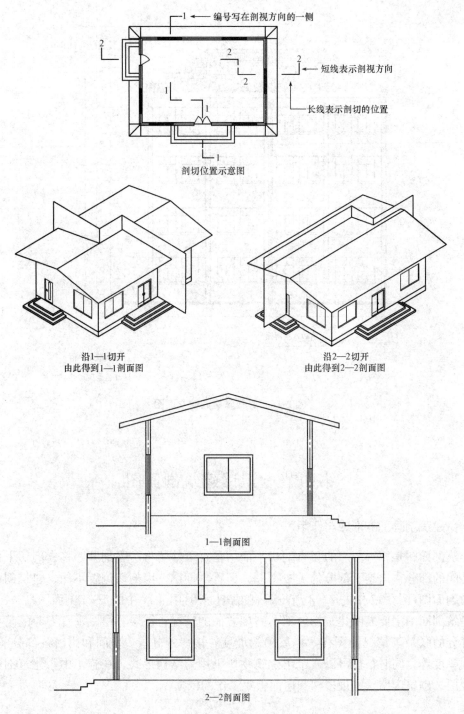

图 2-17 建筑剖面图

的构造及其做法，对于未被剖切到的可见的构配件，也是建筑剖面图中不可缺少的部分，但不是表现的重点，常用细实线来表示，其表达方式与建筑立面图中的表达方式基本相同。

(3)竖直方向的尺寸和标高。外墙一般标注三道尺寸(从外到内分别为建筑物的总高度、层高尺寸、门窗洞的尺寸)注明构件的形状和位置。标高应标注被剖切到的所有外墙门窗口的上、下标高，室外地面标高，檐口、女儿墙顶及各层楼地面的标高。

（4）表示室内底层地面、各层楼面及楼层面、屋顶、门窗、楼梯、阳台、雨篷、防潮层、踢脚板、室外地面、散水、明沟及室内外装修等剖切到或能见到的内容。

（5）表示楼地面、屋顶各层的构造。一般可用多层共用引出线说明楼地面、屋顶的构造层次和做法。如果另画详图或已有构造说明（如工程做法表），则在建筑剖面图中用索引符号引出说明。

（6）详图索引符号。由于比例的限制，建筑剖面图中表示的配构件都只是示意性的图样，具体的构造做法等则需要在建筑剖面图中标出索引符号，在大比例详图中另外表示。

（7）对于建筑剖面图中不能用图样的方式表达清楚的地方，应加以适当的施工说明来注释。

三、建筑剖面图的识读方法

识读建筑剖面图时，必须明确各建筑剖面图的具体剖切位置和投射方向，核对建筑剖面图所画各定位轴线编号与建筑平面图被剖切到的定位轴线编号是否相符，并注意阅读各建筑剖面图的构、配件标高和高度尺寸，同时，核对建筑剖面图各标高与高度尺寸是否与建筑立面图相关尺寸相符。通过建筑剖面图的阅读，可掌握待建工程垂直方向的主体结构类型及其构造。

【例 2-4】 现以某教学楼 1—1 剖面图（图 2-18）为例进行识读。

图 2-18 所示为某教学楼 1—1 剖面图，图中教学楼沿高度方向分为四层，宽度方向分别是Ⓐ～Ⓑ轴为办公室，Ⓑ～Ⓒ轴为走廊，Ⓒ～Ⓔ轴为楼梯间，Ⓔ～Ⓕ轴为办公室。该教学楼的屋顶采用坡屋顶，坡顶由柱支撑形成，屋面下有夹层，屋面为瓦屋面。另外，由图可以看出，每层楼地面的标高及外墙门窗洞口的标高相等。

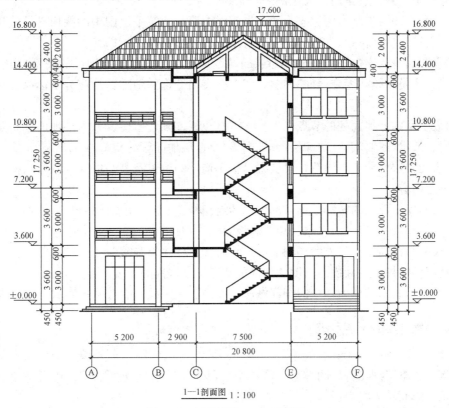

图 2-18　某教学楼 1—1 剖面图

四、建筑剖面图的识读要点

按照建筑平面图中表明的剖切位置和剖视方向，校核建筑剖面图所表明的轴线号、剖切的部位和内容与建筑平面图是否一致。校对尺寸、标高是否与建筑平面图、建筑立面图一致；校对建筑剖面图中内装修做法与材料做法表是否一致。在校对尺寸、标高和材料做法时，加深对房屋内部各处做法的整体概念。

第五节　识读外墙详图

一、外墙详图的作用

外墙详图实际上是建筑剖面图中外墙墙身的局部放大样，它表明了墙身与地面、楼面、屋面的构造连接情况，以及檐口、门窗顶、窗台、勒脚、防潮层、散水、明沟的尺寸、材料、做法等的构造情况。外墙详图与建筑平面图配合使用，是砌墙、进行室内外装修、安装门窗、编制施工预算及材料估算等的重要依据。

二、外墙详图的基本内容

(1)外墙详图的图名和比例。编制图名时，表示的是哪部分的详图，就命名为"××详图"。墙身详图要和建筑平面图中的剖切位置或建筑立面图上的详图索引标志、朝向、定位轴线编号完全一致。它是用放大比例来绘制的。

(2)外墙详图要与基本图标志一致。外墙详图要与建筑平面图中的剖切符号或建筑立面图上的索引符号所在位置、剖切方向及定位轴线一致。

(3)表明墙身的定位轴线编号，外墙的厚度、材料及其与定位轴线的关系(如墙体是否为中轴线，还是轴线在墙中偏向一侧)，墙上有突出变化的地方，均应分别标注在相应的位置上。

(4)表明室内外地面处的节点构造。该节点包括基础墙厚度、室内外地面标高及室内地面、踢脚、散水(或明沟)、防潮层(或地圈梁)及首层地面等的构造。

(5)表明楼层处的节点构造，各层梁、板等构件的位置及其与墙体的联系，构件表面抹灰、装饰等内容。

(6)表明檐口部位的做法。檐口部位包括封檐构造(如女儿墙或挑檐)，圈梁、过梁、屋顶泛水构造，屋面保温、防水做法和屋面板等结构构件。

(7)尺寸与标高标注。外墙详图上的尺寸与标高标注除与建筑立、剖面图的标注方法相同外，还应标注挑出构件挑出长度的细部尺寸和挑出构件的下皮标高。

(8)对不易表示的更为详细的细部做法，要注有文字或索引符号，表示另有详图。

三、外墙详图的识读方法

图2-19是比例为1：20、处于ⓒ轴线的外墙墙身剖面图，即外墙墙身详图。因为此图仅为示例，省略了剖切符号的编号。从图中可以看出，被剖切到的墙、楼板等轮廓线用粗实线表示，断面轮廓线内还画上了材料图例。

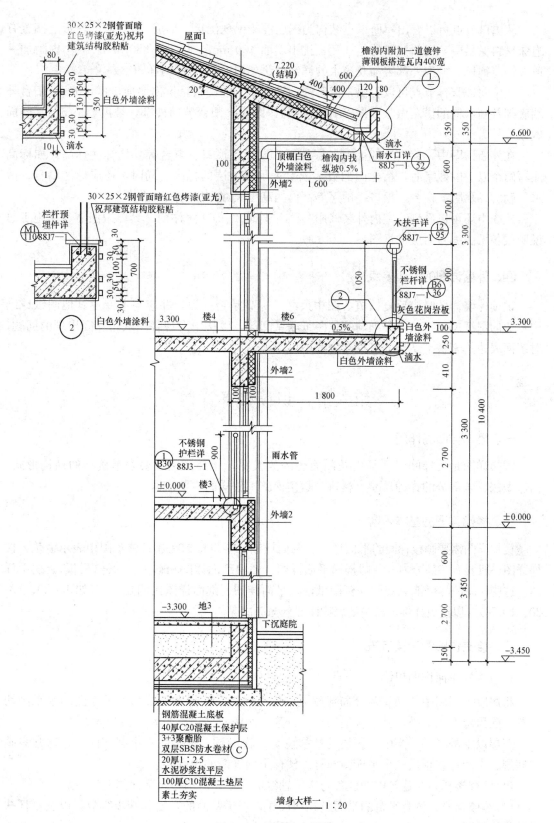

图 2-19　外墙墙身详图

从檐口节点可以看出屋面承重结构为钢筋混凝土现浇板，形成 20°的坡度，板上搁置有泡沫材料保温层，屋面搁置的是挂瓦，挑出墙面 400 mm，檐高为 350 mm。檐沟内附加一道镀锌薄钢板。檐沟外部装饰及滴水的详细做法如图 2-19 所示的详图①。

从中间(阳台)节点可以看出，阳台为钢筋混凝土现浇板，挑出墙面 1 800 mm，阳台外端底部及滴水槽的详图做法如图 2-19 所示的详图②。阳台坡向外部，坡度为 0.5%，楼面做法编号为楼 6。

在外墙详图中，室内外地面，各层楼面、屋面、檐口、窗台等处均标注标高，如标高注写两个以上的数字时，括号内的数字依次表示高一层的标高。同时，还应标注墙身、散水、勒脚、踢脚、窗台、檐口、雨篷等部位的高度尺寸和细部尺寸。

从图中还可以看到，室内外装修用"楼 4""外墙 2"等文字注明，具体做法需参见施工总说明或各做法编号对应的详图。

四、外墙详图的识读要点

识读外墙详图时应反复校核各图中尺寸、标高是否一致，并应与本专业其他图纸或结构专业的图纸反复校核，仔细与其他图纸联系阅读，以从中发现各图纸相互间出现的问题，对图面表达的未被剖切到的可见轮廓线不可忽视。

第六节　识读楼梯详图

一、楼梯详图的作用

楼梯详图是楼梯间局部平面及剖面图的放大图，楼梯详图主要表示楼梯的结构形式、构造做法、各部分的详细尺寸、材料，是楼梯施工放样的主要依据。

二、楼梯详图的基本内容

楼梯详图需要画楼梯间的平面详图、剖面详图。要将楼梯在建筑施工图中表示清楚，楼梯详图一般要有三部分内容，即楼梯平面详图，楼梯剖面详图和踏步、栏杆(栏板)、扶手详图。这些详图应尽可能画在同一张图纸内。平面详图、剖面详图比例要一致(如 1：20、1：30、1：50)，以便更详细、清楚地表达该部分构造情况。

三、楼梯详图的识读方法

(一)楼梯平面详图识读

将房屋平面图中楼梯间部分局部放大，称为楼梯平面详图。楼梯间平面图的水平剖切位置，除顶层在以上外，其余各层均在上行第一跑中间剖切，如图 2-20 所示。

三层以上的楼梯，当中间各层的楼梯位置、梯段数、踏步数大小都相同时，通常只画出底层、中间层和顶层三个平面图即可。楼梯平面详图的识读要求如下：

(1)核查楼梯间在建筑中的位置与定位轴线的关系，应与建筑平面图上的一致。

(2)看楼梯段、休息平台的平面形式和尺寸，楼梯踏面的宽度和踏步级数，以及栏杆扶手的设置情况。

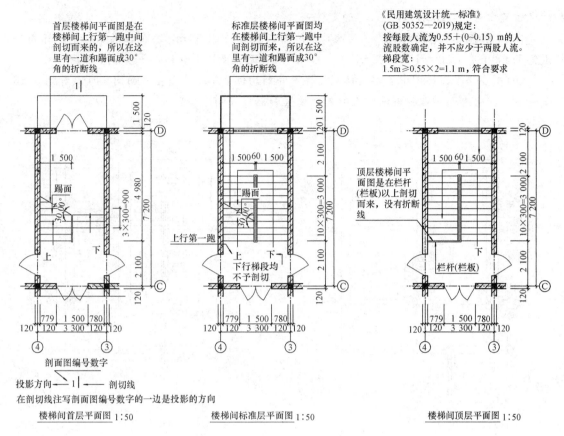

图 2-20　楼梯平面详图

（3）看上、下行方向。上、下行方向用细实箭头线表示，箭头表示上、下方向，箭尾标注"上"或"下"字样和级数。

（4）看楼梯的开间、进深情况，以及墙、窗的平面位置和尺寸。

（5）看室内外地面、楼面、休息平台的标高。

（6）看底层楼梯平面图还应标明剖切位置。

（7）最后看楼梯一层平面图中楼梯剖切符号。

【例 2-5】　现以图 2-21 所示的某住宅楼楼梯平面详图为例，说明楼梯平面详图的识读方法。

（1）了解楼梯或楼梯间在房屋中的平面位置。由图可知该住宅楼的两部楼梯分别位于横轴③～⑤与⑨～⑪范围内及纵轴ⓒ～ⓔ区域中。

（2）熟悉楼梯段、楼梯井和休息平台的平面形式、位置，踏步的宽度和踏步的数量。该楼梯为两跑楼梯。在地下室和一层平面图上，去地下室楼梯段有 7 个踏步，踏步面宽为 280 mm，楼梯段水平投影长为 1 960 mm，楼梯井宽为 60 mm。在标准层和顶层平面图上（二层及其以上）每个梯段有 8 个踏步，每个踏步面宽为 280 mm，楼梯井宽也为 60 mm。楼梯栏杆用两条细线表示。

（3）了解楼梯间处墙、柱、门窗的平面位置及尺寸。该楼梯间外墙和两侧内墙厚为 370 mm，平台上方分别设门窗洞口，洞口宽度都为 1 200 mm，窗口居中。

（4）看清楼梯的走向以及楼梯段起步的位置。楼梯的走向用箭头表示。地下室起步台阶的定位尺寸为 880 mm，其他各层的定位可自行分析。

（5）了解各层平台的标高。一层入口处地面标高为 −0.940 m，其余各层休息平台标高分别为 1.400 m、4.200 m、7.000 m、9.800 m，在顶层平面图上看到的平台标高为 12.600 m。

（6）在楼梯平面详图中了解楼梯剖面详图的剖切位置。从地下室平面图中可以看到 3—3 剖切符号，它表明了楼梯剖面详图的剖切位置和剖视方向。

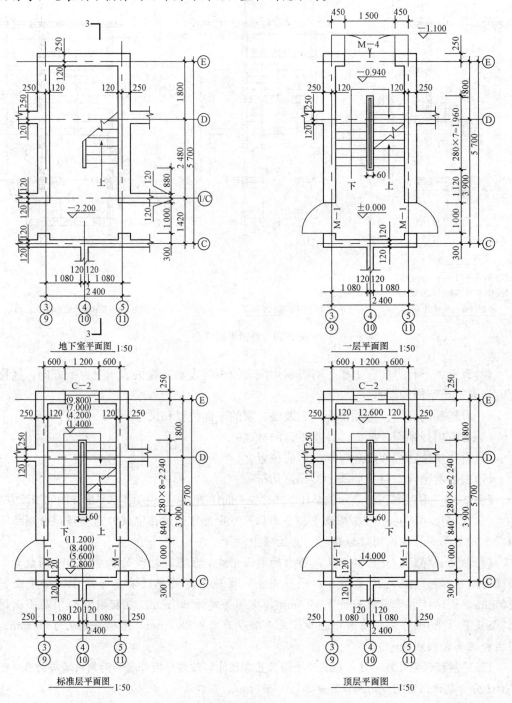

图 2-21　某住宅楼楼梯平面详图

(二)楼梯剖面详图识读

假想用一铅垂面,通过各层的一个梯段和门窗洞,将楼梯剖开,向另一未剖到的梯段方向投影所作的剖面详图,即楼梯剖面详图,如图 2-22 所示。楼梯剖面详图应能完整地、清晰地表示出各梯段、平台、栏杆等的构造及它们的相互关系。

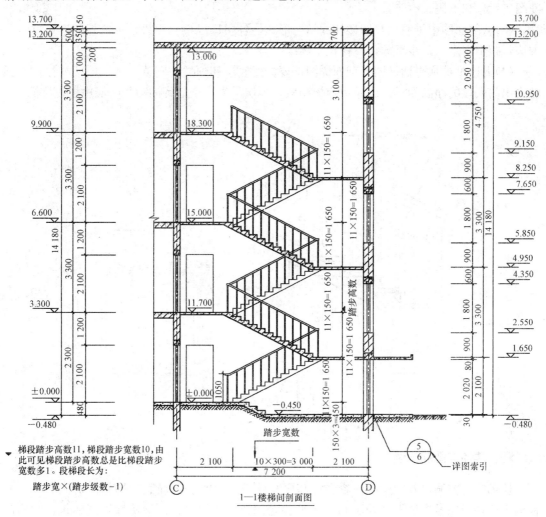

梯段踏步高数11,梯段踏步宽数10,由此可见梯段踏步高数总是比梯段踏步宽数多1。段梯段长为:

踏步宽×(踏步级数−1)

图 2-22　楼梯剖面详图(由图 2-20 剖切而来)

在楼梯剖面详图中,应注明各层楼地面、平台、楼梯间窗洞的标高;与建筑平面图核查楼梯间墙身定位轴线编号和定位轴线间尺寸;每个梯段踢面的高度、踏步的数量及栏杆的高度;查看楼梯竖向尺寸、进深方向尺寸和有关标高,并与建筑平面图核实;查看踏步、栏杆、扶手等细部详图的索引符号等。如果各层楼梯都为等跑楼梯,中间各层楼梯构造又相同,则楼梯剖面详图可只画出底层、顶层剖面,中间部分可用折断线省略。

(三)楼梯节点详图识读

楼梯节点详图主要表示楼梯栏杆、扶手的形状、大小和具体做法,栏杆与扶手、踏步的连接方式,楼梯的装修做法以及防滑条的位置和做法。楼梯节点详图如图 2-23 所示。楼梯节点详图选择了一个踏步平面，从踏步平面图剖切出一个 $A—A$ 剖面图，又从 $A—A$ 剖面图里剖切出一个 $B—B$ 剖面节点图，应仔细阅读。楼梯节点详图识读要求如下：

(1)明确楼梯节点详图在建筑平面图中的位置、定位轴线编号与平面尺寸。

(2)掌握楼梯平面布置形式，明确梯段宽度、梯井宽度、踏步宽度等平面尺寸；查清标准图集代号和页码。

(3)从剖面图中可明确掌握楼梯的结构形式，各层梯段板、梯梁、平台板的连接位置与方法，踏步高度与踏步级数，栏杆扶手高度。

(4)无论是楼梯平面详图或剖面详图都要注意底层和顶层的阅读，其底层楼梯往往要照顾进出门入口的净高而设计成长短跑楼梯段，顶层尽端安全栏杆的高度与底中层也不同。

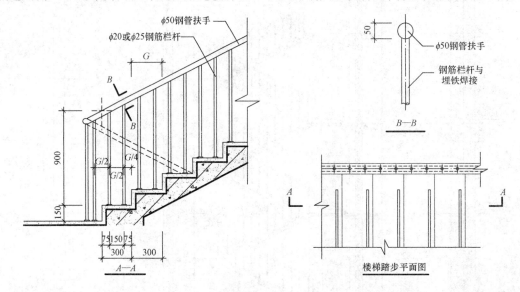

图 2-23　楼梯节点详图

四、楼梯详图的识读要点

楼梯间门窗洞口及圈梁的位置和标高要与建筑平、立、剖面图和结构图对照阅读，并根据定位轴线编号查清楼梯详图和建筑平、立、剖面图的关系。当楼梯详图建筑、结构两个专业分别绘制时，阅读楼梯建筑详图应对照楼梯结构详图，校核楼梯梁、板的尺寸和标高是否与建筑装修吻合。

值得注意的是，当楼梯间地面标高低于首层地面标高时，应注意楼梯间墙身防潮层的做法。

第七节　识读门窗详图

一、门窗的组成

门一般由门框、门扇、亮子、五金零件及附件组成，如图 2-24 所示。

窗一般由窗框、窗扇和五金零件三部分组成，如图 2-25 所示。

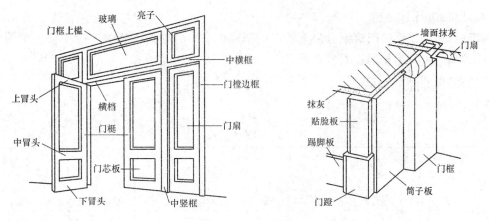

图 2-24　门的组成

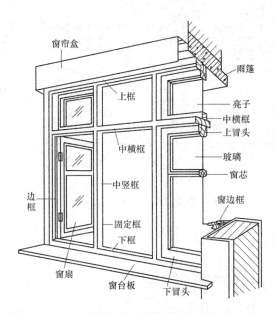

图 2-25　窗的组成

二、门窗编号及类型

(一)门窗编号

门窗是建筑物用量最多的构件,有时在一栋建筑中就有几十种甚至上百种形状和大小不同的门窗,为了便于统计和加工,一般在建筑工程施工图上对门窗进行编号,并附有详细的门窗统计表。

(1)M 代表门,M1、M2、M-1、M-2 等都是门的编号。

(2)C 代表窗,C1、C2、C-1、C-2 等都是窗的编号。

(3)MF 表示防盗门。

(4)LMT 表示铝合金推拉门。

(5)LMC 表示铝合金门连窗。

(6)LC 表示铝合金窗。

各种材料和规格的门窗编号尚无统一的国家标准,各建筑工程施工图中采用的编号所代表的含义并不一定相同,需要查看详细的门窗统计表。

(二)门窗的代号及类型

(1)门的代号及类型见表 2-1。

表 2-1　门的代号及类型

代号		类型	代号	类型	代号	类型
木门	钢框木门					
M1	GM1	夹板门	M9	实木镶板半玻门	M17	夹板吊柜、壁柜、门
M2	GM2	夹板带小玻门	M10	实木整玻门	TM	推拉木门
M3	GM3	夹板带百叶门	M11	实木小格全玻门	JM	夹板装饰门
M4	GM4	夹板带小玻百叶门	M12	实木镶板小格半玻门	SM	实木装饰门
M5	GM5	夹板侧条玻璃门	M13	实木拼板门	BM	实木玻璃装饰门
M6	GM6	夹板中条玻璃门	M14	实木拼板小玻门	XM	实木镶板装饰门
M7	GM7	夹板半玻门	M15	实木镶板半玻弹簧门	FM	木质防火门
M8	GM8	夹板带观察孔门	M16	实木整玻弹簧门		

注:表 2-1 中相应的编号如图 2-26 所示。

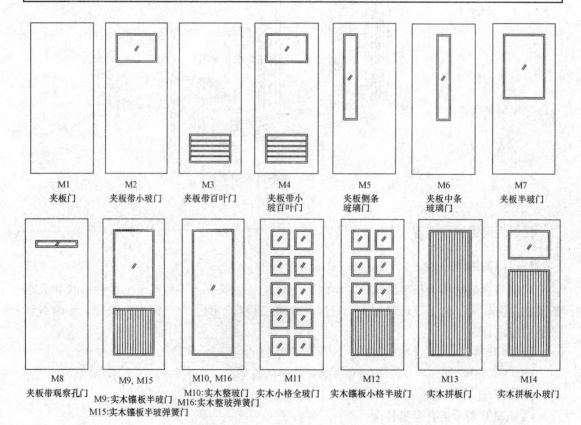

图 2-26　门的代号及类型

(2)常见塑钢门窗的代号及类型见表 2-2。

表 2-2　常见塑钢门窗代号及类型

代　号	类　　型	备　　　　　注
TC	推拉窗	中空玻璃、带纱扇
WC	外开窗	中空玻璃、带纱扇(宜用于多层及低层建筑)
NC	内开下悬翻转窗	中空玻璃、带纱扇(可调节开启大小,可作为室内换气用)
DC	内开叠合窗	中空玻璃、带纱扇(内开扇叠向固定扇,不占空间)
H	异型固定窗	中空玻璃、带纱扇
TH	异型推拉窗	中空玻璃、带纱扇
WH	异型外开窗	中空玻璃、带纱扇
NH	异型内开窗	中空玻璃、带纱扇
TY	推拉窗外开门联窗	中空玻璃(如用在封闭阳台,阳台门和门联窗也可不设纱扇,工程
Y	外开窗外开门联窗	设计中如增设纱扇或需改为单玻时可加注说明)

三、门窗详图的内容与作用

门窗详图一般采用标准图或通用图。如果采用标准图或通用图,在施工中,只注明门窗代号并说明该详图所在标准图集的编号即可,并不需要画出门窗详图;如果没有标准图,则一定要画出门窗详图。一般门窗详图包括门窗立面图、门窗节点详图、五金表和技术说明四部分内容。

四、门窗详图的识读要点

识读门窗详图前,首先要核对首页图中的门窗统计表的门窗代号种类、数量及所用建材要求的标准,明确图纸对门窗材料的要求,重点掌握门窗种类、规格尺寸、数量、位置、开启方式及其安装要求。尤其当前铝合金、塑钢等门窗材料的型材规格、种类标准众多,读图时一定要注意图纸说明与要求。

门窗立面图的识读要点如下:

(1)看立面形式、骨架形式与材料。

(2)看门窗主要尺寸,门窗平面图常注有三道外尺寸,其中最外一道尺寸是门窗洞口尺寸,也是建筑平面图、立面图、剖面图上的洞口尺寸;中间一道尺寸是门窗框尺寸和灰缝尺寸;最里一道尺寸是门窗扇尺寸。

(3)看门窗开启方式,并与建筑平面图核对,确定是内开、外开还是其他形式。

(4)看门窗节点详图的剖切位置和索引符号。

识读门窗详图时要与门窗立面图核对节点详图位置;主要看框料、扇料的断面形状、尺寸及其相互构造关系,门窗框与墙体的相互位置和连接方式要求,五金零件等。

【例 2-6】　以图 2-27 所示的装饰 M3 门详图为例,了解门详图的表达方法和识读方法。

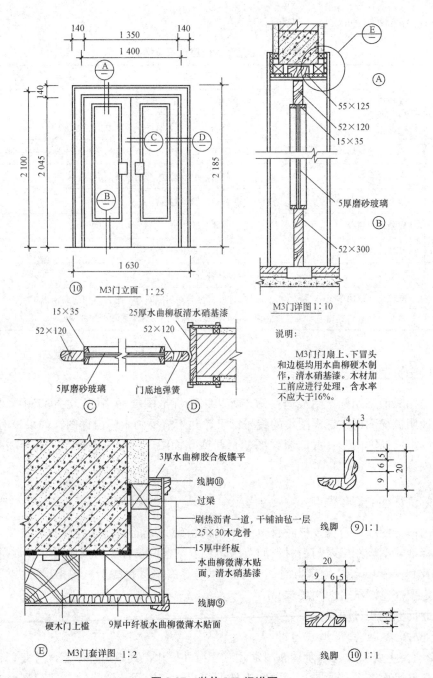

图 2-27　装饰 M3 门详图

门详图都画有不同部位的局部剖面节点详图，以表示门框和门扇的断面形状、尺寸、材料及其相互间的构造关系，还表示门框和四周的构造关系。本例图竖向和横向都有两个剖面节点详图。其中，门上槛 55 mm×125 mm、斜面压条 15 mm×35 mm、边框 52 mm×120 mm，都表示它们的矩形断面外围尺寸。门芯是 5 mm 厚磨砂玻璃，门洞口两侧墙面和过梁底面用木龙骨和中纤板、胶合板等材料包钉。剖面详图右上角的索引符号表明，还有比该详图比例更大的剖面图表示门套装饰的详细做法。

一、选择题

1. 房屋施工图中,应在(　　)建筑平面图中画出指北针。

    A. 中间层   B. 标准层

    C. 顶层   D. 底层

2. 房屋平面图一般是指用(　　)剖切房屋画出的剖面图。

    A. 正平面   B. 水平面

    C. 侧平面   D. 铅垂面

3. 画房屋剖面图时,应在(　　)平面图中标明剖切位置。

    A. 底层   B. 标准层

    C. 中间层   D. 顶层

4. 房屋施工图样中,不应标注绝对高程的是(　　)。

    A. 房屋总平面图中,地面等高线的高程

    B. 房屋总平面图中,室内底层地面的高程

    C. 房屋总平面图中,室外整平地面的高程

    D. 房屋底层平面图中,室内底层地面的高程

5. 应注写绝对标高的房屋施工图是(　　)。

    A. 房屋的建筑平面图   B. 房屋的总平面图

    C. 房屋的建筑剖面图   D. 房屋的建筑立面图

二、判断题

1. 建筑工程必须每层都有相应的平面图。　　　　　　　　　　　　　　　　(　　)

2. 凡是在平面图、立面图、剖面图中没有表达清楚的部位,都可以使用详图来表示。

                                                       (　　)

三、思考题

1. 建筑工程施工图是如何形成的?怎样阅读建筑工程施工图?

2. 风向频率玫瑰图上的实线和虚线各代表什么意思?

3. 外墙详图表达了哪些节点构造?如何阅读外墙详图?

4. 门窗详图包括哪些内容?

5. 楼梯详图应该如何识读?

6. 某双跑楼梯,楼梯平面详图上标有"上 14 级",则该层楼梯共有几个踏面、几个踢面?楼面至该层休息平台有 14 级踏步吗?

四、实践题

试对图 2-28 所示的建筑立面图、剖面图进行识读。

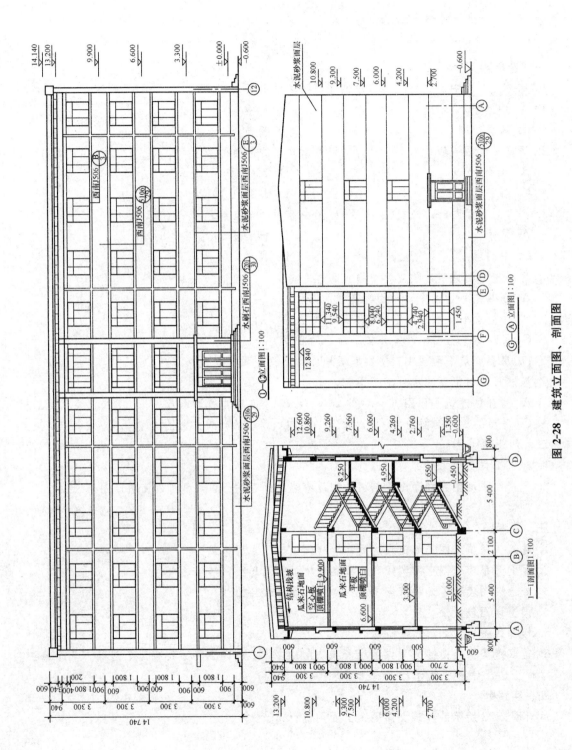

图 2-28 建筑立面图、剖面图

第三章 结构施工图识读

学习目标

通过结构施工图实例分析，掌握结构施工图的内容、钢筋混凝土构件的图示特点，能熟练识读结构平面图，还应熟悉平法施工图制图规则。

教学方法建议

通过结构施工图案例进行分析讲解。

第一节 认识结构施工图

房屋的结构施工图是根据房屋建筑中的承重构件进行结构设计后画出的图样，用以指导施工。结构施工图中承重构件直接影响房屋的质量和使用寿命，如果识读不准确，会酿成严重后果。结构施工图与建筑工程施工图一样，是施工的依据，主要用于放线、挖基槽、支承模板、配钢筋、浇灌混凝土等施工过程，也是计算工程量、编制预算和施工进度计划的依据。

一、房屋结构的分类

目前我国民用建筑采用的结构形式主要有以下几种：

(1)砖混结构的主要承重构件为砖墙体和混凝土梁、板、柱。

(2)框架结构的主要承重构件为混凝土梁、板、柱。

(3)框架-剪力墙结构的主要承重构件为混凝土墙和混凝土梁、板、柱。

(4)钢结构的主要承重构件为钢柱、钢梁。

目前，我国建造的住宅楼、办公楼、教学楼、宾馆、商场等民用建筑，都广泛采用砖混结构。在房屋建筑结构中，结构的作用是承受外力和传递荷载。一般情况下，重力作用是主要作用，其传力途径是先作用在楼板上，由楼板将荷载传递给墙或梁，再由梁传给柱，然后由柱或墙传递给基础，最后由基础传递给地基，如图3-1所示。

结构施工图必须密切与建筑工程施工图配合，这两个工种的施工图之间可能有矛盾。结构设计时要根据建筑要求选择结构类型，并进行合理布置，再通过力学计算确定承重构件的断面形状、

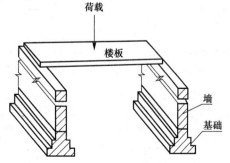

图 3-1 荷载的传递过程

大小、材料及构造等，钢筋混凝土结构示意如图 3-2 所示。

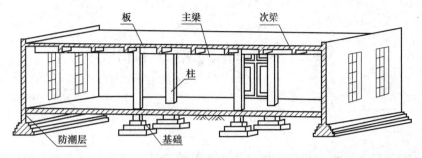

图 3-2 钢筋混凝土结构示意

二、结构施工图的内容

1. 结构设计说明

结构设计说明主要用于说明结构设计依据、对材料质量及构件的要求、有关地基的概况及施工要求等。

2. 结构平面图

结构平面图与建筑平面图一样，属于全局性的图纸，通常包括基础平面图、楼层结构平面图、屋顶结构平面图。

3. 构件详图

构件详图属于局部性的图纸，表示构件的形状、大小，所用材料的强度等级和制作安装等。其主要内容包括基础详图，梁、板、柱等构件详图，楼梯结构详图及其他构件详图等。

三、结构施工图中常用构件代号

建筑结构的基本构件很多，布置也很复杂，为了使图面清晰，以及把不同的构件表示清楚，《建筑结构制图标准》(GB/T 50105—2010)规定构件的名称应用代号表示。常用构件的代号见表 3-1。代号后应用阿拉伯数字标注该构件的型号或编号，也可为构件的顺序号。构件的顺序号采用不带角标的阿拉伯数字连续编排，代号用构件名称的汉语拼音中的第一个字母表示。

表 3-1 常用构件的代号

序号	名称	代号	序号	名称	代号	序号	名称	代号
1	板	B	9	挡雨板或檐口板	YB	17	轨道连接	DGL
2	屋面板	WB	10	起重机安全走道板	DB	18	车挡	CD
3	空心板	KB	11	墙板	QB	19	圈梁	QL
4	槽形板	CB	12	天沟板	TGB	20	过梁	GL
5	折板	ZB	13	梁	L	21	连系梁	LL
6	密肋板	MB	14	屋面梁	WL	22	基础梁	JL
7	楼梯板	TB	15	起重机梁	DL	23	楼梯梁	TL
8	盖板或沟盖板	GB	16	单轨起重机梁	DDL	24	框架梁	KI

序号	名称	代号	序号	名称	代号	序号	名称	代号
25	框支梁	KZL	35	框架柱	KZ	45	梯	T
26	屋面框架梁	WKL	36	构造柱	GZ	46	雨篷	YP
27	檩条	LT	37	承台	CT	47	阳台	YT
28	屋架	WJ	38	设备基础	SJ	48	梁垫	LD
29	托架	TJ	39	桩	ZH	49	预埋件	M—
30	天窗架	CJ	40	挡土墙	DQ	50	天窗端壁	TD
31	框架	KJ	41	地沟	DG	51	钢筋网	W
32	刚架	GJ	42	柱间支撑	ZC	52	钢筋骨架	G
33	支架	ZJ	43	垂直支撑	CC	53	基础	J
34	柱	Z	44	水平支撑	SC	54	暗柱	AZ

注：1. 预制混凝土构件、现浇混凝土构件、刚构件和木构件，一般可以采用本表中的构件代号。在绘图时，除混凝土构件可以不注明材料代号外，其他材料的构件可在构件代号前加注材料代号，并在图纸中加以说明。

2. 预应力混凝土构件的代号，应在构件代号前加注"Y"。如 Y-DL 表示预应力混凝土起重机梁。

第二节　钢筋混凝土构件简介

一、钢筋混凝土构件的组成

钢筋混凝土构件由钢筋和混凝土两种材料组合而成。混凝土由水、水泥、砂、石子按一定比例拌和硬化而成。混凝土抗压强度高，其强度等级分为 C15、C20、C25、C30、C35、C40、C45、C50、C55、C60、C65、C70、C75、C80 十四个等级，数字表示混凝土立方体抗压强度标准值，其值越大表示混凝土的抗压强度越高。混凝土的抗拉强度比抗压强度低得多，一般仅为抗压强度的 1/20～1/10，而钢筋不但具有良好的抗拉强度，而且与混凝土有良好的黏合力，其热膨胀系数与混凝土相近，因此，两者常结合组成钢筋混凝土构件。图 3-3 所示的支承在两端砖墙上的钢筋混凝土简支梁，将必要数量的纵向钢筋均匀放置在梁的底部与混凝土浇筑结合在一起，梁在均布荷载的作用下产生弯曲变形，上部为受压区(一般需配置构造钢筋)，由混凝土承受压力，下部为受拉区，由钢筋承受拉力。常见的钢筋混凝土构件有梁、板、柱、基础、楼梯等。为了提高构件的抗裂性，还可制成预应力钢筋混凝土构件。没有钢筋的混凝土构件称为素混凝土构件。

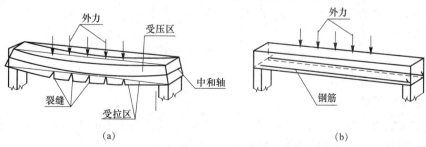

(a)　　　　　　　　　　　　(b)

图 3-3　钢筋混凝土梁受力示意

钢筋混凝土构件有现浇钢筋混凝土构件和预制钢筋混凝土构件两种。现浇钢筋混凝土构件在建筑工地现场浇制；预制钢筋混凝土构件在预制品工厂先浇制好，然后运到建筑工地进行吊装，有的预制钢筋混凝土构件(如厂房的柱或梁)也可在建筑工地预制，然后吊装。

二、常见钢筋标注及表示方法

(一)钢筋的作用及标注方法

配置在钢筋混凝土结构中的钢筋，按其作用可分为受力筋、箍筋、架立筋、分布筋和构造筋等，如图 3-4 所示。

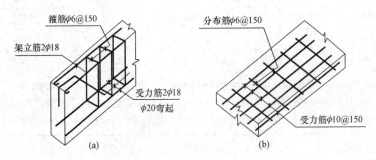

图 3-4 构件中钢筋的名称
(a)梁内配筋；(b)板内配筋

(1)受力筋：承受构件内拉、压应力的钢筋。其配置根据受力通过计算确定，且应满足构造要求。在梁、柱中的受力筋也称为纵向受力筋。标注时应说明其数量、品种和直径，如 4Φ20，表示配置 4 根 HRB335 级钢筋，直径为 20 mm。在板中的受力筋，标注时应说明其品种、直径和间距，如 ϕ10@100(@是相等中心距符号)，表示配置 HPB300 级钢筋，直径为 10 mm，间距为 100 mm。

(2)架立筋：一般设置在梁的受压区，与纵向受力筋平行，用于固定梁内钢筋的位置，并与受力筋形成钢筋骨架。架立筋是按构造配置的，其标注方法同梁内受力筋。

(3)箍筋：用于承受梁、柱中的剪力、扭矩，固定纵向受力筋的位置等。标注箍筋时，应说明箍筋的级别、直径、间距，如 ϕ10@100。

(4)分布筋：用于单向板、剪力墙中。

单向板中的分布筋与受力筋垂直，其作用是将承受的荷载均匀地传递给受力筋，并固定受力筋的位置，以及抵抗热胀冷缩所引起的温度变形。标注方法同板中受力筋。

在剪力墙中布置的水平分布筋和竖向分布筋，除上述作用外，还可参与承受外荷载。其标注方法同板中受力筋。

(5)构造筋：因构造要求及施工安装需要而配置的钢筋，如腰筋、吊筋、拉结筋等。其标注方法同板中受力筋。

(二)常见钢筋的表示方法

普通钢筋的表示方法应符合表 3-2 所示的规定；预应力钢筋的表示方法应符合表 3-3 所示的规定；钢筋网片的表示方法应符合表 3-4 所示的规定。

表 3-2　普通钢筋的表示方法

序号	名称	图例	说明
1	钢筋横断面	●	—
2	无弯钩的钢筋端部		下图表示长、短钢筋投影重叠时，短钢筋的端部用45°斜划线表示
3	带半圆形弯钩的钢筋端部		—
4	带直钩的钢筋端部		—
5	带丝扣的钢筋端部		—
6	无弯钩的钢筋搭接		—
7	带半圆弯钩的钢筋搭接		—
8	带直钩的钢筋搭接		—
9	花篮螺丝钢筋接头	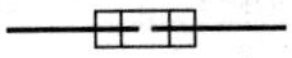	—
10	机械连接的钢筋接头		用文字说明机械连接的方式（如冷挤压或直螺纹等）

表 3-3　预应力钢筋的表示方法

序号	名称	图例
1	预应力钢筋或钢绞线	
2	后张法预应力钢筋断面、无黏结预应力钢筋断面	⊕
3	预应力钢筋断面	+
4	张拉端锚具	
5	固定端锚具	
6	锚具的端视图	 ⊕
7	可动连接件	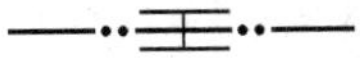

序号	名称	图例
8	固定连接件	—··—┼—··—

表 3-4　钢筋网片的表示方法

序号	名称	图例
1	一片钢筋网平面图	W-1
2	一行相同的钢筋网平面图	3W-1
注：用文字注明焊接网或绑扎网片。		

(三)钢筋配置方式的标注方法

(1)钢筋在平面图中的配置应按图 3-5 所示的方法标注。当钢筋标注的位置不够时，可采用引出线标注。引出线标注钢筋的斜短划线应为中实线或细实线。

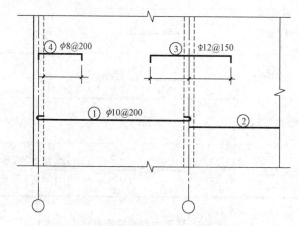

图 3-5　钢筋在楼板配筋图中的标注方法

(2)当构件布置较简单时，结构平面布置图可与板配筋平面图合并绘制；平面图中的钢筋配置较复杂时，可按表 3-5 及图 3-6 所示的方法绘制。

表 3-5　钢筋画法

序号	说明	图例
1	在结构楼板中配置双层钢筋时，底层钢筋的弯钩应向上或向左，顶层钢筋的弯钩则向下或向右	(底层)　　(顶层)

序号	说明	图例
2	钢筋混凝土墙体配双层钢筋时，在配筋立面图中，远面钢筋的弯钩应向上或向左，而近面钢筋的弯钩向下或向右(JM 为近面、YM 为远面)	
3	若在断面图中不能表达清楚的钢筋布置，应在断面图外增加钢筋大样图(如钢筋混凝土墙、楼梯等)	
4	图中所表示的箍筋、环筋等若布置复杂，可加画钢筋大样及说明	
5	每组相同的钢筋、箍筋或环筋，可用一根粗实线表示，同时用一两端带斜短划线的横穿细线，表示其钢筋及起止范围	

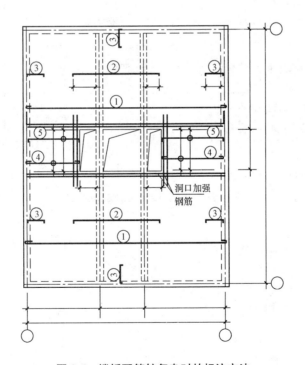

图 3-6　楼板配筋较复杂时的标注方法

(3)钢筋在梁纵、横断面图中的配置，应按图 3-7 所示的方法标注。

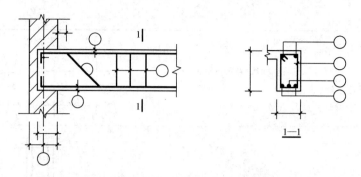

图 3-7　钢筋在梁纵、横断面图中的标注方法

(四)钢筋焊接接头的标注方法

钢筋焊接接头的标注方法应符合表 3-6 所示的规定。

表 3-6　钢筋焊接接头的标注方法

序号	名称	接头形式	标注方法
1	单面焊接的钢筋接头		
2	双面焊接的钢筋接头		
3	用帮条单面焊接的钢筋接头		
4	用帮条双面焊接的钢筋接头		
5	接触对焊的钢筋接头 （闪光焊、压力焊）		
6	坡口平焊的钢筋接头		
7	坡口立焊的钢筋接头		
8	用角钢或扁钢做连接 板焊接的钢筋接头		
9	钢筋或螺（锚）栓与 钢板穿孔塞焊的接头		

三、预埋件、预埋孔洞的标注方法

(一)预埋件的标注方法

在混凝土构件上设置预埋件时，可按图 3-8 所示的规定在平面图或立面图上标注。引出线指向预埋件，并标注预埋件的代号。

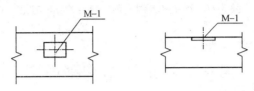

图 3-8　预埋件的标注方法

在混凝土构件的正、反面同一位置均设置相同的预埋件时，可按图 3-9 所示的规定标注，引出线为一条实线和一条虚线并指向预埋件，同时，在引出横线上标注预埋件的数量及代号。在混凝土构件的正、反面同一位置均设置不同的预埋件时，可按图 3-10 所示的规定标注，引出线为一条实线和一条虚线并指向预埋件，在引出横线上方标注正面预埋件代号，在引出横线下方标注反面预埋件代号。

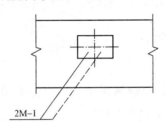

图 3-9　正、反面同一位置预埋件相同的标注方法

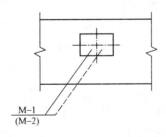

图 3-10　正、反面同一位置预埋件不相同的标注方法

(二)预留孔、洞或预埋套管设置的标注方法

在构件上设置预留孔、洞或预埋套管时，可按图 3-11 所示的规定在平面或断面图中标注。引出线指向预留(埋)位置，在引出横线上方标注预留孔、洞的尺寸，预埋套管的外径，在引出横线下方标注孔、洞(套管)的中心标高或底标高。

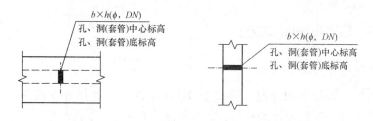

图 3-11 预留孔、洞或预埋套管的标注方法

第三节 识读结构平面图

一、结构平面图的形成与用途

结构平面图是假想沿着楼板面(只有结构层,尚未做楼面面层)将建筑物水平剖开所作的水平剖面图。它表示各层梁、板、柱、墙、过梁和圈梁等的平面布置情况,以及现浇楼板、梁的构造与配筋情况及构件之间的结构关系。

结构平面图为施工中安装梁、板、柱等各种构件提供依据,同时为现浇构件立模板、绑扎钢筋、浇筑混凝土提供依据。

二、结构平面图的内容与绘制

(一)结构平面图的内容

建筑物的结构平面图是表示建筑物各承重构件平面布置的图样,重点表达该层楼板的结构布置形式和相关的梁、柱、墙的平面位置。除基础结构平面图外,还有楼层结构平面图、屋顶结构平面图等。结构平面图的主要内容包括以下几个方面:

(1)图名、比例。

(2)墙、柱、梁等构件的位置和编号。

(3)楼板部分,如采用安装预制板方式,须表明预制板的型号或编号、数量,铺设的范围和方向等;如采用现浇方式,须表明现浇板的范围、厚度和配筋,预留孔和洞的位置及尺寸等。

(4)圈梁和门窗过梁的布置、代号与编号。

(5)各种梁、板底面结构标高,各定位轴线之间的距离。

(6)有关剖切符号、详图索引符号和其他标注代号。

(7)设计说明,如总说明中未指明的,或本楼层中需要特别说明的特殊材料、尺寸或构造措施等。

(二)构件的文字注写表示方法

(1)在现浇混凝土结构中,构件的截面和配筋等数值可采用文字注写方式表达。

(2)按结构层绘制的结构平面图中,直接用文字表达各类构件的编号(编号中含有构件的类型代号和顺序号)、断面尺寸、配筋及有关数值。

(3)混凝土柱可采用列表注写和在结构平面图中截面注写的方式，并应符合下列规定：

1)列表注写应包括柱的编号、各段的起止标高、断面尺寸、配筋、断面形状和箍筋的类型等有关内容。

2)截面注写可在结构平面图中，选择同一编号的柱截面，直接在截面中引出断面尺寸、配筋的具体数值等，并应绘制柱的起止高度表。

(4)混凝土剪力墙可采用列表和截面注写方式，并应符合下列规定：

1)列表注写分别在剪力墙柱表、剪力墙身表及剪力墙梁表中，按编号绘制截面配筋图并注写断面尺寸和配筋等。

2)截面注写可在结构平面图中按编号直接在墙柱、墙身和墙梁上注写断面尺寸、配筋等具体数值的内容。

(5)混凝土梁可采用在结构平面图中的平面注写和截面注写方式，并应符合下列规定：

1)平面注写可在结构平面图中，分别在不同编号的梁中选择一个，直接注写编号、断面尺寸、跨数、配筋的具体数值和相对高差(无高差可不注写)等内容。

2)截面注写可在结构平面图中，分别在不同编号的梁中选择一个，用剖面符号引出截面图形并在其上注写断面尺寸、配筋的具体数值等。

(6)重要构件或较复杂的构件不宜采用文字注写方式表达构件的截面尺寸和配筋等有关数值，宜采用绘制构件详图的表示方法。

(7)基础、楼梯、地下室结构等其他构件，当采用文字注写方式绘制图纸时，可采用在结构平面图上直接注写有关具体数值的方式，也可采用列表注写的方式。

(8)采用文字注写构件的尺寸、配筋等数值的图样，应绘制相应的节点做法及标准构造详图。

(三)结构平面图的绘制方法

(1)结构平面图应注写出与建筑平面图一致的定位轴线编号和尺寸。

(2)楼层、屋顶结构平面图中一般用中实线表示剖切到可见的构件轮廓线，用虚线表示不可见构件的轮廓线(如被遮盖的墙体、柱子等)，门窗洞口一般可不画。

(3)楼层和屋顶结构平面图的比例同建筑平面图，一般采用1：100或1：200的比例绘制。

(4)结构平面图的尺寸一般只注写开间、进深、总尺寸及个别地方容易弄错的尺寸。

三、结构构件的平面整体表示法

平面整体表示法简称平法，这种所谓"平法"的表达方式，是将结构构件的尺寸和配筋，按照平面整体表示法的制图规则，直接表示在各类构件的结构平面图上，再与标准构造详图配合，即构成一套完整的结构施工图。平法改变了传统结构施工图中从结构平面图中索引，再逐个绘制配筋详图的烦琐方法，不仅减少了设计人员的工作量，同时也减少了传统结构施工图中"错、漏、碰、缺"的质量通病。

1. 平法施工图与传统结构施工图的比较

图 3-12 所示的梁平法结构施工图，是采用平面注写方式绘制的单根梁，用于对比按传统表示方法表示的图 3-13(图中钢筋构造做法与尺寸是按平法要求确定的)。当采用平面注写方式表达时，无须绘制梁截面配筋图。

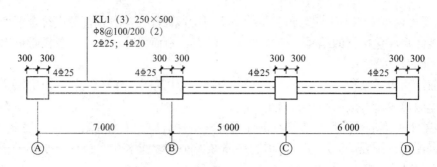

图 3-12　梁平法结构施工图

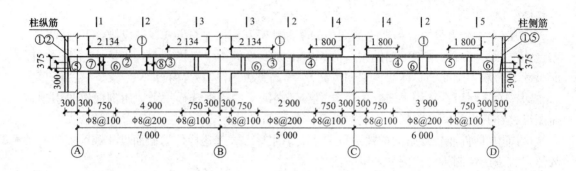

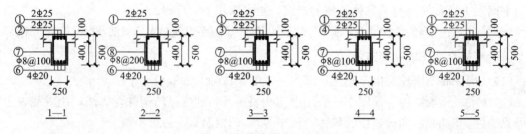

图 3-13　传统梁结构施工图

2. 平法施工图的优点

我国结构工程界的众多知名专家一致认同平法有以下六大优点：

(1)简单。平法采用标准化的设计制图规则，结构施工图表示数字化、符号化，单张图纸的信息量较大并且集中；构件分类明确，层次清晰，表达准确，设计速度快，效率成倍提高；平法使设计者易掌握全局，易进行平衡调整，易修改，易校审，改图时可不牵连其他构件，易控制设计质量；平法既能适应业主分阶段分层提图施工的要求，也可以适应在主体结构开始施工后进行大幅度调整的特殊情况。平法分结构层设计的图纸与水平逐层施工的顺序完全一致，对标准层可实现单张图纸施工，施工技术人员对结构比较容易形成整体概念，有利于管理施工质量。

(2)易操作。平法采用标准化的构造详图，形象、直观、易懂、易操作；标准构造详图可集国内较成熟、可靠的常规节点构造之大成，经分类归纳后编制成国家建筑标准设计图集供设计选用，可避免构造做法反复抄袭及设计失误，保证节点构造在设计与施工两个方面均达到高质量。另外，平法对实现专门化节点构造的研究、设计和施工，提出了更高的要求。

（3）低能耗。平法大幅度地降低了设计成本及设计消耗，节约了自然资源。平法施工图是有序化、定量化的设计图纸，与其配套使用的标准设计图集可以重复使用，因此与传统方法相比图纸量减少70%左右，综合设计工日减少2/3以上，节约了人力资源与自然资源。

（4）高效率。平法可以大幅度提高设计效率，能快速解放生产力，迅速缓解基本建设高峰时期结构设计人员紧缺的局面。在推广平法比较早的建筑设计院，结构设计人员的数量已经少于建筑设计人员，有些建筑设计院的结构设计人员仅为建筑设计人员的1/2~1/4，结构设计周期明显缩短，结构设计人员的工作强度已显著降低。

（5）改变用人结构。平法促进人才分布格局的改变，影响了建筑结构领域的人才结构。设计单位对工民建专业大学毕业生的需求量已经明显减少，为施工单位招聘结构人才留出了相当大的空间，大量工民建专业毕业生到施工部门择业渐成普遍现象，人才流向发生了比较明显的转变，人才分布趋向合理。随着时间的推移，高校培养的大批土建高级技术人才必将对施工建设领域的科技进步产生积极作用。

（6）促进人才竞争。平法促进建筑设计院内的人才竞争，促进结构设计水平的提高。设计单位对年度毕业生的需求量有限，自然形成了人才的就业竞争，使比较优秀的专业人才有更多机会进入设计单位，长此以往，可有效提高结构设计队伍的整体素质。

四、结构平面图中的受拉钢筋锚固长度及其修正系数

受拉钢筋基本锚固长度见 l_{ab} 表3-7，抗震设计时受拉钢筋基本锚固长度 l_{abE} 见表3-8，受拉钢筋锚固长度 l_a 见表3-9，受拉钢筋抗震锚固长度 l_{aE} 见表3-10。

五、结构平面图中纵向受拉钢筋搭接长度

纵向受拉钢筋搭接长度 l_l 见表3-11。纵向受拉钢筋抗震搭接长度 l_{lE} 见表3-12。

表 3-7　受拉钢筋基本锚固长度 l_{ab}

钢筋种类	混凝土强度等级								
	C20	C25	C30	C35	C40	C45	C50	C55	≥C60
HPB300	39d	34d	30d	28d	25d	24d	23d	22d	21d
HRB335 HRBF335	38d	33d	29d	27d	25d	23d	22d	21d	21d
HRB400 HRBF400 RRB400	—	40d	35d	32d	29d	28d	27d	26d	25d
HRB500 HRBF500	—	48d	43d	39d	36d	34d	32d	31d	30d

表 3-8 抗震设计时受拉钢筋基本锚固长度 l_{abE}

钢筋种类		混凝土强度等级								
		C20	C25	C30	C35	C40	C45	C50	C55	≥C60
HPB300	一、二级	$45d$	$39d$	$35d$	$32d$	$29d$	$28d$	$26d$	$25d$	$24d$
	三级	$41d$	$36d$	$32d$	$29d$	$26d$	$25d$	$24d$	$23d$	$22d$
HRB335 HRBF335	一、二级	$44d$	$38d$	$33d$	$31d$	$29d$	$26d$	$25d$	$24d$	$24d$
	三级	$40d$	$35d$	$31d$	$28d$	$26d$	$24d$	$23d$	$22d$	$22d$
HRB400 HRBF400	一、二级	—	$46d$	$40d$	$37d$	$33d$	—	$31d$	$30d$	$29d$
	三级	—	$42d$	$37d$	$34d$	$30d$	$29d$	$28d$	$27d$	$26d$
HRB500 HRBF500	一、二级	—	$55d$	$49d$	$45d$	$41d$	$39d$	$37d$	$36d$	$35d$
	三级	—	$50d$	$45d$	$41d$	$38d$	$36d$	$34d$	$33d$	$32d$

注：1. 四级抗震时，$l_{abE}=l_{ab}$。

2. 当锚固钢筋的保护层厚度不大于 $5d$ 时，锚固钢筋长度范围内应设置横向构造钢筋，其直径不应小于 $d/4$（d 为锚固钢筋的最大直径）；对梁、柱等构件间距不应大于 $5d$，对板、墙等构件间距不应大于 $10d$，且均不大于 100 mm（d 为锚固钢筋的最小直径）。

表 3-9 受拉钢筋锚固长度 l_a

钢筋种类	C20		C25		C30		C35		C40		C45		C50		C55		≥C60	
	$d{\leqslant}25$	$d{>}25$	$d{\leqslant}25$	$d{>}25$	$d{\leqslant}25$	$d{>}25$	$d{\leqslant}25$	$d{>}25$	$d{\leqslant}25$	$d{>}25$	$d{\leqslant}25$	$d{>}25$	$d{\leqslant}25$	$d{>}25$	$d{\leqslant}25$	$d{>}25$	$d{\leqslant}25$	$d{>}25$
HPB300	$39d$	$34d$	—	$30d$	—	$28d$	—	$25d$	—	$24d$	—	$23d$	—	$22d$	—	$21d$	—	
HRB335 HRBF335	$38d$	$33d$	—	$29d$	—	$27d$	—	$25d$	—	$23d$	—	$22d$	—	$21d$	—	$21d$	—	
HRB400 HRBF400 RRB400	—	$40d$	$44d$	$35d$	$39d$	$32d$	$35d$	$29d$	$32d$	$28d$	$31d$	$27d$	$30d$	$26d$	$29d$	$25d$	$28d$	
HRB500 HRBF500	—	$48d$	$53d$	$43d$	$47d$	$39d$	$43d$	$36d$	$40d$	$34d$	$37d$	$32d$	$35d$	$31d$	$34d$	$30d$	$33d$	

表 3-10 受拉钢筋抗震锚固长度 l_{aE}

钢筋种类及抗震等级		混凝土强度等级																
		C20	C25		C30		C35		C40		C45		C50		C55		≥C60	
		d≤25	d≤25	d>25	d≤25	d>25	d≤25	d>25	d≤25	d>25	d≤25	d>25	d≤25	d>25	d≤25	d>25	d≤25	d>25
HPB300	一、二级	45d	39d	—	35d	—	32d	—	29d	—	28d	—	26d	—	25d	—	24d	—
	三级	41d	36d	—	32d	—	29d	—	26d	—	25d	—	24d	—	23d	—	22d	—
HRB335 HRBF335	一、二级	44d	38d	—	33d	—	31d	—	29d	—	26d	—	25d	—	24d	—	24d	—
	三级	40d	35d	—	30d	—	28d	—	26d	—	24d	—	23d	—	22d	—	22d	—
HRB400 HRBF400 RRB400	一、二级	—	46d	51d	40d	45d	37d	40d	33d	37d	32d	36d	31d	35d	30d	33d	29d	32d
	三级	—	42d	46d	37d	41d	34d	37d	30d	34d	29d	33d	28d	32d	27d	30d	26d	29d
HRB500 HRBF500	一、二级	—	55d	61d	49d	54d	45d	49d	41d	46d	39d	43d	37d	40d	36d	39d	35d	38d
	三级	—	50d	56d	45d	49d	41d	45d	38d	42d	36d	39d	34d	37d	33d	36d	32d	35d

注: 1. 当为环氧树脂涂层带肋钢筋时，表中数据还应乘以 1.25。

2. 当受拉钢筋在施工过程中宜受扰动时，表中数据还应乘以 1.1。

3. 当锚固钢筋长度范围内纵向受拉钢筋的直径为 3d，5d（d 为锚固钢筋的直径）时，表中数据可分别乘以 0.8、0.7；中间时按内插值。

4. 当纵向受拉普通钢筋锚固长度修正系数（注 1～注 3）多于一项时，可按连乘计算。

5. 受拉钢筋的锚固长度 l_a，l_{aE} 的计算值不应小于 200 mm。

6. 四级抗震时，$l_{aE}=l_a$。

7. 当锚固钢筋的保护层厚度不大于 5d 时，锚固钢筋长度范围内应设置横向构造钢筋，其直径不应小于 d/4（d 为锚固钢筋的最大直径；对梁、柱等构件间距不应大于 5d，对板、墙等构件间距不应大于 10d，且均不应大于 100 mm（d 为锚固钢筋的最小直径）。

表3-11　纵向受拉钢筋搭接长度 l_l

钢筋种类及同一区段内搭接钢筋面积百分率		C20	C25		C30		C35		C40		C45		C50		C55		C60	
		d≤25	d≤25	d>25	d≤25	d>25	d≤25	d>25	d≤25	d>25	d≤25	d>25	d≤25	d>25	d≤25	d>25	d≤25	d>25
HPB300	≤25%	47d	41d	—	36d	—	34d	—	30d	—	29d	—	28d	—	26d	—	25d	—
	50%	55d	48d	—	42d	—	39d	—	35d	—	34d	—	32d	—	31d	—	29d	—
	100%	62d	54d	—	48d	—	45d	—	40d	—	38d	—	37d	—	35d	—	34d	—
HRB335 HRBF335	≤25%	46d	40d	—	35d	—	32d	—	30d	—	28d	—	26d	—	25d	—	25d	—
	50%	53d	46d	—	41d	—	38d	—	35d	—	32d	—	31d	—	29d	—	29d	—
	100%	61d	53d	—	46d	—	43d	—	40d	—	37d	—	35d	—	34d	—	34d	—
HRB400 HRBF400 RRB400	≤25%	—	48d	53d	42d	47d	38d	42d	35d	38d	34d	37d	32d	36d	31d	35d	30d	34d
	50%	—	56d	62d	49d	55d	45d	49d	41d	45d	39d	43d	38d	42d	36d	41d	35d	39d
	100%	—	64d	70d	56d	62d	51d	56d	46d	51d	45d	50d	43d	48d	42d	46d	40d	45d
HRB500 HRBF500	≤25%	—	58d	64d	52d	56d	47d	52d	43d	48d	41d	48d	38d	42d	37d	41d	36d	40d
	50%	—	67d	74d	60d	66d	55d	60d	50d	56d	48d	56d	45d	49d	43d	48d	42d	46d
	100%	—	77d	85d	69d	75d	62d	69d	58d	64d	54d	59d	51d	56d	50d	54d	48d	53d

注：1. 表中数值为纵向受拉钢筋绑扎搭接接头的搭接长度。

2. 两根不同直径钢筋搭接时，表中 d 取较小钢筋直径。

3. 当为环氧树脂涂层带肋钢筋时，表中数据应乘以1.25。

4. 当纵向受拉钢筋在施工过程中易受扰动时，表中数据还应乘以1.1。

5. 当搭接长度范围内纵向受力钢筋周边保护层厚度为 3d、5d（d 为搭接钢筋的直径）时，表中数据可分别乘以0.8、0.7；中间时按内插值。

6. 当上述修正系数（注3～注5）多于一项时，可按连乘计算。

7. 任何情况下，搭接长度不应小于 300 mm。

表 3-12 纵向受拉钢筋抗震搭接长度 l_{lE}

钢筋种类及同一区段内搭接钢筋面积百分率		混凝土强度等级																	
		C20		C25		C30		C35		C40		C45		C50		C55		C60	
		d≤25	d>25	d≤25	d>25	d≤25	d>25	d≤25	d>25	d≤25	d>25	d≤25	d>25	d≤25	d>25	d≤25	d>25	d≤25	d>25
一、二级抗震等级	HPB300 ≤25%	54d	—	47d	—	42d	—	38d	—	35d	—	34d	—	31d	—	30d	—	29d	—
	HPB300 50%	63d	—	55d	—	49d	—	45d	—	41d	—	39d	—	36d	—	35d	—	34d	—
	HRB335 HRBF335 ≤25%	53d	—	46d	—	40d	—	37d	—	35d	—	31d	—	30d	—	29d	—	29d	—
	HRB335 HRBF335 50%	62d	—	53d	—	46d	—	43d	—	41d	—	36d	—	35d	—	34d	—	34d	—
	HRB400 RRB400 ≤25%	—	—	55d	61d	48d	54d	44d	48d	40d	44d	38d	43d	37d	42d	36d	40d	35d	38d
	HRB400 RRB400 50%	—	—	64d	71d	56d	63d	52d	56d	46d	52d	45d	50d	43d	49d	42d	46d	41d	45d
	HRB500 HRBF500 ≤25%	—	—	66d	73d	59d	65d	54d	59d	49d	55d	47d	52d	44d	48d	43d	47d	42d	46d
	HRB500 HRBF500 50%	—	—	77d	85d	69d	76d	63d	69d	57d	64d	55d	60d	52d	56d	50d	55d	49d	53d
三级抗震等级	HPB300 ≤25%	49d	—	43d	—	38d	—	35d	—	31d	—	30d	—	29d	—	28d	—	26d	—
	HPB300 50%	57d	—	50d	—	45d	—	41d	—	36d	—	35d	—	34d	—	32d	—	31d	—
	HRB335 HRBF335 ≤25%	48d	—	42d	—	36d	—	34d	—	31d	—	29d	—	28d	—	26d	—	26d	—
	HRB335 HRBF335 50%	56d	—	49d	—	42d	—	39d	—	36d	—	34d	—	32d	—	31d	—	31d	—
	HRB400 RRB400 ≤25%	—	—	50d	55d	44d	49d	41d	44d	36d	41d	35d	40d	34d	38d	32d	36d	31d	35d
	HRB400 RRB400 50%	—	—	59d	64d	52d	57d	48d	52d	42d	48d	41d	46d	39d	45d	38d	42d	36d	41d
	HRB500 HRBF500 ≤25%	—	—	60d	67d	54d	59d	49d	54d	46d	50d	43d	47d	41d	44d	40d	43d	38d	42d
	HRB500 HRBF500 50%	—	—	70d	78d	63d	69d	57d	63d	53d	59d	50d	55d	48d	52d	46d	50d	45d	49d

注：1. 表中数值为纵向受拉钢筋绑扎搭接接头的搭接长度。

2. 两根不同直径钢筋搭接时，表中 d 取较小钢筋直径。

3. 当为环氧树脂涂层带肋钢筋时，表中数据还应乘以 1.25。

4. 当纵向受拉钢筋在施工过程中易受扰动时，表中数据还应乘以 1.1。

5. 当搭接长度范围内纵向受力钢筋周边保护层厚度为 3d、5d（d 为搭接钢筋的直径），表中数据可分别乘以 0.8、0.7；中间时按内插值。

6. 上述修正系数（注 3～注 5）多于一项时，可按连乘计算。

7. 任何情况下，搭接长度不应小于 300 mm。

8. 四级抗震等级时，$l_{lE}=l_l$。

· 73 ·

一、填空题

1. _____主要用于说明结构设计依据、对材料质量及构件的要求、有关地基的概况及施工要求等。

2. 代号后应用_____标注该构件的型号或编号，也可为构件的顺序号。

3. 钢筋混凝土构件由_____和_____两种材料组合而成。

4. 钢筋混凝土构件有_____和_____两种。

5. 配置在钢筋混凝土结构中的钢筋，按其作用可分为_____、_____、_____、_____和_____等。

6. 在现浇混凝土结构中，构件的截面和配筋等数值可采用_____表达。

二、判断题

1. 混凝土抗压强度等级中数字表示混凝土立方体抗压强度标准值，其值越大表示混凝土抗压强度越高。 （　　）

2. 受力筋一般设置在梁的受压区，与纵向受力筋平行，用于固定梁内钢筋的位置，并与受力筋形成钢筋骨架。架立筋是按构造配置的，其标注方法同梁内受力筋。 （　　）

3. 分布筋是指因构造要求及施工安装需要而配置的钢筋，如腰筋、吊筋、拉结筋等。 （　　）

4. 在混凝土构件上设置预埋件时，引出线指向预埋件，并标注预埋件的代号。 （　　）

三、简答题

1. 目前我国民用建筑采用的结构形式主要有哪几种？

2. 结构施工图的内容包括哪些？

3. 结构平面图的主要内容包括哪几个方面？

4. 什么是平面整体表示法？平法的优点有哪些？

第四章　基础结构施工图识读

学习目标

掌握现浇混凝土条形基础、独立基础、桩基础、筏形基础施工图中平面注写方式与截面注写方式所表达的内容；掌握基础标准构造详图中基础插筋、板底配筋、基础主梁纵筋等规定。

教学方法建议

能熟练地应用基础的平法制图规则和钢筋构造详图知识识读基础的平法施工图。

第一节　基础平面图的内容及绘制方法

基础平面图是表示房屋地面以下基础部分的平面布置和详细构造的图样，即假想用一个水平面沿房屋底层室内地面附近将整幢建筑物剖开后，移去上层的房屋和基础周围的泥土向下投影所得到的水平剖面图，简称基础图。基础平面图是主要表示建筑物在相对标高±0.000以下基础结构的图纸，是施工时在地基上放灰线、开挖基坑和施工基础的依据。

一、基础平面图的内容

在基础平面图中应表示出墙体轮廓线、基础轮廓线、基础的宽度和基础剖面的位置，标注定位轴线和定位轴线之间的距离。至于基础的细部轮廓线可省略不画，这些细部的形状将具体反映在基础详图中。

在基础剖面图中应包括全部不同基础的剖面图。图中应正确反映剖切位置处基础的类型、构造和钢筋混凝土基础的配筋情况，所用材料的强度及钢筋的种类、数量和分布方式等，并详尽标注各部分尺寸。

由于基础平面图常采用1∶100的比例绘制，故材料图例的表示方法与建筑平面图相同，即被剖切到的基础墙可不画材料图例，钢筋混凝土柱涂成黑色的。

二、基础平面图的绘制方法

(1)定位轴线：基础平面图应注写出与建筑平面图一致的定位轴线编号和尺寸。

(2)图线：在基础平面图中，只画基础墙、柱及基础底面的轮廓线，基础的细部轮廓线(如大放脚)一般省略不画。

凡被剖切到的墙、柱轮廓线，应画成中实线；基础底面的轮廓线，应画成细实线。

基础梁和地圈梁用粗点画线表示其中心线的位置。

基础墙上的预留管洞，应用虚线表示其位置，具体做法及尺寸另用详图表示。

（3）基础平面图中采用的比例及材料图例与建筑平面图相同。

（4）尺寸标注。基础平面图中必须注明基础的定型尺寸和定位尺寸。基础的定型尺寸即基础墙宽用文字加以说明或用基础代号 J1、J2 等形式标注。基础代号注写在基础剖切线的一侧，以便在相应的基础详图中查到基础底面的宽度。基础的定位尺寸也就是基础墙、柱的定位轴线尺寸，这里的定位轴线及其编号必须与建筑平面图一致。

第二节　识读条形基础施工图

一、条形基础的结构形式

条形基础是指基础长度远大于其宽度的一种基础形式。按上部结构形式划分，条形基础可分为墙下条形基础和柱下钢筋混凝土条形基础。

（1）墙下条形基础有墙下刚性条形基础［图 4-1（a）］和钢筋混凝土条形基础［图 4-1（b）］两种。

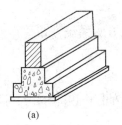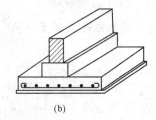

图 4-1　墙下条形基础
(a)墙下刚性条形基础；(b)钢筋混凝土条形基础

（2）在框架结构中，当地基软弱而荷载较大时，若采用柱下独立基础，可能会因基础底面积很大而使基础边缘相互接近甚至重叠；为增强基础的整体性并方便施工，可将同一排的柱基础连通成为柱下钢筋混凝土条形基础，其构造如图 4-2 所示。

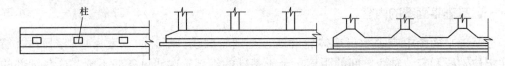

图 4-2　柱下钢筋混凝土条形基础

二、条形基础平法施工图

1. 条形基础平法施工图的表示方法

条形基础平法施工图有平面注写与截面注写两种表达方式，设计者可根据具体工程情况选择一种，或将两种方式相结合进行条形基础的施工图设计。当绘制条形基础平面布置图时，应将条形基础平面与基础所支承的上部结构的柱、墙一起绘制。当基础底面标高不同时，需注明与基础底面基准标高不同之处的范围和标高。当梁板式基础梁中心或板式条形基础板中心与建筑定位轴线不重合时，应标注其他定位尺寸；对于编号相同的条形基础，可仅选择一个进行标注。

条形基础整体上可分为梁板式条形基础和板式条形基础两类。前者适用于钢筋混凝土框架结构、框架-剪力墙结构、部分框支剪力墙结构和钢结构。平法施工图将梁板式条形基础分解为基础梁和条形基础底板分别进行表达；后者适用于钢筋混凝土剪力墙结构和砌体结构。平法施工图仅表达条形基础底板。

条形基础平法施工图制图规则

2. 条形基础编号

条形基础编号分为基础梁和条形基础底板编号，见表 4-1。

表 4-1 基础梁及条形基础底板编号

类　　型		代号	序号	跨数及有无外伸
基础梁		JL	××	（××）端部无外伸
条形基础底板	坡形	TJB_P	××	（××A）一端有外伸
	阶形	TJB_J	××	（××B)两端有外伸

注：条形基础通常采用坡形截面或单阶形截面。

3. 基础梁的平面注写方式

(1)基础梁 JL 的平面注写方式，分集中标注和原位标注两部分内容。当集中标注的某项数值不适用于基础梁的某部位时，则对该项数值采用原位标注，施工时，原位标注优先。

(2)基础梁的集中标注内容为：基础梁编号、截面尺寸、配筋三项必注内容，以及基础梁底面标高(与基础底面基准标高不同时)和必要的文字注解两项选注内容。具体规定如下：

1)注写基础梁编号(必注内容)，见表 4-1。

2)注写基础梁截面尺寸(必注内容)。注写 $b×h$，表示梁截面宽度与高度。当为竖向加腋梁时，用 $b×h$　$Yc_1×c_2$ 表示，其中 c_1 为腋长，c_2 为腋高。

3)注写基础梁配筋(必注内容)。

①注写基础梁箍筋：当具体设计仅采用一种箍筋间距时，注写钢筋级别、直径、间距与肢数(箍筋肢数写在括号内，下同)；当具体设计采用两种箍筋时，用"/"分隔不同箍筋，按照从基础梁两端向跨中的顺序注写。先注写第 1 段箍筋(在前面加注箍筋道数)，在斜线后再注写第 2 段箍筋(不再加注箍筋道数)。

②注写基础梁底部、顶部及侧面纵筋。

a. 以 B 开头，注写梁底部贯通纵筋(不应少于梁底部受力筋总截面面积的 1/3)。当跨中所注根数少于箍筋肢数时，需要在跨中增设梁底部架立筋以固定箍筋，采用"＋"将贯通纵筋与架立筋相连，架立筋注写在加号后面的括号内。

b. 以 T 开头，注写梁顶部贯通纵筋。注写时用分号";"将底部与顶部贯通纵筋分隔开。

c. 当梁底部或顶部贯通纵筋多于一排时，用"/"将各排纵筋自上而下分开。

d. 以大写字母 G 开头注写梁两侧面对称设置的纵向构造筋的总配筋值(当梁腹板高度 h_w 不小于 450 mm 时，根据需要配置)。

4)注写基础梁底面标高(选注内容)。当条形基础的底面标高与基础底面基准标高不同时，将条形基础底面标高注写在"( )"内。

5)增加必要的文字注解(选注内容)。当基础梁的设计有特殊要求时，宜增加必要的文字注解。

（3）基础梁 JL 的原位标注规定如下：

1）基础梁支座的底部纵筋（包括贯通纵筋和非贯通纵筋在内的所有纵筋）。

①当底部纵筋多于一排时，用"/"将各排纵筋自上而下分开。

②当同排纵筋有两种直径时，用"+"将两种直径的纵筋相连。

③当梁支座两边的底部纵筋配置不同时，需在支座两边分别标注；当梁支座两边的底部纵筋相同时，可仅在支座的一边标注。

④当梁支座底部全部纵筋与集中注写过的底部贯通纵筋相同时，可不再重复作原位标注。

⑤竖向加腋梁加腋部位钢筋，需在设置加腋的支座处以 Y 开头注写在括号内。

2）原位注写基础梁的附加箍筋或（反扣）吊筋。当两向基础梁十字交叉，但交叉位置无柱时，应根据支座需要设置附加箍筋或（反扣）吊筋。

将附加箍筋或（反扣）吊筋直接画在平面图中条形基础主梁上，原位直接引注总配筋值（附加箍筋的肢数注在括号内）。当多数附加箍筋或（反扣）吊筋相同时，可在条形基础平法施工图上统一注明。少数与统一注明值不同时，再原位直接引注。

3）原位注写基础梁外伸部位的变截面高度尺寸。当基础梁外伸部位采用变截面高度时，在该部位原位注写 $b \times h_1/h_2$，h_1 为根部截面高度，h_2 为尽端截面高度。

4）原位注写修正内容。当在基础梁上集中标注的某项内容（如截面尺寸、箍筋、底部与顶部贯通纵筋或架立筋、梁侧面纵向构造筋、梁底面标高等）不适用于某跨或某外伸部位时，将其修正内容原位标注在该跨或该外伸部位，施工时原位标注取值优先。

当在多跨基础梁的集中标注中已注明竖向加腋，而该梁某跨根部不需要竖向加腋时，则应在该跨原位标注无 $Yc_1 \times c_2$ 的 $b \times h$，以修正集中标注中的竖向加腋要求。

4. 基础梁底部非贯通纵筋的长度规定

（1）为方便施工，凡基础梁柱下区域底部非贯通纵筋的伸出长度 a_0 值，当配置不多于两排时，在标准构造详图中统一取值为自柱边向跨内伸出至 $l_n/3$ 位置；当非贯通纵筋配置多于两排时，从第三排起向跨内的伸出长度值应由设计者注明。l_n 的取值规定为：边跨边支座的底部非贯通纵筋，l_n 取本边跨的净跨长度值；对于中间支座的底部非贯通纵筋，l_n 取支座两边较大一跨的净跨长度值。

（2）基础梁外伸部位底部纵筋的伸出长度 a_0 值，在标准构造详图中统一取值为：第一排伸出至梁端头后，全部上弯 $12d$ 或 $15d$；其他排钢筋伸至梁端头后截断。

（3）设计者在执行第（1）、（2）条底部非贯通纵筋伸出长度的统一取值规定时，应注意按《混凝土结构设计规范（2015 年版）》（GB 50010—2010）、《建筑地基基础设计规范》（GB 50007—2011）和《高层建筑混凝土结构技术规程》（JGJ 3—2010）的相关规定进行校核，若不满足应另行变更。

5. 条形基础底板平面注写方式

（1）条形基础底板 TJB_p、TJB_j 的平面注写方式，分集中标注和原位标注两部分内容。

（2）条形基础底板的集中标注内容为：条形基础底板编号、截面竖向尺寸、配筋三项必注内容，以及条形基础底板底面标高（与基础底面基准标高不同时）、必要的文字注解两项选注内容。

素混凝土条形基础底板的集中标注，除无底板配筋内容外，与钢筋混凝土条形基础底板相同。具体规定如下：

1）注写条形基础底板编号（必注内容），见表 4-1。条形基础底板向两侧的截面形状通常有两种：

①阶形截面，编号加下标"J"，如 TJB$_J$××(××)。

②坡形截面，编号加下标"P"，如 TJB$_P$××(××)。

2)注写条形基础底板截面竖向尺寸(必注内容)。注写 $h_1/h_2/$……，具体标注为：

①当条形基础底板为坡形截面时，注写 h_1/h_2，如图 4-3 所示。

②当条形基础底板为阶形截面时，如图 4-4 所示；当为多阶时，各阶尺寸自下而上以"/"分隔顺写。

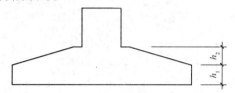

图 4-3　条形基础底板坡形截面竖向尺寸

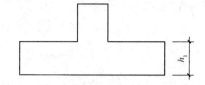

图 4-4　条形基础底板阶形截面竖向尺寸

③注写条形基础底板底部及顶部配筋(必注内容)。以 B 开头，注写条形基础底板底部的横向受力筋；以 T 开头，注写条形基础底板顶部的横向受力筋。注写时，用"/"分隔条形基础底板的横向受力筋与纵向分布筋，如图 4-5 和图 4-6 所示。

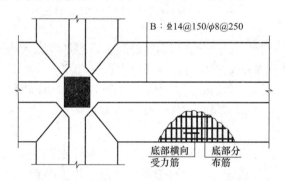

图 4-5　条形基础底板底部配筋示意

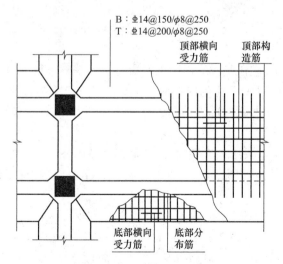

图 4-6　双梁条形基础底板顶部配筋示意

④注写条形基础底板底面标高(选注内容)。当条形基础底板的底面标高与条形基础底面基准标高不同时，应将条形基础底板底面标高注写在"（　）"内。

⑤增加必要的文字注解(选注内容)。当条形基础底板有特殊要求时，应增加必要的文字注解。

3)条形基础底板的原位标注规定如下：

①原位注写条形基础底板的平面尺寸。原位标注 b、b_i($i=1$, 2, ……)，其中，b 为基础底板总宽度，b_i 为基础底板台阶的宽度。当基础底板采用对称于基础梁的坡形截面或单阶形截面时，b_i 可不注写，如图 4-7 所示。

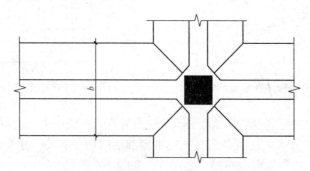

图 4-7　条形基础底板平面尺寸原位标注

素混凝土条形基础底板的原位标注与钢筋混凝土条形基础底板相同。

对于相同编号的条形基础底板，可仅选择一个进行标注。

条形基础存在双梁或双墙共用同一基础底板的情况，当为双梁或双墙且梁或墙荷载差别较大时，条形基础两侧可取不同的宽度，实际宽度以原位标注的基础底板两侧非对称的不同台阶宽度 b_i 进行表达。

②原位注写修正内容。当在条形基础底板上集中标注的某项内容，如底板截面竖向尺寸、底板配筋、底板底面标高等，不适用于条形基础底板的某跨或某外伸部分时，可将其修正内容原位标注在该跨或该外伸部位，施工时原位标注取值优先。

6. 条形基础的截面注写方式

(1)条形基础的截面注写方式，又可分为截面标注和列表注写(结合截面示意图)两种表达方式。

采用截面注写方式，应在基础平面图上对所有条形基础进行编号，见表 4-1。

(2)对条形基础进行截面标注的内容和形式，与传统"单构件正投影表示方法"基本相同。对于已在基础平面图上原位标注清楚的该条形基础梁和条形基础底板的水平尺寸，可不在截面图上重复表达。

(3)对多个条形基础可采用列表注写(结合截面示意图)的方式进行集中表达。表中内容为条形基础截面的几何数据和配筋，截面示意图上应标注与表中栏目相对应的代号。列表的具体内容规定如下：

1)基础梁。基础梁列表集中注写栏目如下：

①编号：注写 JL××(××)、JL××(××A)或 JL××(××B)。

②几何尺寸：梁截面宽度与高度 $b×h$。当为竖向加腋梁时，注写 $b×h$　$Yc_1×c_2$，其中 c_1 为腋长，c_2 为腋高。

③配筋：注写基础梁底部贯通纵筋＋非贯通纵筋、顶部贯通纵筋、箍筋。当设计为两种箍筋时，箍筋注写为：第一种箍筋/第二种箍筋，第一种箍筋为梁端部箍筋，注写内容包括箍筋的箍数、钢筋级别、直径、间距与肢数。基础梁几何尺寸和配筋表见表4-2。

表4-2　基础梁几何尺寸和配筋表

基础梁编号/截面号	截面几何尺寸		配筋	
	$b×h$	竖向加腋 $c_1×c_2$	底部贯通纵筋＋非贯通纵筋、顶部贯通纵筋	第一种箍筋/第二种箍筋

注：表中可根据实际情况增加栏目，如增加基础梁底面标高等。

2)条形基础底板。条形基础底板列表集中注写栏目如下：

①编号：坡形截面编号为 $TJB_P××(××)$、$TJB_P××(××A)$ 或 $TJB_P××(××B)$；阶形截面编号为 $TJB_J××(××)$、$TJB_J××(××A)$ 或 $TJB_J××(××B)$。

②几何尺寸：水平尺寸 b，$b_i(i=1，2，……)$，竖向尺寸 h_1/h_2。

③配筋：B：$\Phi××@×××/\Phi××@×××$。

条形基础底板几何尺寸和配筋表见表4-3。

表4-3　条形基础底板几何尺寸和配筋表

基础底板编号/截面号	截面几何尺寸			底部配筋(B)	
	b	b_i	h_1/h_2	横向受力筋	纵向分布筋

注：表中可根据实际情况增加栏目，如增加上部配筋、基础底板底面标高(与基础底板底面基准标高不同时)等。

7. 条形基础标准构造详图

(1)条形基础底板配筋构造如图4-8所示。当条形基础没有基础梁时，基础底板的分布筋在梁宽范围内不设置。在两向受力筋交接处的网状部位，分布筋与同向受力筋的构造搭接长度为 150 mm。

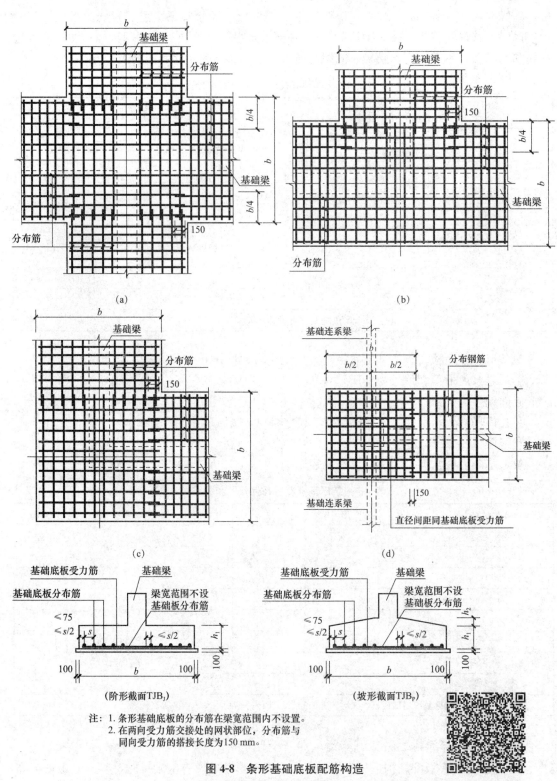

注：1. 条形基础底板的分布筋在梁宽范围内不设置。

2. 在两向受力筋交接处的网状部位，分布筋与同向受力筋的搭接长度为150 mm。

图 4-8　条形基础底板配筋构造

（a）十字交接基础底板，也可用于转角梁板端部均有纵向延伸的情形；条形基础底板配筋构造

（b）丁字交接基础底板；（c）转角梁板端部无纵向延伸；（d）条形基础无交接底板端部构造

(2)条形基础底板配筋长度减短10%构造如图4-9所示。

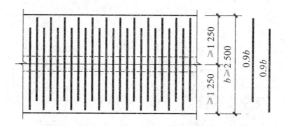

图4-9　条形基础底板配筋长度减短10%构造

(3)条形基础底板板底不平构造如图4-10所示。

条形基础底板
板底不平构造

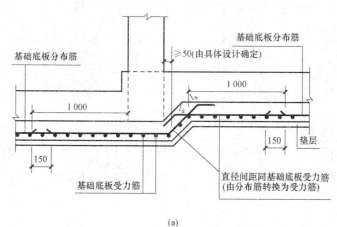

(a)

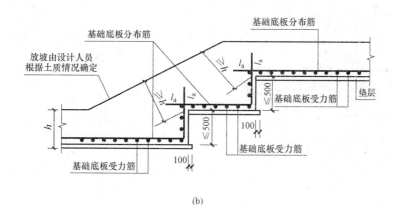

(b)

图4-10　条形基础底板板底不平构造

三、条形基础施工图识读要点

采用平面注写方式表达的条形基础施工图如图4-11所示。

识读条形基础施工图时，应注意以下事项：

(1)看图名、比例和定位轴线。基础平面图的绘图比例、定位轴线编号及定位轴线之间的尺寸，必须与建筑平面图一样。

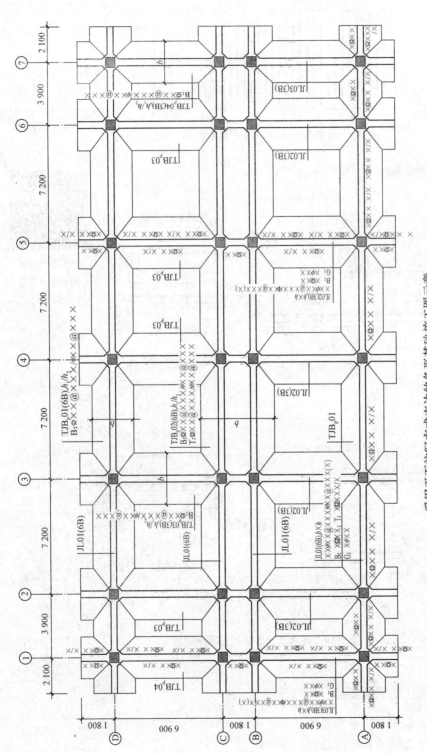

采用平面注写方式表达的条形基础施工图示意

图 4-11 条形基础施工图

注：±0.000 的绝对标高(m)：×××.××××；基础底面标高(m)：-×.××××。

(2)看基础的平面布置，即基础墙、柱及基础底面的形状、大小及其与定位轴线的关系。

(3)看尺寸标注。全面掌握在基础平面图中应该注明的尺寸有：定位轴线间尺寸、基础垫层宽尺寸、基础底宽尺寸、基础墙宽尺寸、定位轴线到基础墙边和基础底边的尺寸、独立基础和柱的外形尺寸。

(4)看基础梁的位置和代号。主要了解基础哪些部位有梁，根据代号可以统计梁的种类、数量和查阅梁的详图。

(5)看地沟与孔洞。由于给水排水的要求，常常设置地沟或在地面以下的基础墙上预留孔洞。在基础平面图中用虚线表示地沟或孔洞的位置，并注明大小及洞底的标高。

(6)看基础平面图中的剖切符号及其编号。在不同的位置，基础的形状、尺寸、埋置深度及与定位轴线的相对位置不同，需要分别画出它们的断面图(基础详图)。在基础平面图中要相应地画出剖切符号，并注明断面图的编号。

(7)看文字说明。在基础平面图中，常用文字来表明基础用料与要求、基础埋置深度、基础施工时相关技术做法和要求等。

第三节　识读独立基础施工图

一、独立基础的结构形式

独立基础是柱基础的主要类型。当建筑物上部采用柱承重且柱距较大时，宜将柱下扩大形成独立基础。独立基础构造如图 4-12 所示，从图中可以看出，独立基础的形状有阶梯形、锥形和杯形等。

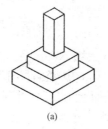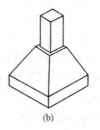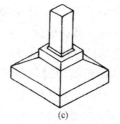

(a)　　　　　　　　　(b)　　　　　　　　　(c)

图 4-12　独立基础构造

(a)阶梯形；(b)锥形；(c)杯形

二、独立基础平法施工图

1. 独立基础平法施工图的表示方法

(1)独立基础平法施工图，有平面注写与截面注写两种表达方式，设计者可根据具体工程情况选择一种，或以两种方式相结合的形式进行独立基础施工图设计。

(2)当绘制独立基础平面布置图时，应将独立基础平面与基础所支承的柱一起绘制。当设置基础连系梁时，可根据图面的疏密情况，将基础连系梁与基础平面布置图一起绘制，或将基础连系梁布置图单独绘制。

（3）在独立基础平面布置图上应标注基础定位尺寸；当独立基础的柱中心线或杯口中心线与建筑轴线不重合时，应标注其定位尺寸。编号相同且定位尺寸相同的基础，可仅选择一个进行标注。

2. 独立基础编号

独立基础编号见表 4-4。

独立基础平法施工图制图规则

表 4-4　独立基础编号

类型	基础底板截面形状	代号	序号
普通独立基础	阶形	DJ_J	××
	坡形	DJ_P	××
杯口独立基础	阶形	BJ_J	××
	坡形	BJ_P	××

3. 独立基础的平面注写方式

（1）独立基础的平面注写方式，分为集中标注和原位标注两部分内容。

（2）普通独立基础和杯口独立基础的集中标注。普通独立基础和杯口独立基础的集中标注是在基础平面图上集中引注：基础编号、截面竖向尺寸、配筋三项必注内容，以及基础底面标高（与基础底面基准标高不同时）和必要的文字注解两项选注内容。

素混凝土普通独立基础的集中标注，除无基础配筋内容外均与钢筋混凝土普通独立基础相同。

独立基础集中标注的具体内容规定如下：

1）注写独立基础编号（必注内容），见表 4-4。独立基础底板的截面形状通常有两种：

①阶形截面编号加下标"J"，如 DJ_J××、BJ_J××；

②坡形截面编号加下标"P"，如 DJ_P××、BJ_P××。

2）注写独立基础截面竖向尺寸（必注内容）。

①普通独立基础。注写 $h_1/h_2/\cdots\cdots$，具体标注如下：

a. 当基础为阶形截面时，如图 4-13 所示。当基础为单阶时，其竖向尺寸仅为一个，即为基础总高度，如图 4-14 所示。当为多阶时，各阶尺寸自下而上用"/"分隔顺写。

b. 当基础为坡形截面时，注写为 h_1/h_2，如图 4-15 所示。

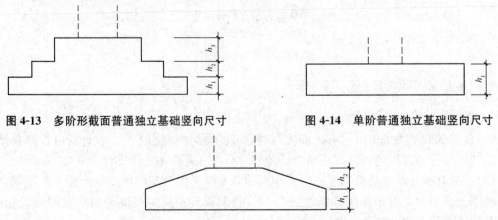

图 4-13　多阶形截面普通独立基础竖向尺寸　　　图 4-14　单阶普通独立基础竖向尺寸

图 4-15　坡形截面普通独立基础竖向尺寸

②杯口独立基础。

a. 当基础为阶形截面时，其竖向尺寸分为两组，一组表达杯口内，另一组表达杯口外，两组尺寸以"，"分隔，注写为 a_0/a_1，h_1/h_2……，具体含义如图 4-16～图 4-19 所示。其中，杯口深度 a_0 为柱插入杯口的尺寸加 50 mm。

b. 当基础为坡形截面时，注写为 a_0/a_1，$h_1/h_2/h_3$……，具体含义如图 4-20、图 4-21 所示。

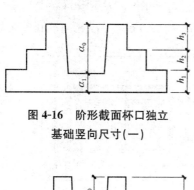

图 4-16 阶形截面杯口独立
基础竖向尺寸(一)

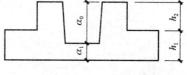

图 4-17 阶形截面杯口独立
基础竖向尺寸(二)

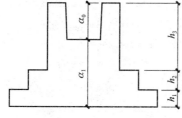

图 4-18 阶形截面高杯口独立
基础竖向尺寸(一)

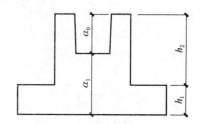

图 4-19 阶形截面高杯口独立
基础竖向尺寸(二)

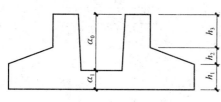

图 4-20 坡形截面杯口独立
基础竖向尺寸

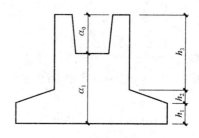

图 4-21 坡形截面高杯口独立
基础竖向尺寸

3)注写独立基础配筋(必注内容)。

①注写独立基础底板配筋。普通独立基础和杯口独立基础的底部双向配筋注写规定为：以 B 代表各种独立基础底板的底部配筋；X 向配筋以 X 开头、Y 向配筋以 Y 开头注写；当两向配筋相同时，则以 $X\&Y$ 开头注写。

②注写杯口独立基础顶部焊接钢筋网。以 Sn 开头引注杯口顶部焊接钢筋网的各边钢筋，如图 4-22、图 4-23 所示。

当双杯口独立基础中间杯壁厚度小于 400 mm 时，在中间杯壁中配置构造筋见相应标准构造详图，设计不注。

③注写高杯口独立基础的短柱配筋（也适用于杯口独立基础杯壁有配筋的情况），具体注写规定如下：

a. 以 O 代表短柱配筋。

b. 先注写短柱纵筋，再注写箍筋。注写为：角筋/长边中部筋/短边中部筋，箍筋（两种间距）；当短柱水平截面为正方形时，注写为：角筋/x 边中部筋/y 边中部筋，箍筋（两种间距，短柱杯口壁内箍筋间距/短柱其他部位箍筋间距），如图 4-24 所示。

c. 对于双高杯口独立基础的短柱配筋，注写形式与单高杯口独立基础相同，如图 4-25 所示。

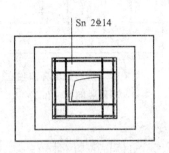

图 4-22　单杯口独立基础顶部
焊接钢筋网示意

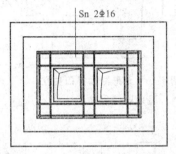

图 4-23　双杯口独立基础顶部
焊接钢筋网示意

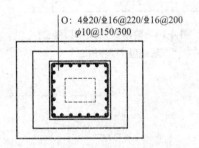

图 4-24　高杯口独立基础短柱配筋示意

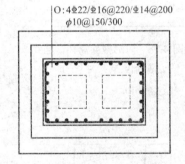

图 4-25　双高杯口独立基础短柱配筋示意

当双高杯口独立基础中间杯壁厚度小于 400 mm 时，在中间杯壁中配置构造筋见相应标准构造详图，设计不注。

④注写普通独立基础带短柱竖向尺寸及钢筋。当独立基础埋置深度较大，设置短柱时，短柱配筋应注写在独立基础中，具体注写规定如下：

a. 以 DZ 代表普通独立基础短柱。

b. 先注写短柱纵筋，再注写箍筋，最后注写短柱标高范围。注写为：角筋/长边中部筋/短边中部筋，箍筋，短柱标高范围；当短柱水平截面为正方形时，注写为：角筋/x 边中部筋/y 边中部筋，箍筋，短柱标高范围，如图 4-26 所示。

4)注写基础底面标高（选注内容）。当独立基础的底面标高与基础底面基准标高不同时，应将独立基础底面标高直接注写在"（　）"内。

5)增加必要的文字注解（选注内容）。当独立基础的设计有特殊要求时，宜增加必要的文字注解。例如，基础底板配筋长度是否采用减短方式等，可在该项内注明。

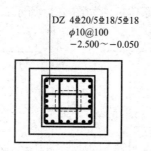

图 4-26　独立基础短柱配筋示意

(3)钢筋混凝土和素混凝土独立基础的原位标注。钢筋混凝土和素混凝土独立基础的原位标注，是在基础平面布置图上标注独立基础的平面尺寸。对相同编号的基础，可选择一个进行原位标注；当平面图形较小时，可将所选定进行原位标注的基础按比例适当放大；其他相同编号者仅注编号。

原位标注的具体内容规定如下：

1)普通独立基础。普通独立基础原位标注 x、y，x_c、y_c（或圆柱直径 d_c），x_i、y_i（$i=1，2，3，\cdots\cdots$）。其中，x、y 为普通独立基础两向边长，x_c、y_c 为柱截面尺寸，x_i、y_i 为阶宽或坡形平面尺寸(当设置短柱时，还应标注短柱的截面尺寸)。

对称阶形截面普通独立基础原位标注如图 4-27 所示；非对称阶形截面普通独立基础原位标注如图 4-28 所示；设置短柱独立基础原位标注如图 4-29 所示。

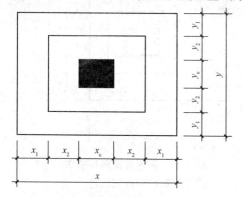

图 4-27　对称阶形截面普通独立基础原位标注

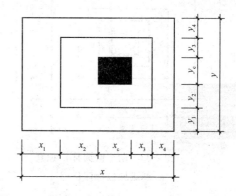

图 4-28　非对称阶形截面普通独立基础原位标注

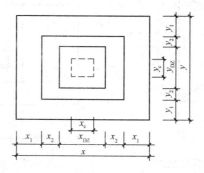

图 4-29　设置短柱独立基础原位标注

对称坡形截面普通独立基础原位标注如图 4-30 所示；非对称坡形截面普通独立基础原位标注如图 4-31 所示。

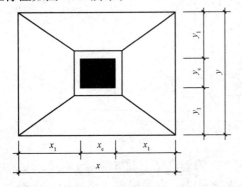

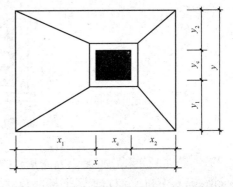

图 4-30 对称坡形截面普通独立基础原位标注   **图 4-31 非对称坡形截面普通独立基础原位标注**

2)杯口独立基础。杯口独立基础原位标注 x、y、x_u、y_u、t_i、x_i、y_i（$i=1$，2，3……）。其中，x、y 为杯口独立基础两向边长，x_u、y_u 为杯口上口尺寸，t_i 为杯壁上口厚度，下口厚度为 t_i+25，x_i、y_i 为阶宽或坡形截面尺寸。具体标注示意如图 4-32～图 4-35 所示。

杯口上口尺寸 x_u、y_u，按柱截面边长两侧双向各加 75 mm；杯口下口尺寸按标准构造详图（为插入杯口的相应柱截面边长尺寸，每边各加 50 mm），设计不注。

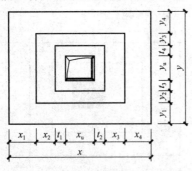

**图 4-32 阶形截面杯口独立
基础原位标注（一）**

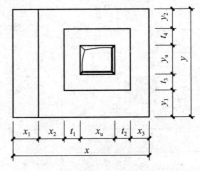

**图 4-33 阶形截面杯口独立
基础原位标注（二）**

（本图所示基础底板的一边比其他三边多一阶）

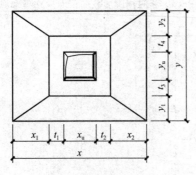

**图 4-34 坡形截面杯口独立
基础原位标注（一）**

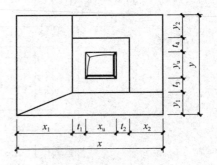

**图 4-35 坡形截面杯口独立
基础原位标注（二）**

（本图所示基础底板有两边不放坡）

(4)普通独立基础采用平面注写方式的集中标注和原位标注综合设计表达示意如图 4-36 所示。设置短柱独立基础采用平面注写方式的集中标注和原位标注综合设计表达示意如图 4-37 所示。杯口独立基础采用平面注写方式的集中标注和原位标注综合设计表达示意如图 4-38 所示。

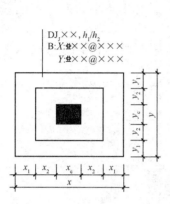

图 4-36　普通独立基础平面
注写方式设计表达示意

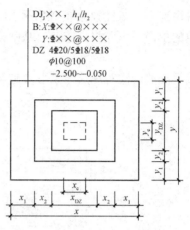

图 4-37　设置短柱独立基础平面
注写方式设计表达示意

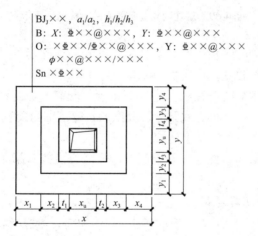

图 4-38　杯口独立基础平面注写方式设计表达示意

(5)独立基础通常为单柱独立基础，也可为多柱独立基础(双柱或四柱等)。多柱独立基础的编号、几何尺寸和配筋的标注方法与单柱独立基础相同。

当为双柱独立基础且柱距较小时，通常仅配置基础底部钢筋；当柱距较大时，除基础底部配筋外，还需在两柱间配置基础顶部钢筋或设置基础梁；当为四柱独立基础时，通常可设置两道平行的基础梁，需要时可在两道基础梁之间配置基础顶部钢筋。

多柱独立基础顶部配筋和基础梁的注写方法规定如下：

1)注写双柱独立基础底板顶部配筋。双柱独立基础的顶部配筋通常对称分布在双柱中心线两侧。以大写字母"T"开头，注写为：双柱间纵向受力筋/分布筋。当纵向受力筋在基础底板顶面非满布时，应注明其总根数。

2)注写双柱独立基础的基础梁配筋。当双柱独立基础为基础底板与基础梁相结合时，注写基础梁的编号、几何尺寸和配筋。如JL××(1)表示该基础梁为1跨，两端无外伸；JL××(1A)表示该基础梁为1跨，一端有外伸；JL××(1B)表示该基础梁为1跨，两端均有外伸。

通常情况下，双柱独立基础宜采用端部有外伸的基础梁，基础底板则采用受力明确、构造简单的单向受力筋与分布筋。基础梁宽度宜比柱截面宽出不小于100 mm(每边不小于50 mm)。

基础梁配筋的注写规定与条形基础梁配筋的注写规定相同，注写示意如图4-39所示。

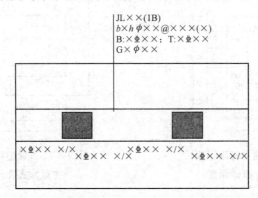

图4-39 双柱独立基础的基础梁配筋注写示意

3)注写双柱独立基础的底板配筋。双柱独立基础底板配筋的注写，可以按条形基础底板的注写规定，也可以按独立基础底板的注写规定。

4)注写配置两道基础梁的四柱独立基础底板顶部配筋。当四柱独立基础已设置两道平行的基础梁时，根据内力需要可在双梁之间及梁的长度范围内配置基础顶部钢筋，注写为：梁间受力筋/分布筋。

平行设置两道基础梁的四柱独立基础底板配筋，也可按双梁条形基础底板配筋的注写规定。

4. 独立基础的截面注写方式

(1)独立基础的截面注写方式，可分为截面标注和列表注写(结合截面示意图)两种表达方式。

(2)单个基础的截面标注。对单个基础进行截面标注的内容和形式，与传统"单构件正投影表示方法"基本相同。对于已在基础平面布置图上原位标注清楚的该基础的平面几何尺寸，在截面图上可不再重复表达。

(3)多个同类基础的截面标注。对多个同类基础，可采用列表注写(结合截面示意图)的方式进行集中表达。表中内容为基础截面的几何数据和配筋等，在截面示意图上应标注与表中栏目相对应的代号。列表的具体内容规定如下：

1)普通独立基础。普通独立基础列表注写栏目为：

①编号：阶形截面编号为DJ$_J$××，坡形截面编号为DJ$_P$××。

②几何尺寸：水平尺寸x、y、x_c、y_c(或圆柱直径d_c)，x_i、y_i($i=1$, 2, 3, ······)；竖向尺寸$h_1/h_2/$, ······。

③配筋：B：X：$\Phi\times\times@\times\times\times$，Y：$\Phi\times\times@\times\times\times$。

普通独立基础几何尺寸和配筋表见表4-5。

表4-5　普通独立基础几何尺寸和配筋表

基础编号/截面号	截面几何尺寸				底部配筋（B）	
	x、y	x_c、y_c	x_i、y_i	$h_1/h_2/\cdots\cdots$	X向	Y向

注：表中可根据实际情况增加栏目。例如：当基础底面标高与基础底面基准标高不同时，加注基础底面标高；当为双柱独立基础时，加注基础顶部配筋或基础梁几何尺寸和配筋；当设置短柱时，增加短柱尺寸及配筋等。

2）杯口独立基础。杯口独立基础列表注写栏目为：

①编号：阶形截面编号为$BJ_J\times\times$，坡形截面编号为$BJ_P\times\times$。

②几何尺寸：水平尺寸x、y，x_u、y_u，t_i、x_i、y_i（$i=1$，2，3……）；竖向尺寸α_0/α_1，$h_1/h_2/h_3\cdots\cdots$。

③配筋：B：X：$\Phi\times\times@\times\times\times$，Y：$\Phi\times\times@\times\times\times$，$S_n\times\Phi\times\times$。

O：$\times\Phi\times\times/\Phi\times\times@\times\times\times/\Phi\times\times@\times\times\times$，$\phi\times\times@\times\times\times/\times\times\times$。

杯口独立基础几何尺寸和配筋表见表4-6。

表4-6　杯口独立基础几何尺寸和配筋表

基础编号/截面号	截面几何尺寸				底部配筋（B）		杯口顶部钢筋网（S_n）	短柱配筋（O）	
	x、y	x_c、y_c	x_i、y_i	α_0/α_1，$h_1/h_2/h_3\cdots\cdots$	X向	Y向		角筋/长边中部筋/短边中部筋	杯口壁箍筋/其他部位箍筋

注：1. 表中可根据实际情况增加栏目。如当基础底面标高与基础底面基准标高不同时，加注基础底面标高，或增加说明栏目等；

2. 短柱配筋适用于高杯口独立基础，并适用于杯口独立基础杯壁有配筋的情况。

5. 独立基础标准构造详图

（1）独立基础DJ_J、DJ_P、BJ_J、BJ_P底板配筋构造如图4-40所示。独立基础底板配筋构造适用于普通独立基础和杯口独立基础。图中，独立基础底板双向交叉钢筋长向设置在下，短向设置在上。

（2）双柱普通独立基础底部与顶部配筋构造如图4-41所示。双柱普通独立基础底板的截面形状，可为阶形截面DJ_J或坡形截面DJ_P。双柱普通独立基础底部双向交叉钢筋，根据基础两个方向从柱外缘至基础外缘的伸出长度ex和ey'的大小，较大者方向的钢筋设置在下，较小者方向的钢筋设置在上。

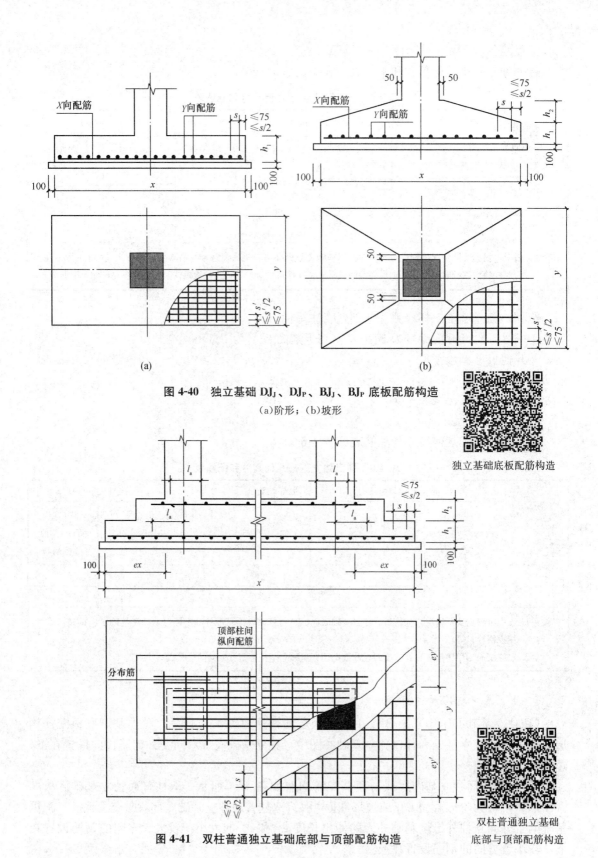

图 4-40　独立基础 DJ_J、DJ_P、BJ_J、BJ_P 底板配筋构造

（a）阶形；（b）坡形

独立基础底板配筋构造

图 4-41　双柱普通独立基础底部与顶部配筋构造

双柱普通独立基础
底部与顶部配筋构造

(3)设置基础梁的双柱普通独立基础配筋构造如图 4-42 所示。双柱独立基础底部短向受力筋设置在基础梁纵筋之下，与基础梁箍筋的下水平段位于同一层面。双柱独立基础所设置的基础梁宽度，宜比柱截面宽度≥100 mm(每边≥50 mm)。当具体设计的基础梁宽度小于柱截面宽度时，施工时应按相关构造规定增设梁包柱侧腋。

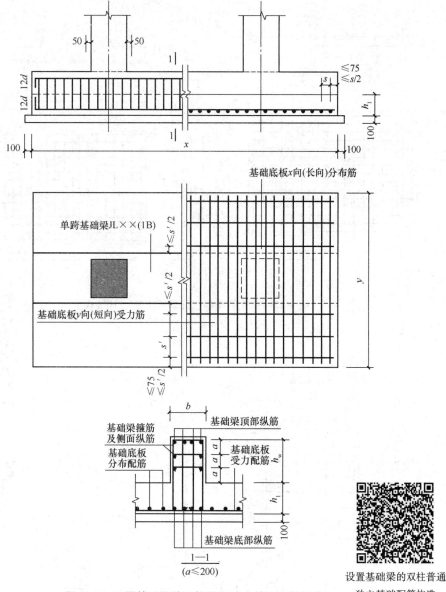

图 4-42　设置基础梁的双柱普通独立基础配筋构造

(4)独立基础底板配筋长度减短 10%构造如图 4-43 所示。当独立基础底板长度≥2 500 mm时，除外侧钢筋外，底板配筋长度可取相应方向底板长度的 0.9 倍。当非对称独立基础底板长度≥2 500 mm，但该基础某侧从柱中心至基础底板边缘的距离<1 250 mm 时，钢筋在该侧不应减短。

(5)单柱普通独立深基础短柱配筋构造和双柱普通独立深基础短柱配筋构造如图 4-44

和图 4-45 所示。当为坡形截面且坡度较大时，应在坡面上安装顶部模板，以确保混凝土能够浇筑成型，振捣密实。独立深基础底板底部钢筋构造如图 4-40 和图 4-43 所示。

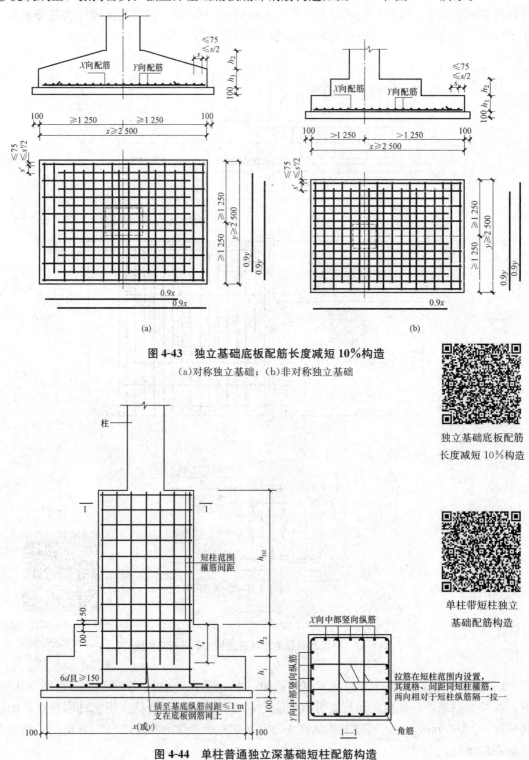

图 4-43 独立基础底板配筋长度减短 10％构造

（a）对称独立基础；（b）非对称独立基础

独立基础底板配筋长度减短 10％构造

单柱带短柱独立基础配筋构造

图 4-44 单柱普通独立深基础短柱配筋构造

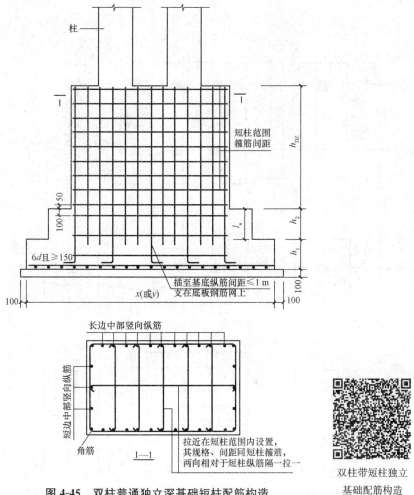

图 4-45 双柱普通独立深基础短柱配筋构造

双柱带短柱独立
基础配筋构造

三、独立基础施工图的识读要点

独立基础平面图不但要表示出基础的平面形状，而且要标明各独立基础的相对位置。对不同类型的单独基础要分别编号。采用平面注写方式表达的独立基础施工图示意如图 4-46 所示。

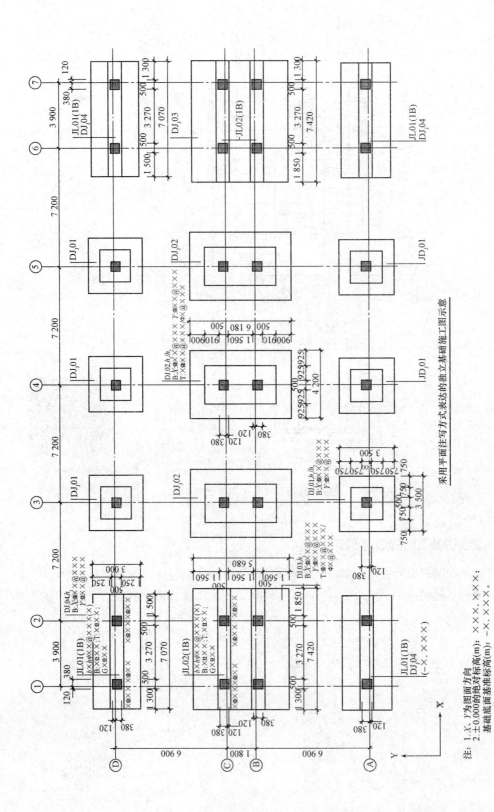

图 4-46 独立基础施工图示意

注: 1. X、Y为图面方向
   2. ±0.000的绝对标高(m): ×××.××××;
     基础底面基准标高(m): −×.××××。

第四节 识读桩基承台施工图

一、桩基承台的类型

桩基承台是基础结构物的一种形式，由桩和连接桩顶的桩承台(简称承台)组成的深基础，简称桩基。

桩的类型很多，桩按形状和竖向受力情况，可分为摩擦桩和端承桩，一般单独出图表示。摩擦桩的桩顶竖向荷载主要由桩侧壁摩擦阻力承受，如图4-47(a)所示。端承桩的桩顶竖向荷载主要由桩端阻力承受，如图4-47(b)所示。桩按制作方法可分为预制桩和挖孔桩两类。

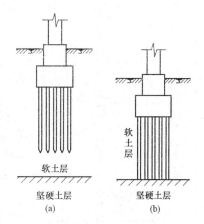

图4-47 桩基础示意
(a)摩擦桩；(b)端承桩

目前，较常用的是钢筋混凝土预制桩和挖孔桩。预制桩主要有混凝土预制桩和钢桩两大类。混凝土预制桩能承受较大的荷载、坚固耐久、施工速度快，是广泛应用的桩型之一，但其施工对周围环境影响较大，常用的有混凝土实心方桩和预应力混凝土空心管桩。钢桩主要是钢管桩和H型钢钢桩两种。钢筋混凝土实心桩的断面一般呈方形。桩身截面一般沿桩长不变。实心方桩截面尺寸一般为200 mm×200 mm~600 mm×600 mm。钢筋混凝土实心桩桩身长度：限于桩架高度，现场预制桩的长度一般在25~30 m范围内。混凝土管桩一般在预制厂用离心法生产。桩径有$\phi300$、$\phi400$、$\phi500$等，每节长度为8 m、10 m、12 m不等，接桩时，接头数量不宜超过4个。管壁内设$\phi12$~$\phi22$主筋10~20根，外面绕以$\phi6$螺旋箍筋，多以C30混凝土制造。挖孔桩可采用人工或机械挖掘成孔，每挖深0.9~1.0 m，就现浇或喷射一圈混凝土护壁(上、下圈之间用插筋连接)，然后安放钢筋笼，灌注混凝土而成(图4-48)。人工挖孔桩的桩身直径一般为800~2 000 mm，最大可达3 500 mm。当持力层承载力低于桩身混凝土受压承载力时，桩端可扩底，视扩底端部侧面和桩端持力层土性情况，扩底端直径与桩身直径之比D/d不应超过3，最大扩底直径可达4 500 mm。扩底变径尺寸一般按$b/h=1/3$~$1/2$(砂土取1/3，粉土、黏性土和岩层取1/2)的要求进行控制。6扩底端可分为平底和弧底两种，平底加宽部分的直壁段高(h_1)宜为300~500 mm，且$(h+h_1)>1 000$ mm；弧底的矢高h_1取$(0.1~0.15)D$(图4-49)。挖孔桩的桩身长宜限制在30 m内。当桩长$L\leqslant8$ m时，桩身直径(不含护壁)不宜小于0.8 m；当8 m<桩长$L\leqslant15$ m时，桩身直径不宜小于1.0 mm；当15 m<桩长$L\leqslant20$ m时，桩身直径不宜小于1.2 m；当桩长$L>20$ m时，桩身直径应适当加大。

桩基由承台和桩群组成，如图4-50所示。桩身尺寸是按设计确定的，并根据设计布置的点位将桩置入土中，在桩的顶部设置钢筋混凝土承台，以支承上部结构，使建筑物荷载均匀地传递给桩基。

二、桩基承台平法施工图

1. 桩基承台平法施工图的表示方法

(1)桩基承台平法施工图有平面注写与截面注写两种表达方式，设计

桩基承台平法施工图的表示方法

者可根据具体工程情况选择一种，或将两种方式相结合进行桩基承台施工图设计。

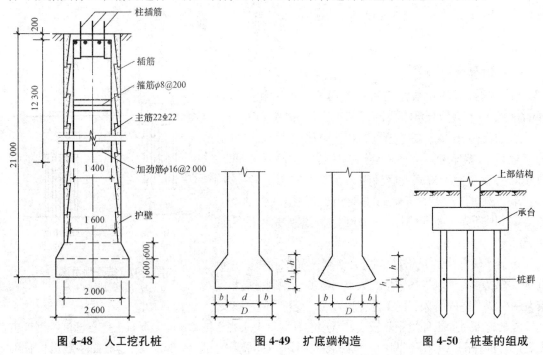

图 4-48　人工挖孔桩　　　　图 4-49　扩底端构造　　　　图 4-50　桩基的组成

（2）当绘制桩基承台平面布置图时，应将承台下的桩位和承台所支承的柱、墙一起绘制。当设置基础连系梁时，可根据图面的疏密情况，将基础连系梁与基础平面布置图一起绘制，或将基础连系梁布置图单独绘制。

（3）当桩基承台的柱中心线或墙中心线与建筑定位轴线不重合时，应标注其定位尺寸；编号相同的桩基承台，可仅选择一个进行标注。

2. 桩基承台编号

桩基承台分为独立承台和承台梁，分别按表 4-7 和表 4-8 所示的规定编号。

表 4-7　独立承台编号

类　型	独立承台截面形状	代　号	序　号	说　明
独立承台	阶　形	CT$_J$	××	单阶截面即平板式独立承台
	坡　形	CT$_P$	××	
注：杯口独立承台代号可为 BCT$_J$ 和 BCT$_P$，设计注写方式可参照杯口独立基础，施工详图应由设计者提供。				

表 4-8　承台梁编号

类　型	代　号	序　号	跨数及有无外伸
承台梁	CTL	××	（××）端部无外伸
			（××A）一端有外伸
			（××B）两端有外伸

3. 独立承台的平面注写方式

（1）独立承台的平面注写方式，分为集中标注和原位标注两部分内容。

(2)独立承台的集中标注，是在承台平面上集中引注：独立承台编号、截面竖向尺寸、配筋三项必注内容，以及承台板底面标高(与承台底面基准标高不同时)和必要的文字注解两项选注内容。具体规定如下：

1)注写独立承台编号(必注内容)，见表4-7。独立承台的截面形式通常有两种：

①阶形截面，编号加下标"J"，如 $CT_J \times \times$；

②坡形截面，编号加下标"P"，如 $CT_P \times \times$。

2)注写独立承台截面竖向尺寸(必注内容)，即注写 $h_1/h_2/\cdots\cdots$，具体标注如下：

①当独立承台为阶形截面时，如图4-51和图4-52所示。图4-51所示阶形截面独立承台为两阶，当阶形截面独立承台为多阶时各阶尺寸自下而上用"/"分隔顺写。当阶形截面独立承台为单阶时，截面竖向尺寸仅为一个，且为独立承台总厚度，如图4-52所示。

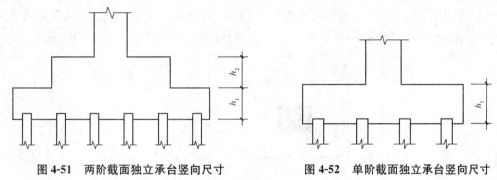

图4-51　两阶截面独立承台竖向尺寸　　　　图4-52　单阶截面独立承台竖向尺寸

②当独立承台为坡形截面时，截面竖向尺寸注写为 h_1/h_2，如图4-53所示。

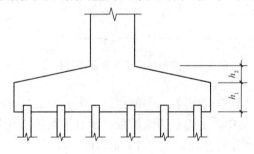

图4-53　坡形截面独立承台竖向尺寸

3)注写独立承台配筋(必注内容)。底部与顶部双向配筋应分别注写，顶部配筋仅用于双柱或四柱等独立承台。当独立承台顶部无配筋时则不注顶部，注写规定如下：

①以B开头注写底部配筋，以T开头注写顶部配筋。

②矩形承台 X 向配筋以 X 开头，Y 向配筋以 Y 开头；当两向配筋相同时，则以 $X\&Y$ 开头。

③当为等边三桩承台时，以"△"开头，注写三角布置的各边受力筋(注明根数并在配筋值后注写"$\times 3$")，在"/"后注写分布筋。不设分布筋时可不注写。

④当为等腰三桩承台时，以"△"开头注写等腰三角形底边的受力筋＋两对称斜边的受力筋(注明根数并在两对称配筋值后注写"$\times 2$")，在"/"后注写分布筋，不设分布筋时可不注写。

⑤当为多边形(五边形或六边形)承台或异形独立承台，且采用 X 向和 Y 向正交配筋

时，注写方式与矩形独立承台相同。

⑥两桩承台可按承台梁进行标注。设计时应注意：三桩承台的底部受力筋应按三向板带均匀布置，且最里面的三根钢筋围成的三角形应在柱截面范围内。

4)注写基础底面标高(选注内容)。当独立承台的底面标高与桩基承台底面基准标高不同时，应将独立承台底面标高注写在括号内。

5)增加必要的文字注解(选注内容)。当独立承台的设计有特殊要求时，宜增加必要的文字注解。

(3)独立承台的原位标注。其是在桩基承台平面布置图上标注独立承台的平面尺寸，相同编号的独立承台，可仅选择一个进行标注，其他仅注编号。注写规定如下：

1)矩形独立承台：原位标注 x、y，x_c、y_c(或圆柱直径 d_c)，x_i、y_i、a_i、b_i($i=1$，2，3，……)。其中，x、y 为独立承台两向边长，x_c、y_c 为柱截面尺寸，x_i、y_i 为阶宽或坡形平面尺寸，a_i、b_i 为桩的中心距及边距(a_i、b_i 根据具体情况可不注)，如图 4-54 所示。

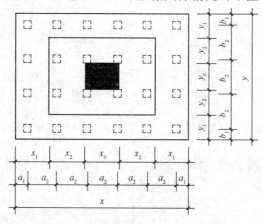

图 4-54　矩形独立承台平面原位标注

2)三桩承台。结合 X、Y 双向定位，原位标注 x 或 y，x_c、y_c(或圆柱直径 d_c)，x_i、y_i ($i=1$，2，3，……)，a。其中，x 或 y 为三桩独立承台平面垂直于底边的高度，x_c、y_c 为柱截面尺寸，x_i、y_i 为承台分尺寸和定位尺寸，a 为桩中心距切角边缘的距离。

等边三桩独立承台平面原位标注如图 4-55 所示。

等腰三桩独立承台平面原位标注如图 4-56 所示。

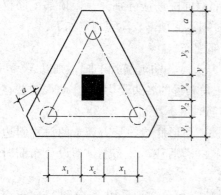

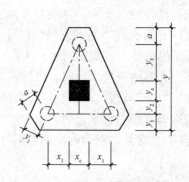

图 4-55　等边三桩独立承台平面原位标注　　　**图 4-56　等腰三桩独立承台平面原位标注**

3)多边形独立承台。结合 X、Y 双向定位，原位标注 x 或 y，x_c、y_c（或圆柱直径 d_c），x_i、y_i（$i=1, 2, 3, ……$）。具体设计时，可参照矩形独立承台或三桩独立承台的原位标注规定。

4. 承台梁的平面注写方式

(1)承台梁 CTL 的平面注写方式，分集中标注和原位标注两部分内容。

(2)承台梁的集中标注内容为：承台梁编号、截面尺寸、配筋三项必注内容，以及承台梁底面标高(与承台底面基准标高不同时)、必要的文字注解两项选注内容。具体规定如下：

1)注写承台梁编号(必注内容)，见表 4-8。

2)注写承台梁截面尺寸(必注内容)，即注写 $b \times h$，表示梁截面宽度与高度。

3)注写承台梁配筋(必注内容)。

①注写承台梁箍筋：当具体设计仅采用一种箍筋间距时，注写钢筋级别、直径、间距与肢数(箍筋肢数写在括号内，下同)；当具体设计采用两种箍筋间距时，用"/"分隔不同箍筋的间距。此时，设计应指定其中一种箍筋间距的布置范围。

②注写承台梁底部、顶部及侧面纵向钢筋：以 B 开头，注写承台梁底部贯通纵筋；以 T 开头，注写承台梁顶部贯通纵筋；当梁底部或顶部贯通纵筋多于一排时，用"/"将各排纵筋自上而下分开；以大写字母 G 开头，注写承台梁侧面对称设置的纵向构造钢筋的总配筋值(当梁腹板高度 $h_w \geqslant 450$ mm 时，根据需要配置)。

4)注写承台梁底面标高(选注内容)。当承台梁底面标高与桩基承台底面基准标高不同时，将承台梁底面标高注写在括号内。

5)增加必要的文字注解(选注内容)。当承台梁的设计有特殊要求时，宜增加必要的文字注解。

(3)承台梁的原位标注规定如下：

1)原位标注承台梁的附加箍筋或(反扣)吊筋。当需要设置附加箍筋或(反扣)吊筋时，将附加箍筋或(反扣)吊筋直接画在平面图中的承台梁上，原位直接引注总配筋值(附加箍筋的肢数注在括号内)。当多数梁的附加箍筋或(反扣)吊筋相同时，可在桩基承台平法施工图上统一注明，少数与统一注明值不同时，再原位直接引注。

2)原位注写修正内容。当在承台梁上集中标注的某项内容(如截面尺寸、箍筋、底部与顶部贯通纵筋或架立筋、梁侧面纵向构造钢筋、梁底面标高等)不适用于某跨或某外伸部位时，将其修正内容原位标注在该跨或该外伸部位，施工时原位标注取值优先。

5. 桩基承台的截面注写方式

(1)桩基承台的截面注写方式，可分为截面标注和列表注写(结合截面示意图)两种表达方式。采用截面注写方式，应在桩基平面布置图上对所有桩基进行编号，见表 4-7 和表 4-8。

(2)桩基承台的截面注写方式，可参照独立基础及条形基础的截面注写方式，进行设计施工图的表达。

6. 桩基承台配筋构造详图

当桩直径或桩截面边长 <800 mm 时，桩顶嵌入承台 50 mm；当桩径或桩截面边长 $\geqslant 800$ mm 时，桩顶嵌入承台 100 mm。

(1)矩形承台 CT_J 和 CT_P 配筋构造如图 4-57 所示。

(2)等边三桩承台 CT_J 配筋构造如图 4-58 所示。

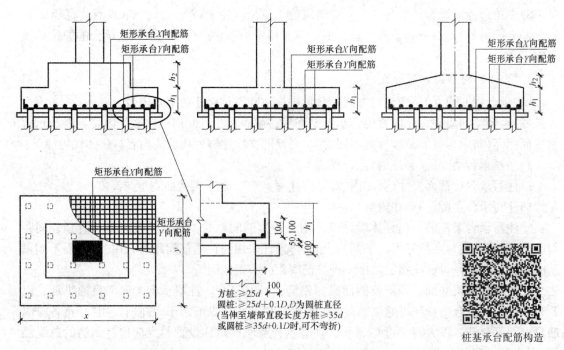

图 4-57　矩形承台配筋构造

桩基承台配筋构造

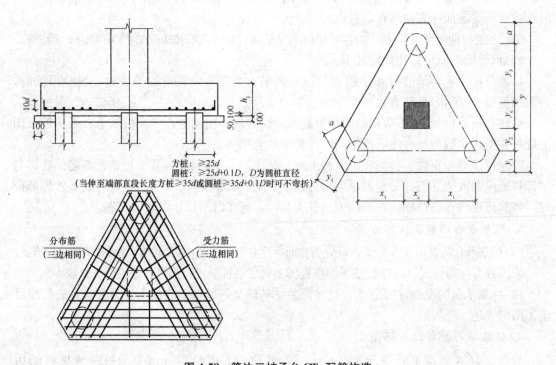

图 4-58　等边三桩承台 CT_J 配筋构造

(3)等腰三桩承台 CT_J 配筋构造如图 4-59 所示。

(4)六边形承台 CT_J 配筋构造如图 4-60 所示。

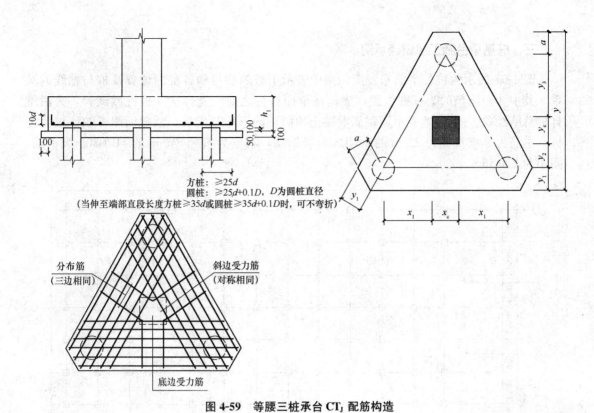

10d
h1
50,100
100
100
方桩：≥25d
圆桩：≥25d+0.1D，D为圆桩直径
（当伸至端部直段长度方桩≥35d或圆桩≥35d+0.1D时，可不弯折）
a
y3
y
yc
y2
y1
a
y1
x1
xc
x1
分布筋
（三边相同）
斜边受力筋
（对称相同）
底边受力筋

图 4-59　等腰三桩承台 CT_J 配筋构造

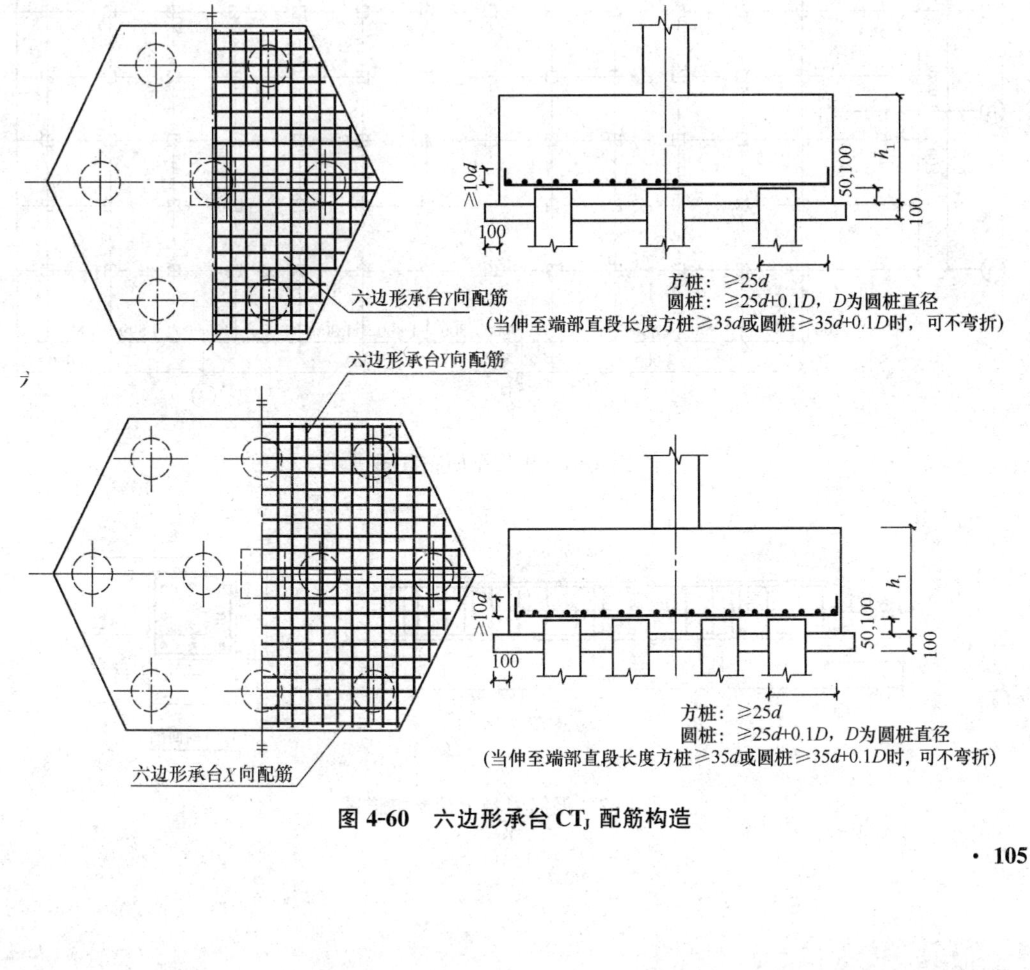

六边形承台Y向配筋
≥10d
h1
50,100
100
100
方桩：≥25d
圆桩：≥25d+0.1D，D为圆桩直径
（当伸至端部直段长度方桩≥35d或圆桩≥35d+0.1D时，可不弯折）
六边形承台Y向配筋
≥10d
h1
50,100
100
100
方桩：≥25d
圆桩：≥25d+0.1D，D为圆桩直径
（当伸至端部直段长度方桩≥35d或圆桩≥35d+0.1D时，可不弯折）
六边形承台X向配筋

图 4-60　六边形承台 CT_J 配筋构造

三、桩基承台施工图识读示例

图 4-61 所示为桩位平面布置图，图中表示了桩的数目和各桩的位置及桩与轴线的关系，其中 3 根涂黑的为试桩位置，表示在全面打桩之前，先打这 3 根桩做试验，为后继打桩总结经验。图 4-62 表示了钢筋混凝土预制桩的形状与配筋，从截面图可知该桩为方桩，主筋为 8 根直径为 22 m 的 HRB335 级钢筋，箍筋为直径 8 mm 的 HPB300 级钢筋，间距为 200 mm。

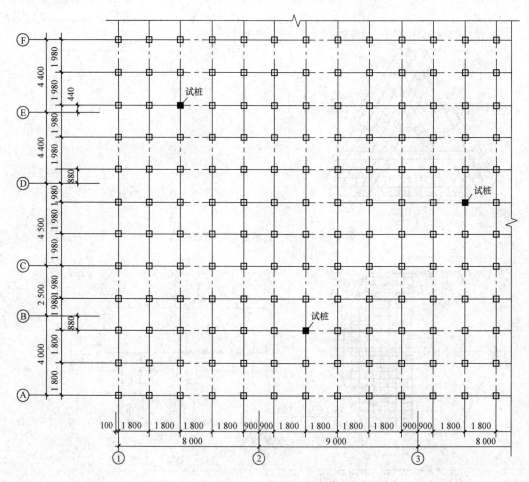

图 4-61　桩位平面布置图

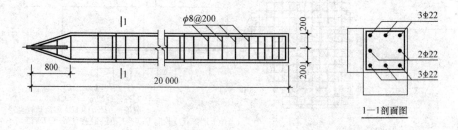

图 4-62　钢筋混凝土预制桩详图

第五节 识读筏形基础施工图

一、筏形基础的类型

筏形基础又称为满堂式基础或板式基础，其构造如图 4-63 所示。筏形基础可分为梁板式和平板式两种类型。筏形基础由于基底面积大，故可减小基底压力至最小值，同时增大了基础的整体刚性。筏形基础不仅可用于框架、框架-剪力墙、剪力墙结构，也可用于砌体结构。

二、梁板式筏形基础平法施工图

1. 梁板式筏形基础平法施工图的表示方法

（1）梁板式筏形基础平法施工图，是在基础平面布置图上采用平面注写方式进行表达。

（2）当绘制基础平面布置图时，应将梁板式筏形基础与其所支承的柱、墙一起绘制。梁板式筏形基础以多数相同的基础平板底面标高作为基础底面基础标高。当基础底面标高不同时，需注明与基础底面基准标高不同之处的范围和标高。

（3）通过选注基础梁底面与基础平板底面的标高高差来表达两者之间的位置关系，可以明确其"高板位"（梁顶与板顶一平）、"低板位"（梁底与板底一平）及"中板位"（板在梁的中部）三种不同位置组合的筏形基础，以方便设计表达。

梁板式筏形基础平法
施工图制图规则

（4）对于轴线未居中的基础梁，应标注其定位尺寸。

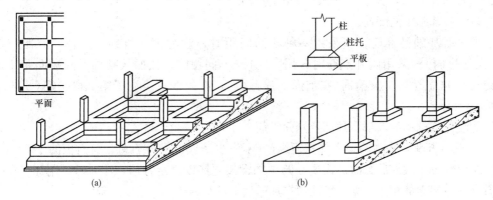

（a） （b）

图 4-63 筏形基础

（a）梁板式；（b）平板式

2. 梁板式筏形基础构件类型与编号

梁板式筏形基础由基础主梁、基础次梁、基础平板等构成，编号按表 4-9 所示的规定。

表 4-9 梁板式筏形基础构件编号

构件类型	代号	序号	跨数及有无外伸
基础主梁（柱下）	JL	××	(××)或(××A)或(××B)

构件类型	代号	序号	跨数及有无外伸
基础次梁	JCL	××	(××)或(××A)或(××B)
基础平板	LPB	××	

注：1. (××A)为一端有外伸，(××B)为两端有外伸，外伸不计入跨数。例如：JZL7(5B)表示第 7 号基础主梁，5 跨，两端有外伸。

2. 梁板式筏形基础平板跨数及是否有外伸分别在 X、Y 两向的贯通纵筋之后表达。图面从左至右为 X 向，从下至上为 Y 向。

3. 梁板式筏形基础主梁与条形基础梁编号与标准构造详图一致。

3. 基础主梁与基础次梁的平面注写方式

(1)基础主梁 JL 与基础次梁 JCL 的平面注写，分集中标注与原位标注两部分内容。当集中标注中的某项数值不适用于梁的某部位时，则将该项数值采用原位标注，施工时，原位标注值优先。

(2)基础主梁 JL 与基础次梁 JCL 的集中标注。基础主梁 JL 与基础次梁 JCL 的集中标注内容为：基础梁编号、截面尺寸、配筋三项必注内容，以及基础梁底面标高高差(相对于筏形基础平板底面标高)一项选注内容。具体规定如下：

1)注写基础梁的编号，见表 4-9。

2)注写基础梁的截面尺寸。以 $b×h$ 表示梁截面宽度与高度；当为竖向加腋梁时，用 $b×h$ $Yc_1×c_2$ 表示，其中 c_1 为腋长，c_2 为腋高。

3)注写基础梁的配筋。

①注写基础梁箍筋：当采用一种箍筋间距时，注写钢筋级别、直径、间距与肢数(写在括号内)；采用两种箍筋时，用"/"分隔不同箍筋，按照从基础梁两端向跨中的顺序注写。先注写第 1 段箍筋(在前面加注箍数)，在斜线后再注写第 2 段箍筋(不再加注箍数)。

②注写基础梁的底部、顶部及侧面纵筋。

a. 以 B 开头，先注写梁底部贯通纵筋(不应少于底部受力筋总截面面积的 1/3)。当跨中所注根数少于箍筋肢数时，需要在跨中加设架立筋以固定箍筋，注写时，用加号"+"将贯通纵筋与架立筋相连，架立筋注写在加号后面的括号内。

b. 以 T 开头，注写梁顶部贯通纵筋值。注写时用分号"；"将底部与顶部纵筋分隔开。如有个别跨与其不同，应参照"基础主梁与基础次梁的原位标注"的规定。

c. 当梁底部或顶部贯通纵筋多于一排时，用斜线"/"将各排纵筋自上而下分开。

d. 以大写字母 G 开头注写基础梁两侧面对称设置的纵向构造钢筋的总配筋值(当梁腹板高度 h_w 不小于 450 mm 时，根据需要配置)。

当需要配置抗扭纵筋时，梁两个侧面设置的抗扭纵筋以 N 开头。

值得注意的是：当为梁侧面构造钢筋时，其搭接与锚固长度可取为 $15d$；当为梁侧面受扭纵筋时，其锚固长度为 l_a，搭接长度为 l_l；其锚固方式同基础梁上部纵筋。

4)注写基础梁底面标高高差(是指相对于筏形基础平板底面标高的高差值)，该项为选注值。有高差时需将高差写入括号内(如"高板位"与"中板位"基础梁的底面与基础平板底面标高的高差值),无高差时不注(如"低板位"筏形基础的基础梁)。

(3)基础主梁与基础次梁的原位标注。基础主梁与基础次梁的原位标注规定如下:

1)梁支座的底部纵筋,是包括贯通纵筋与非贯通纵筋在内的所有纵筋。

①当底部纵筋多于一排时,用斜线"/"将各排纵筋自上而下分开。

②当同排纵筋有两种直径时,用加号"+"将两种直径的纵筋相连。

③当梁中间支座两边的底部纵筋配置不同时,需在支座两边分别标注;当梁中间支座两边的底部纵筋相同时,可仅在支座的一边标注配筋值。

④当梁端(支座)区域的底部全部纵筋与集中注写过的贯通纵筋相同时,可不再重复作原位标注。

⑤竖向加腋梁加腋部位钢筋,需在设置加腋的支座处以 Y 开头注写在括号内。

设计时应注意:当对底部一平的梁支座两边的底部非贯通纵筋采用不同配筋值时,应按较小一边的配筋值选配相同直径的纵筋贯穿支座,再将较大一边的配筋差值选配适当直径的钢筋锚入支座,以避免造成两边大部分钢筋直径不相同的不合理配置结果。

在施工及预算方面应注意:当底部贯通纵筋经原位修正注写后,两种不同配置的底部贯通纵筋应在两毗邻跨中配置较小一跨的跨中连接区域连接(即配置较大一跨的底部贯通纵筋需越过其跨数终点或起点伸至毗邻跨的跨中连接区域)。

2)注写基础梁的附加箍筋或(反扣)吊筋。将其直接画在平面图中的主梁上,用线引注总配筋值(附加箍筋的肢数注在括号内),当多数附加箍筋或(反扣)吊筋相同时,可在基础梁平法施工图上统一注明,少数与统一注明值不同时,再原位引注。

施工时应注意:附加箍筋或(反扣)吊筋的几何尺寸应按照标准构造详图,结合其所在位置的主梁和次梁的截面尺寸确定。

3)当基础梁外伸部位变截面高度时,在该部位原位注写 $b \times h_1/h_2$,h_1 为根部截面高度,h_2 为尽端截面高度。

4)注写修正内容。当在基础梁上集中标注的某项内容(如梁截面尺寸、箍筋、底部与顶部贯通纵筋或架立筋、梁侧面纵向构造钢筋、梁底面标高高差等)不适用于某跨或某外伸部分时,则将其修正内容原位标注在该跨或该外伸部位,施工时原位标注值优先。

当在多跨基础梁的集中标注中已注明加腋,而该梁某跨根部不需要竖向加腋时,则应在该跨原位标注等截面的 $b \times h$,以修正集中标注中的加腋信息。

4. 基础梁底部非贯通纵筋长度规定

(1)为方便施工,凡基础主梁柱下区域和基础次梁支座区域底部非贯通纵筋的伸出长度 a_0 值,当非贯通纵筋配置不多于两排时,在标准构造详图中统一取值为自支座边向跨内伸出至 $l_n/3$ 位置;当非贯通纵筋配置多于两排时,从第三排起向跨内的伸出长度值应由设计者注明。l_n 的取值规定为:边跨边支座的底部非贯通纵筋,l_n 取本边跨的净跨长度值;中间支座的底部非贯通纵筋,l_n 取支座两边较大一跨的净跨长度值。

(2)基础主梁与基础次梁外伸部位底部纵筋的伸出长度 a_0 值,在标准构造详图中统一取值为:第一排伸出至梁端头后,全部上弯 $12d$ 或 $15d$;其他排伸至梁端头后截断。

5. 梁板式筏形基础平板平面注写方式

(1)梁板式筏形基础平板 LPB 的平面注写，分为集中标注与原位标注两部分内容。

(2)梁板式筏形基础平板 LPB 贯通纵筋的集中标注，应在所表达的板区双向均为第一跨(X 与 Y 双向首跨)的板上引出(图面从左至右为 X 向，从下至上为 Y 向)。

板区划分条件：板厚相同、基础平板底部与顶部贯通纵筋配置相同的区域为同一板区。

集中标注的内容规定如下：

1)注写基础平板的编号，见表 4-9。

2)注写基础平板的截面尺寸。注写 $h=\times\times\times$ 表示板厚。

3)注写基础平板的底部与顶部贯通纵筋及其跨数及外伸情况。先注写 X 向底部(B 开头)贯通纵筋与顶部(T 开头)贯通纵筋及纵向长度范围；再注写 Y 向底部(B 开头)贯通纵筋与顶部(T 开头)贯通纵筋及其跨数和外伸情况(图面从左至右为 X 向，从下至上为 Y 向)。

贯通纵筋的跨数及外伸情况注写在括号中，注写方式为"跨数及有无外伸"，其表达方式为：($\times\times$)(无外伸)、($\times\times$A)(一端有外伸)或($\times\times$B)(两端有外伸)。

值得注意的是：基础平板的跨数以构成柱网的主轴线为准；两主轴线之间无论有几道辅助轴线(例如，框筒结构中混凝土内筒中的多道墙体)，均可按一跨考虑。

当贯通筋采用两种规格钢筋"隔一布一"方式时，表达为 $\phi xx/yy@\times\times\times$，表示直径 xx 的钢筋和直径 yy 的钢筋的间距为 $\times\times\times$，直径为 xx 的钢筋和直径为 yy 的钢筋的间距分别为 $\times\times\times$ 的 2 倍。

施工及预算方面应注意：当基础平板分板区进行集中标注，且相邻板区底板一平时，两种不同配置的底部贯通纵筋应在两毗邻板跨中配筋较小板跨的跨中连接区域连接。

(3)梁板式筏形基础平板 LPB 的原位标注，主要表达板底部附加非贯通纵筋。

1)原位注写位置及内容。板底部原位标注的附加非贯通纵筋，应在配置相同跨的第一跨表达(当在基础梁悬挑部位单独配置时则在原位表达)。在配置相同跨的第一跨(或基础梁外伸部位)，垂直于基础梁绘制一段中粗虚线(当该筋通长设置在外伸部位或短跨板下部时，应画至对边或贯通短跨)，在虚线上注写编号(如①、②等)、配筋值、横向布置的跨数及是否布置到外伸部位。

板底部附加非贯通纵筋自支座中线向两边跨内的伸出长度值注写在线段的下方位置。当该筋向两侧对称伸出时，可仅在一侧标注，另一侧不标注；当布置在边梁下时，向基础平板外伸部位一侧的伸出长度与方式按标准构造，设计不标注。底部附加非贯通纵筋相同者，可仅注写一处，其他只注写编号。

横向连续布置的跨数及是否布置到外伸部位，不受集中标注贯通纵筋的板区限制。

原位注写的底部附加非贯通纵筋与集中标注的底部贯通纵筋，宜采用"隔一布一"的方式布置，即基础平板(X 向或 Y 向)底部附加非贯通纵筋与贯通纵筋间隔布置，其标注间距与底部贯通纵筋相同(两者实际组合后的间距为各自标注间距的 1/2)。

2)注写修正内容。当集中标注的某些内容不适用于梁板式筏形基础平板某板区的某一板跨时，应由设计者在该板跨内注明，施工时应按注明内容取用。

3)当若干基础梁下基础平板的底部附加非贯通纵筋配置相同时(其底部、顶部的贯通纵筋可以不同），可仅在一根基础梁下作原位注写，并在其他梁上注明"该梁下基础平板底部附加非贯通纵筋同××基础梁"。

（4）梁板式筏形基础平板 LPB 的平面注写规定，同样适用于钢筋混凝土墙下的基础平板。

6. 其他

（1）当在基础平板周边沿侧面设置纵向构造钢筋时，应在图中注明。

（2）应注明基础平板外伸部位的封边方式，当采用 U 形钢筋封边时应注明其规格、直径及间距。

（3）当基础平板外伸变截面高度时，应注明外伸部位的 h_1/h_2，h_1 为板根部截面高度，h_2 为板尽端截面高度。

（4）当基础平板厚度大于 2 m 时，应注明具体构造要求。

（5）当在基础平板外伸阳角部位设置放射筋时，应注明放射筋的强度等级、直径、根数及设置方式等。

（6）板的上、下部纵筋之间设置拉筋时，应注明拉筋的强度等级、直径、双向间距等。

（7）应注明混凝土垫层厚度与强度等级。

（8）结合基础主梁交叉纵筋的上下关系，当基础平板同一层的纵筋相交叉时，应注明何向纵筋在下，何向纵筋在上。

（9）设计需注明的其他内容。

7. 梁板式筏形基础标准构造详图

（1）梁板式筏形基础平板 LPB 钢筋构造如图 4-64 和图 4-65 所示。

（2）梁板式筏形基础平板 LPB 端部与外伸部位钢筋构造如图 4-66 所示。

（3）梁板式筏形基础平板 LPB 变截面部位钢筋构造如图 4-67 所示。基础平板同一层面的交叉纵筋，何向纵筋在下，何向纵筋在上，应按具体设计说明。当梁板式筏形基础平板的变截面形式与图 4-67 不同时，其构造应由设计者设计；当要求施工方参照本图构造方式时，应提供相应改动的变更说明。端部等（变）截面外伸构造中，当从基础主梁（墙）内边算起的外伸长度不满足直锚要求时，基础平板下部钢筋应伸至端部后弯折 $15d$，且从梁（墙）内边算起水平段长度应 $\geqslant 0.6l_{ab}$。板底高差坡度 α 可为 45° 或 60°。

三、平板式筏形基础平法施工图

1. 平板式筏形基础平法施工图的表示方法

（1）平板式筏形基础平法施工图，是在基础平面布置图上采用平面注写方式表达。

（2）当绘制基础平面布置图时，应将平板式筏形基础与其所支承的柱、墙一起绘制。当基础底面标高不同时，需注明与基础底面基准标高不同之处的范围和标高。

平板式筏形基础平法
施工图制图规则

2. 平板式筏形基础构件类型与编号

平板式筏形基础可划分为柱下板带和跨中板带；也可不分板带，按基础平板进行表达。平板式筏形基础构件编号按表 4-10 所示的规定。

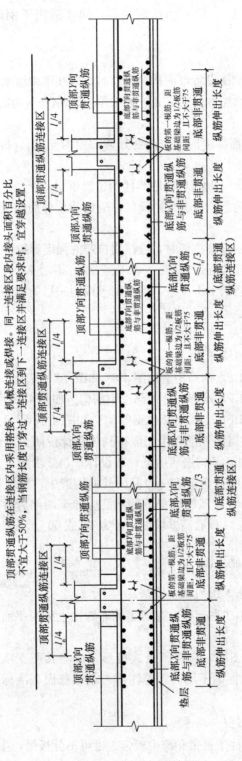

顶部贯通纵筋在连接区内采用搭接、机械连接或焊接。同一连接区段内接头面积百分比不宜大于50%，当钢筋长度可穿过下一连接区到下一连接区并满足要求时，宜穿越设置。

图 4-64　梁板式筏形基础平板 LPB 钢筋构造 (柱下区域)

· 112 ·

顶部贯通纵筋在连接区内采用搭接、机械连接或焊接。同一连接区段内接头面积百分比不宜大于50%，当钢筋长度可穿过一连接区到下一连接区并满足要求时，宜穿越设置。

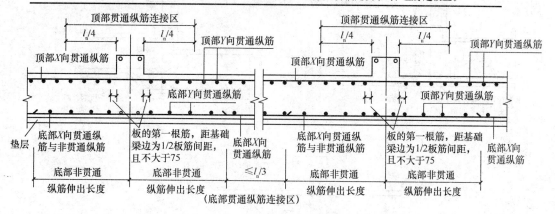

图 4-65　梁板式筏形基础平板 LPB 钢筋构造（跨中区域）

注：基础平板同一层面的交叉纵筋，何向纵筋在下，何向纵筋在上，应按具体设计说明。

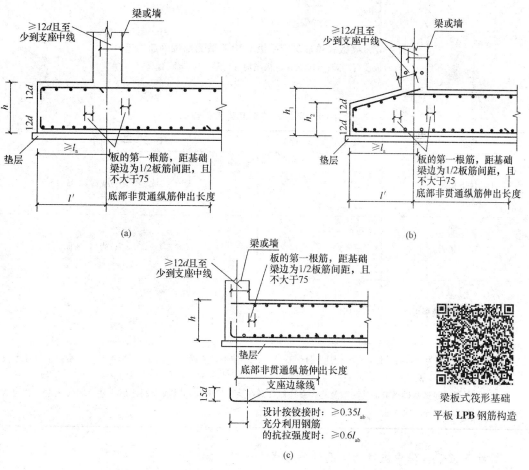

图 4-66　梁板式筏形基础平板 LPB 端部与外伸部位钢筋构造

（a）端部等截面外伸构造；（b）端部变截面外伸构造；（c）端部无外伸构造

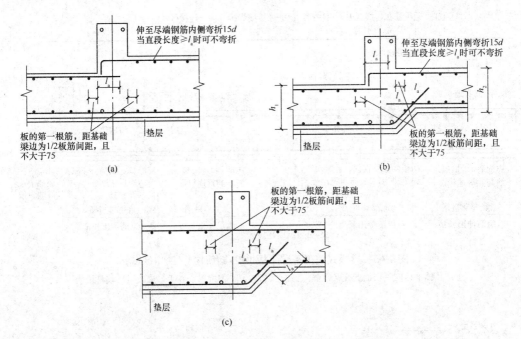

图 4-67　梁板式筏形基础平板 LPB 变截面部位钢筋构造

(a)板顶有高差；(b)板顶、板底均有高差；(c)板底有高差

表 4-10　平板式筏形基础构件编号

构件类型	代号	序号	跨数及有无外伸
柱下板带	ZXB	××	(××)或(××A)或(××B)
跨中板带	KZB	××	(××)或(××A)或(××B)
平板式筏形基础平板	BPB	××	

注：1. (××A)为一端有外伸，(××B)为两端有外伸，外伸不计入跨数。例如：ZXB7(5B)表示第 7 号柱下板带，5 跨，两端有外伸。

2. 平板式筏形基础平板，其跨数及是否有外伸分别在 X、Y 两向的贯通纵筋之后表达。图面从左至右为 X 向，从下至上为 Y 向。

3. **柱下板带、跨中板带的平面注写方式**

(1)柱下板带 ZXB(视其为无箍筋的宽扁梁)与跨中板带 KZB 的平面注写，分集中标注与原位标注两部分内容。

(2)柱下板带与跨中板带的集中标注。柱下板带与跨中板带的集中标注，应在第一跨

（X 向为左端跨，Y 向为下端跨）引出。具体规定如下：

1）注写编号，见表 4-10。

2）注写截面尺寸，注写 b＝××××表示板带宽度（在图注中注明基础平板厚度）。确定柱下板带宽度应根据规范要求与结构实际受力需要。当柱下板带宽度确定后，跨中板带宽度也随之确定（相邻两平行柱下板带之间的距离）。当柱下板带中心线偏离柱中心线时，应在平面图上标注其定位尺寸。

3）注写底部与顶部贯通纵筋。注写底部贯通纵筋（B 开头）与顶部贯通纵筋（T 开头）的规格与间距，用分号";"将其分隔开。柱下板带的柱下区域，通常在其底部贯通纵筋的间隔内插空设有（原位注写）底部附加非贯通纵筋。

（3）柱下板带与跨中板带原位标注。柱下板带与跨中板带原位标注的内容，主要为底部附加非贯通纵筋。具体规定如下：

1）注写内容：以一段与板带同向的中粗虚线代表附加非贯通纵筋；柱下板带：贯穿其柱下区域绘制；跨中板带：横贯柱中线绘制。在虚线上注写底部附加非贯通纵筋的编号（如①、②等）、钢筋级别、直径、间距，以及自柱中线分别向两侧跨内的伸出长度值。当向两侧对称伸出时，长度值可仅作一侧标注，另一侧不注。外伸部位的伸出长度与方式按标准构造，设计不标注。对同一板带中底部附加非贯通筋相同者，可仅在一根钢筋上注写，其他可仅在中粗虚线上注写编号。

原位注写的底部附加非贯通纵筋与集中标注的底部贯通纵筋，宜采用"隔一布一"的方式布置，即柱下板带或跨中板带底部附加非贯通纵筋与贯通纵筋交错插空布置，其标注间距与底部贯通纵筋相同（两者实际组合后的间距为各自标注间距的 1/2）。

当跨中板带在轴线区域不设置底部附加非贯通纵筋时，则不作原位注写。

2）注写修正内容。当在柱下板带、跨中板带上集中标注的某些内容（如截面尺寸、底部与顶部贯通纵筋等）不适用于某跨或某外伸部分时，则将修正的数值原位标注在该跨或该外伸部位，施工时原位标注值优先。

设计时应注意：对于支座两边不同配筋值的（经注写修正的）底部贯通纵筋，应按较小一边的配筋值选配相同直径的纵筋贯穿支座，较大一边的配筋差值选配适当直径的钢筋锚入支座，以避免造成两边大部分钢筋直径不相同的不合理配置结果。

（4）柱下板带 ZXB 与跨中板带 KZB 的注写规定，同样适用于平板式筏形基础上局部有剪力墙的情况。

4. 平板式筏形基础平板 BPB 的平面注写方式

（1）平板式筏形基础平板 BPB 的平面注写，分为集中标注与原位标注两部分内容。

基础平板 BPB 的平面注写与柱下板带 ZXB、跨中板带 KZB 的平面注写虽为不同的表达方式，但可以表达同样的内容。当整片板式筏形基础配筋比较规律时，宜采用 BPB 表达方式。

（2）平板式筏形基础平板 BPB 的集中标注。平板式筏形基础平板 BPB 的集中标注，除按表 4-9 注写编号外，所有规定均与梁板式筏形基础平板的集中标注方法相同。

当某向底部贯通纵筋或顶部贯通纵筋的配置在跨内有两种不同间距时，先注写跨内两端的第一种间距，并在前面加注纵筋根数（以表示其分布的范围），再注写跨中部的第二种间距（不需加注根数），两者用"/"分隔。

(3)平板式筏形基础平板 BPB 的原位标注。平板式筏形基础平板 BPB 的原位标注，主要表达横跨柱中心线下的底部附加非贯通纵筋。注写规定如下：

1)原位注写位置及内容。在配置相同的若干跨的第一跨下，垂直于柱中线绘制一段中粗虚线代表底部附加非贯通纵筋，在虚线上的注写内容与梁板式筏形基础平板的原位注写内容相同。

当柱中心线下的底部附加非贯通纵筋(与柱中心线正交)沿柱中心线连续若干跨配置相同时，则在该连续跨的第一跨下原位注写，且将同规格配筋连续布置的跨数注在括号内；当有些跨配置不同时，则应分别原位注写。外伸部位的底部附加非贯通纵筋应单独注写(当与跨内某筋相同时仅注写钢筋编号)。

当底部附加非贯通纵筋横向布置在跨内有两种不同间距的底部贯通纵筋区域时，其间距应分别对应为两种，其注写形式应与贯通纵筋保持一致，即先注写跨内两端的第一种间距，并在前面加注纵筋根数，再注写跨中部的第二种间距(不需加注根数)，两者用"/"分隔。

2)当某些柱中心线下的基础平板底部附加非贯通纵筋横向配置相同时(其底部、顶部的贯通纵筋可以不同)，可仅在一条中心线下作原位注写，并在其他柱中心线上注明"该柱中心线下基础平板底部附加非贯通纵筋同××柱中心线"。

(4)平板式筏形基础平板 BPB 的平面注写规定，同样适用于平板式筏形基础上局部有剪力墙的情况。

5. 其他

(1)注明板厚。当整片平板式筏形基础有不同板厚时，应分别注明各板厚值及其各自的分布范围。

(2)当在基础平板周边沿侧面设置纵向构造钢筋时，应在图注中注明。

(3)应注明基础平板外伸部位的封边方式，当采用 U 形钢筋封边时，应注明其规格、直径及间距。

(4)当基础平板厚度大于 2 m 时，应注明设置在基础平板中部的水平构造钢筋网。

(5)当在基础平板外伸阳角部位设置放射筋时，应注明放射筋的强度等级、直径、根数及设置方式等。

(6)板的上、下部纵筋之间设置拉筋时，应注明拉筋的强度等级、直径、双向间距等。

(7)应注明混凝土垫层厚度与强度等级。

(8)当基础平板同一层面的纵筋相交叉时，应注明何向纵筋在下，何向纵筋在上。

(9)设计需注明的其他内容。

6. 平板式筏形基础标准构造详图

平板式筏基柱下板带 ZXB 与跨中板带 KZB 的纵向钢筋构造如图 4-68 所示。不同配置的底部贯通纵筋，应在两毗邻跨中配置较小一跨的跨中连接区域连接(即配置较大一跨的底部贯通纵筋需越过其标注的跨数终点或起点伸至毗邻跨的跨中连接区域)。底部与顶部贯通纵筋在图 4-68 所示连接区内的连接方式，详见纵筋连接通用构造。柱下板带与跨中板带的底部贯通纵筋，可在跨中 1/3 净跨长度范围内搭接连接、机械连接或焊接；柱下板带及跨中板带的顶部贯通纵筋，可在柱网轴线附近 1/4 净跨长度范围内采用搭接连接、机械连接或焊接。

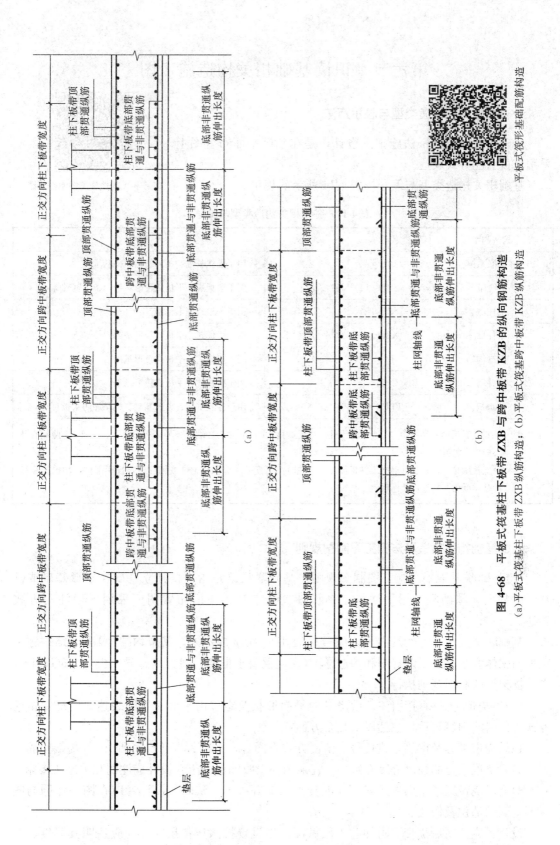

图 4-68 平板式筏基柱下板带 ZXB 与跨中板带 KZB 的纵向钢筋构造

(a) 平板式筏基柱下板带 ZXB 纵筋构造；(b) 平板式筏基跨中板带 KZB 纵筋构造

第六节　识读基础相关构造施工图

一、基础相关构造类型与表示方法

基础相关构造的平法施工图设计，是在基础平面布置图上采用直接引注方式表达。

基础相关构造类型与编号按表 4-11 所示的规定。

基础相关构造施工图制图规则

表 4-11　基础相关构造类型与编号

构造类型	代号	序号	说明
基础联系梁	JLL	××	用于独立基础、条形基础、桩基承台
后浇带	HJD	××	用于梁板式、平板式筏形基础，条形基础等
上柱墩	SZD	××	用于平板式筏形基础
下柱墩	XZD	××	用于梁板式、平板式筏形基础
基坑（沟）	JK	××	用于梁板式、平板式筏形基础
窗井墙	CJQ	××	用于梁板式、平板式筏形基础
防水板	FBPB	××	用于独立基础、条形基础、桩基加防水板

注：1. 基础联系梁序号：（××）为端部无外伸或无悬挑，（××A）为一端有外伸或有悬挑，（××B）为两端有外伸或有悬挑。

　　2. 上柱墩位于筏板顶部混凝土柱根部位，下柱墩位于筏板底部混凝土柱或钢柱柱根投影部位，均根据筏形基础受力与构造需要而设。

二、基础相关构造平法施工图制图规则

（1）基础联系梁平法施工图制图规则。基础联系梁是指连接独立基础、条形基础或桩基承台的梁。基础联系梁平法施工图设计，是在基础平面布置图上采用平面注写方式表达。

基础联系梁注写方式及内容除编号按表 4-11 所示规定外，其余均按《混凝土结构施工图平面整体表示方法制图规则和构造详图（现浇混凝土框架、剪力墙、梁、板）》（16G101-1）中非框架梁的制图规则执行。

（2）后浇带 HJD 直接引注。后浇带的平面形状及定位由平面布置图表达，后浇带留筋方式等由引注内容表达，包括以下几个方面：

1）后浇带编号及留筋方式代号。留筋方式有两种，分别为贯通留筋和 100% 搭接留筋。

2）后浇混凝土的强度等级 C××。宜采用补偿收缩混凝土，设计应注明相关施工要求。

3）当后浇带区域留筋方式或后浇混凝土强度等级不一致时，设计者应在图中注明与图示不一致的部位及做法。

设计者应注明后浇带下附加防水层做法：当设置抗水压垫层时，尚应注明其厚度、材

料与配筋；当采用后浇带超前止水构造时，设计者应注明其厚度与配筋。

后浇带 HJD 引注图示如图 4-69 所示。

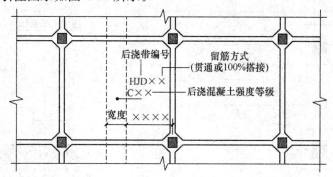

图 4-69　后浇带 HJD 引注图示

贯通留筋的后浇带宽度通常取大于或等于 800 mm；100％搭接留筋的后浇带宽度通常取 800 mm 与 $(l_l+60\ \text{mm})$ 的较大值。

(3)上柱墩 SZD 是根据平板式筏形基础受剪或受冲切承载力的需要，在板顶面以上混凝土柱的根部设置的混凝土墩。上柱墩直接引注的内容规定如下：

1)注写编号 SZD××，见表 4-11。

2)注写几何尺寸。按"柱墩向上凸出基础平板高度 h_d/柱墩顶部出柱边缘宽度 c_1/柱墩底部出柱边缘宽度 c_2"的顺序注写，其表达形式为 $h_d/c_1/c_2$。

当为棱柱形柱墩($c_1＝c_2$)时，c_2 不标注，表达形式为 h_d/c_1。

3)注写配筋。按"竖向($c_1＝c_2$)或斜竖向($c_1\neq c_2$)纵筋的总根数、强度等级与直径/箍筋强度等级、直径、间距与肢数(X 向排列肢数 $m×Y$ 向排列肢数 n)"的顺序注写(当分两行注写时，则可不用斜线"/")。

所注纵筋总根数环正方形柱截面均匀分布，环非正方形柱截面相对均匀分布(先放置柱角筋，其余按柱截面相对均匀分布)，其表达形式为：××$\underline{\Phi}$××/ϕ××@×××。

棱台形上柱墩($c_1\neq c_2$)引注图示如图 4-70 所示。

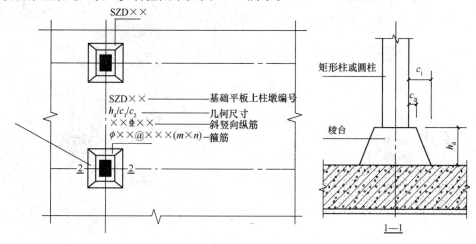

图 4-70　棱台形上柱墩引注图示

棱柱形上柱墩($c_1=c_2$)引注图示如图 4-71 所示。

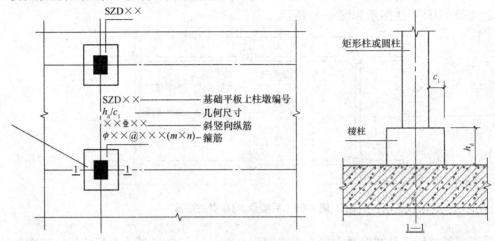

图 4-71　棱柱形上柱墩引注图示

(4)下柱墩 XZD 是根据平板式筏形基础受剪或受冲切承载力的需要，在柱的所在位置、基础平板底面下设置的混凝土墩。下柱墩直接引注的内容规定如下：

1)注写编号 XZD××，见表 4-11。

2)注写几何尺寸。按"柱墩向下凸出基础平板深度 h_d/柱墩顶部出柱投影宽度 c_1/柱墩底部出柱投影宽度 c_2"的顺序注写，其表达形式为 $h_d/c_1/c_2$。

当为倒棱柱形柱墩($c_1=c_2$)时，c_2 不标注，表达形式为 h_d/c_1。

3)注写配筋。倒棱柱下柱墩，按"X 方向底部纵筋/Y 方向底部纵筋/水平箍筋"的顺序注写(图面从左至右为 X 向，从下至上为 Y 向)，其表达形式为 $X\Phi\times\times@\times\times\times/Y\Phi\times\times@\times\times\times/\phi\times\times@\times\times\times$；倒棱台下柱墩，其斜侧面由两向纵筋覆盖，不必配置水平箍筋，则其表达形式为：$X\Phi\times\times@\times\times\times/Y\Phi\times\times@\times\times\times$。

棱台形下柱墩($c_1\neq c_2$)引注图示如图 4-72 所示。

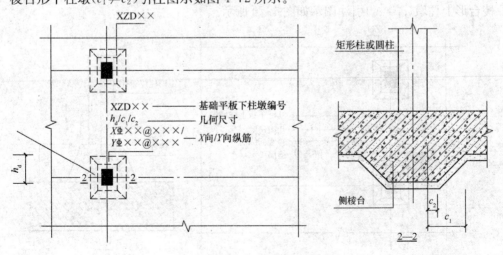

图 4-72　棱台形下柱墩引注图示

棱柱形下柱墩($c_1 = c_2$)引注图示如图 4-73 所示。

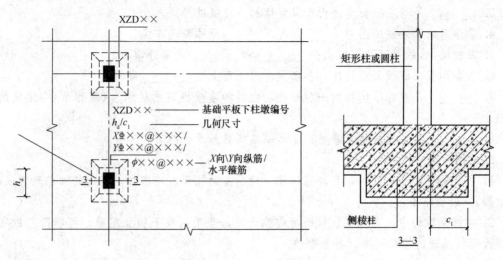

图 4-73　棱柱形下柱墩引注图示

(5)基坑 JK 直接引注的内容规定如下：

1)注写编号 JK××，见表 4-11。

2)注写几何尺寸。按"基坑深度 h_k/基坑平面尺寸 $x \times y$"的顺序注写，其表达形式为 $h_k/x \times y$。x 为 X 向基坑宽度，y 为 Y 向基坑宽度(图面从左至右为 X 向，从下至上为 Y 向)。

在平面布置图上应标注基坑的平面定位尺寸。

基坑引注图示如图 4-74 所示。

(6)窗井墙 CJQ 平法施工图制图规则。窗井墙注写方式及内容除编号按表 4-11 所示规定外，其余均按《混凝土结构施工图平面整体表示方法制图规则和构造详图(现浇混凝土框架、剪力墙、梁、板)》(16G101-1)中剪力墙及地下室外墙的制图规则执行。

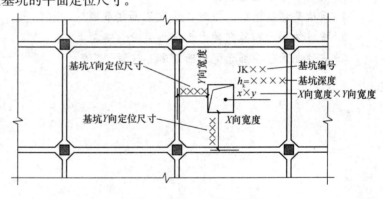

图 4-74　基坑 JK 引注图示

当在窗井墙顶部或底部设置通长加强钢筋时，设计应注明。

注：当窗井墙按深梁设计时由设计者另行处理。

习　题

一、填空题

1.基础平面布置图是主要表示建筑物在相对标高_____以下基础结构的图纸。

2. 基础平面布置图中必须注明基础的_____和_____。

3. _____是指基础长度远大于其宽度的一种基础形式。

4. 条形基础平法施工图有_____与_____两种表达方式。

5. 基础梁 JL 的平面注写方式分_____和_____两部分内容。

6. 当条形基础底板为多阶时,各阶尺寸自下而上以_____顺写。

7. _____是基础结构物的一种形式,由桩和连接桩顶的桩承台(简称承台)组成的深基础。

8. _____是指连接独立基础、条形基础或桩基承台的梁。

二、判断题

1. 在基础平面图布置中,只画基础墙、柱及基础底面的轮廓线,基础的细部轮廓线(如大放脚)一般省略不画。　　　　　　　　　　　　　　　　　　　　(　　)

2. 在框架结构中,当地基软弱而荷载较大时,若采用柱下独立基础,可能因基础底面积很大而使基础边缘相互接近甚至重叠。　　　　　　　　　　　　　　(　　)

3. 当建筑物上部采用柱承重且柱距较大时,宜将柱下扩大形成条形基础。　(　　)

4. 筏形基础由于基底面积大,故可增大基底压力至最大值,同时增大基础的整体刚性。　　　　　　　　　　　　　　　　　　　　　　　　　　　　　(　　)

三、简答题

1. 基础平面布置图的内容包括哪些?

2. 条形基础按上部结构形式划分为哪两种?

3. 简述条形基础的截面注写方式。

4. 识读条形基础施工图时,应注意哪些事项?

5. 按桩的形状和竖向受力情况桩可分为哪两类?

6. 当独立承台顶部无配筋时有哪些注写规定?

第五章　主体结构施工图识读

学习目标

掌握柱平法施工图、剪力墙平法施工图、梁平法施工图、楼盖(板)平法施工图中列表注写方式与截面注写方式所表达的内容；掌握柱标准构造、剪力墙标准构造、梁标准构造、楼板相关构造、楼梯标准构造的相关规定。

教学方法建议

能熟练地应用柱、剪力墙、梁、楼(盖)板、楼梯平法施工图的制图规则和钢筋构造详图知识识读平法施工图。

第一节　识读柱平法施工图

柱平法施工图是在柱平面布置图上采用列表注写方式或截面注写方式表达。

柱平面布置图可采用适当比例单独绘制，也可与剪力墙平面布置图合并绘制。在柱平法施工图中，应按规定注明各结构层的楼面标高、结构层高及相应的结构层号，尚应注明上部结构嵌固部位位置。

柱平法施工图
制图规则

一、列表注写方式

列表注写方式是在柱平面布置图上(一般只需采用适当比例绘制一张柱平面布置图，包括框架柱、框支柱、梁上柱和剪力墙上柱)，分别在同一编号的柱中选择一个(有时需要选择几个)截面标注几何参数代号；在柱表中注写柱编号、柱段起止标高、几何尺寸(含柱截面对轴线的偏心情况)与配筋的具体数值，并配以各种柱截面形状及其箍筋类型图的方式，来表达柱平法施工图，如图 5-1 所示。

1. 注写柱编号

柱编号由类型代号和序号组成，应符合表 5-1 所示的规定。

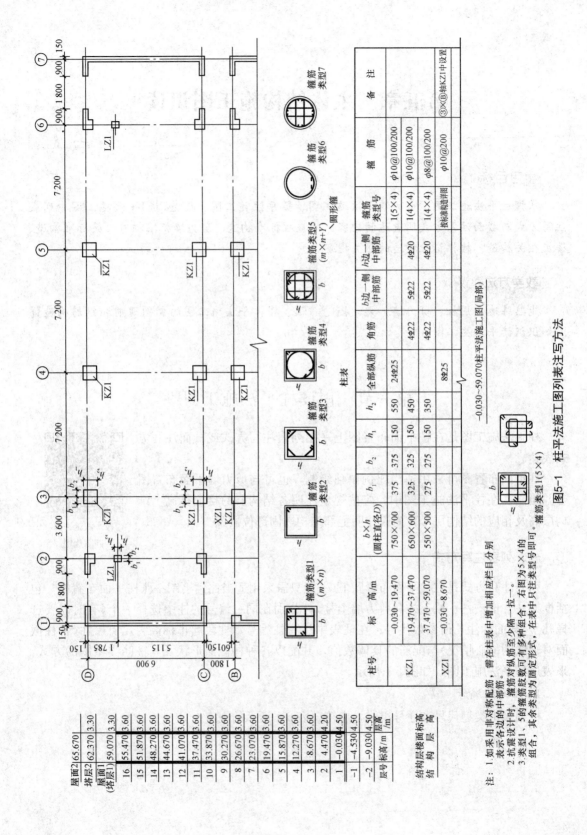

柱表

柱号	标高 /m	$b \times h$ (圆柱直径D)	b_1	b_2	h_1	h_2	全部纵筋	角筋	b边一侧中部筋	h边一侧中部筋	箍筋类型号	箍筋	备注
KZ1	-0.030~19.470	750×700	375	375	150	550	24⌀25				1(5×4)	φ10@100/200	
	19.470~37.470	650×600	325	325	150	450		4⌀22	5⌀22	4⌀20	1(4×4)	φ10@100/200	
	37.470~59.070	550×500	275	275	150	350		4⌀22	5⌀22	4⌀20	1(4×4)	φ8@100/200	
XZ1	-0.030~8.670						8⌀25				按标准构造详图	φ10@200	③×⑧轴KZ1中设置

-0.030~59.070柱平法施工图(局部)

图5-1　柱平法施工图列表注写方法

注: 1. 如采用非对称配筋，需在柱表中增加相应栏目分别
       表示各边中部筋的中部筋。
    2. 抗震设计时，箍筋对纵筋至少隔一位。
    3. 类型1、5的箍筋肢数可有多种形式，右图为5×4的
       组合，其余类型号为固定形式，在表中只注类型号即可。箍筋类型号1(5×4)

表 5-1　柱编号

柱类型	代号	序号
框架柱	KZ	××
转换柱	ZHZ	××
芯柱	XZ	××
梁上柱	LZ	××
剪力墙上柱	QZ	××

注：编号时，当柱的总高、分段截面尺寸和配筋均对应相同，仅截面与轴线的关系不同时，仍可将其编为同一柱号，但应在图中注明截面与轴线的关系。

2. 注写各段柱的起止标高

各段柱的起止标高自柱根部往上以变截面位置或截面未变但配筋改变处为界分段注写。框架柱和框支柱的根部标高是指基础顶面标高；芯柱的根部标高是指根据结构实际需要而定的起始位置标高；梁上柱的根部标高是指梁顶面标高；剪力墙上柱的根部标高为墙顶面标高。

3. 各种柱截面尺寸与轴线关系的表达方式

对于矩形柱，注写柱截面尺寸 $b×h$ 及与轴线关系的几何参数代号 b_1、b_2 和 h_1、h_2 的具体数值，需对应于各段柱分别注写。其中，$b=b_1+b_2$，$h=h_1+h_2$。当截面的某一边收缩变化至与轴线重合或偏到轴线的另一侧时，b_1、b_2、h_1、h_2 中的某项为零或为负值。

对于圆柱，表中"$b×h$"一栏改用在圆柱直径数字前加 d 表示。为表达简单，圆柱截面与轴线的关系也用 b_1、b_2 和 h_1、h_2 表示，并使 $d=b_1+b_2=h_1+h_2$。

对于芯柱，根据结构需要，可以在某些框架柱的一定高度范围内，在其内部的中心位置设置(分别引注其柱编号)。芯柱中心应与柱中心重合，并按《混凝土结构施工图平面整体表示方法制图规则和构造详图(现浇混凝土框架、剪力墙、梁、板)》(16G101-1)标准构造详图施工，设计不需注写；当设计者采用与《混凝土结构施工图平面整体表示方法制图规则和构造详图(现浇混凝土框架、剪力墙、梁、板)》(16G101-1)标准构造详图不同的做法时，应另行注明。芯柱定位随框架柱而定，不需要注写其与轴线的几何关系。

4. 注写柱纵筋

当柱纵筋直径相同，各边根数也相同时(包括矩形柱、圆柱和芯柱)，将纵筋注写在"全部纵筋"一栏中；除此之外，柱纵筋分角筋、截面 b 边中部筋和 h 边中部筋三项分别注写(对于采用对称配筋的矩形截面柱，可仅注写一侧中部筋，对称边省略不注写；对于采用非对称配筋的矩形截面柱，必须每侧均注写中部筋)。

5. 注写箍筋类型号及箍筋肢数

具体工程所设计的各种箍筋类型图以及箍筋复合的具体方式，需画在表的上部或图中的适当位置，并在其上标注与表中相对应的 b、h 和类型号。

6.注写柱箍筋，包括钢筋级别、直径与间距

(1)用斜线"/"区分柱端箍筋加密区与柱身非加密区长度范围内箍筋的不同间距。

【例 5-1】 $\phi10@100/250$，表示箍筋为 HPB300 级钢筋，直径为 10 mm，加密区间距为 100 mm，非加密区间距为 250 mm。

(2)当框架节点核心区内箍筋与柱端箍筋设置不同时，应在括号中注明核心区箍筋直径和间距。

【例 5-2】 $\phi10@100/250(\phi12@100)$，表示箍筋柱中为 HPB300 级钢筋，直径为 10 mm，加密区间距为 100 mm，非加密区间距为 250 mm。框架节点核心区内箍筋为 HPB300 级钢筋，直径为 12 mm，间距为 100 mm。

(3)当箍筋沿柱全高为一种间距时，则不使用斜线"/"。

【例 5-3】 $\phi10@100$，表示沿柱全高范围内箍筋均为 HPB300 级钢筋，直径为 10 mm，间距为 100 mm。

(4)当圆柱采用螺旋箍筋时，需在箍筋前加"L"。

【例 5-4】 $L\phi10@100/200$，表示采用螺旋箍筋，HPB300 级钢筋，直径为 10 mm，加密区间距为 100 mm，非加密区间距为 200 mm。

二、截面注写方式

截面注写方式，是在柱平面布置图的柱截面上，分别在同一编号的柱中选择一个截面，以直接注写截面尺寸和配筋具体数值的方式来表达柱平法施工图，如图 5-2 所示。

对除芯柱之外的所有柱截面，按表 5-1 所示规定进行编号，从相同编号的柱中选择一个截面，按另一种比例原位放大绘制柱截面配筋图，并在各配筋图上继其编号后再注写截面尺寸 $b×h$、角筋或全部纵筋(当纵筋采用一种直径且能够图示清楚时)、箍筋的具体数值，以及在柱截面配筋图上标注柱截面与轴线关系 b_1、b_2、h_1、h_2 的具体数值。

当纵筋采用两种直径时，需再注写截面各边中部筋的具体数值(对于采用对称配筋的矩形截面柱，可仅在一侧注写中部筋，对称边省略不注写)。

当在某些框架柱的一定高度范围内，在其内部的中心位置设置芯柱时，首先按照表 5-1 所示的有关规定进行编号，继其编号之后注写芯柱的起止标高、全部纵筋及箍筋的具体数值，芯柱截面尺寸按构造确定，并按《混凝土结构施工图平面整体表示方法制图规则和构造详图(现浇混凝土框架、剪力墙、梁、板)》(16G101—1)标准构造详图施工，设计不注写；当设计者采用与《混凝土结构施工图平面整体表示方法制图规则和构造详图(现浇混凝土框架、剪力墙、梁、板)》(16G101—1)标准构造详图不同的做法时，应另行注明。芯柱定位随框架柱而定，不需要注写其与轴线的几何关系。

在截面注写方式中，如柱的分段截面尺寸和配筋均相同，仅截面与轴线的关系不同时，可将其编为同一柱号，但此时应在未画配筋的柱截面上注写该柱截面与轴线关系的具体尺寸。

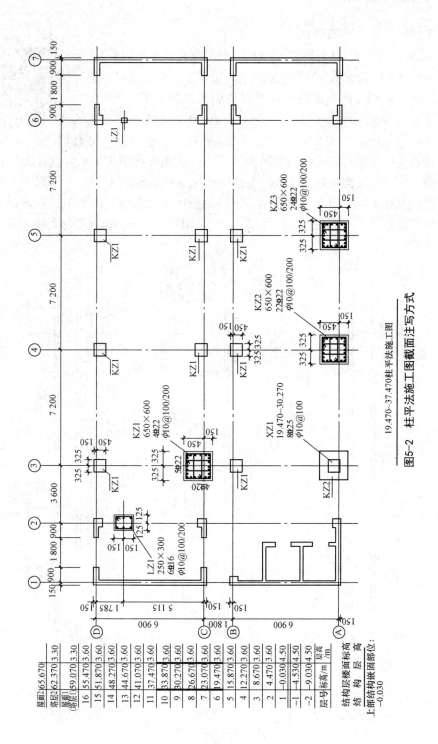

图5-2 柱平法施工图截面注写方式

三、柱标准构造详图

(一)中间层抗震框架柱钢筋构造

1. 楼层中抗震框架柱钢筋的基本构造(无变截面、无变钢筋)

楼层中间 KZ 纵向钢筋连接构造如图 5-3 所示。柱相邻纵向钢筋连接接头相互错开，在同一连接区段内钢筋接头面积百分率不宜大于 50%；图 5-3(a)中 h_c 为柱截面长边尺寸(圆柱为截面直径)，H_n 为所在楼层的柱净高；柱纵筋绑扎搭接长度及绑扎搭接、机械连接、焊接连接应符合相应要求；轴心受拉及偏心受拉柱内的纵向钢筋不得采用绑扎搭接接头，设计者应在柱平法结构施工图中注明其平面位置及层数；上柱钢筋比下柱多时如图 5-3(d)所示，上柱钢筋直径比下柱钢筋直径大时如图 5-3(e)所示，下柱钢筋比上柱多时如图 5-3(f)所示，下柱钢筋直径比上柱钢筋直径大时如图 5-3(g)所示。图 5-3(d)～(g)中为绑扎搭接，也可采用机械连接和焊接连接。

框架柱配筋构造详图

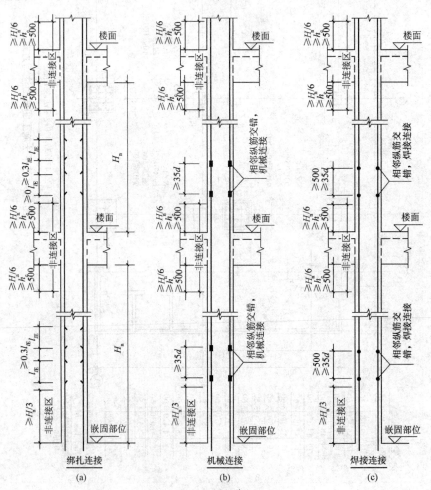

图 5-3 **KZ 纵向钢筋连接构造**

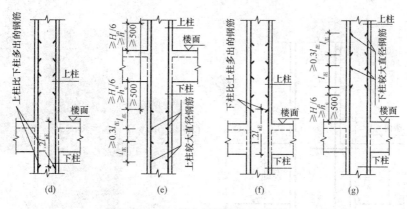

图 5-3 KZ 纵向钢筋连接构造（续）

2. 抗震框架柱中间层变截面构造

抗震 KZ 柱变截面位置纵向钢筋构造如图 5-4 所示。

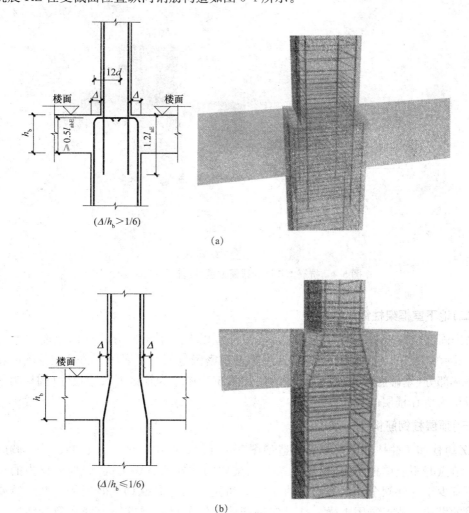

（a）

（b）

图 5-4 抗震 KZ 柱变截面位置纵向钢筋构造

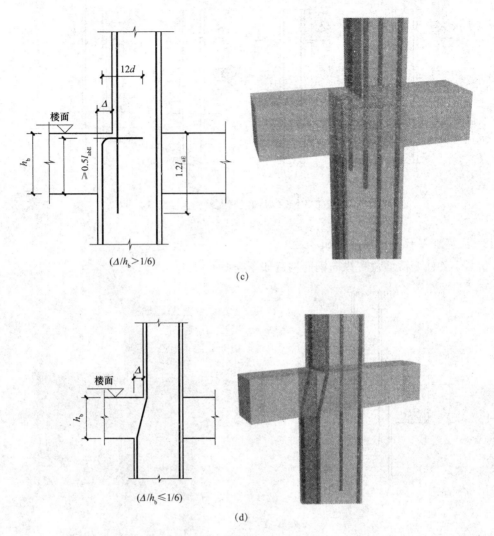

图 5-4 抗震 KZ 柱变截面位置纵向钢筋构造(续)

(二)地下室框架柱钢筋构造

当嵌固部位位于基础顶面以上时，嵌固部位以下地下室部分柱纵向钢筋连接构造如图 5-5 所示。图 5-5 中钢筋连接构造及柱箍筋加密区范围用于嵌固部位不在基础底面情况下地下室部分(基础底面至嵌固部位)的柱；图 5-5 中 h_c 为柱截面长边尺寸(圆柱为截面直径)，H_n 为所在楼层的柱净高。

(三)顶层柱钢筋构造

KZ 边柱和角柱柱顶纵向钢筋构造如图 5-6 所示。图中，节点Ⓐ、Ⓑ、Ⓒ、Ⓓ应配合使用，节点Ⓓ不应单独使用(仅用于未伸入梁内的柱外侧纵筋锚固)，伸入梁内的柱外侧纵筋不宜少于柱外侧全部纵筋面积的 65%。可选择Ⓑ+Ⓓ或Ⓒ+Ⓓ或Ⓐ+Ⓑ+Ⓓ或Ⓐ+Ⓒ+Ⓓ的做法；节点Ⓔ用于梁、柱纵向钢筋接头沿节点柱顶外侧直线布置的情况，可与节点Ⓐ组合使用。

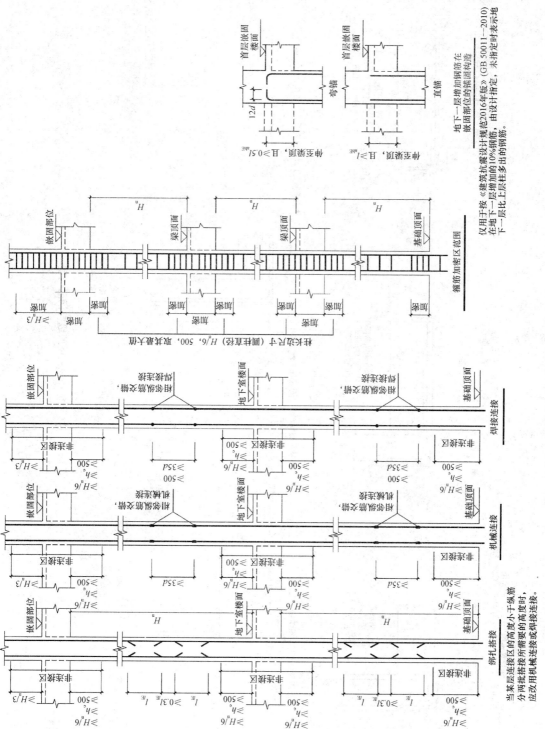

图5-5 地下室tKZ纵向钢筋连接构造

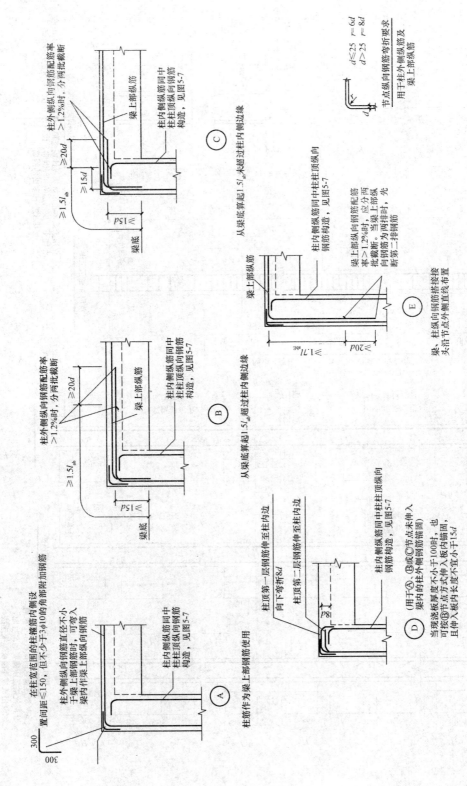

图 5-6 **KZ 边柱和角柱柱顶纵向钢筋构造**

KZ中柱柱顶纵向钢筋构造如图5-7所示。抗震剪力墙上 QZ 纵筋构造及抗震梁上柱 LZ 纵筋构造分别如图5-8和图5-9所示。

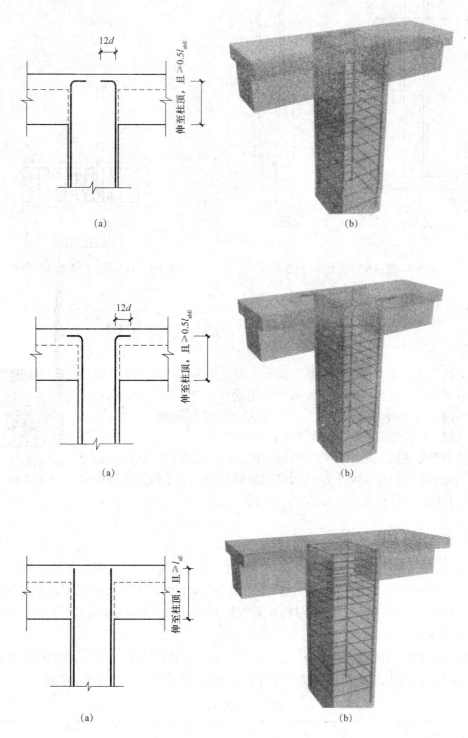

图 5-7　KZ 中柱柱顶纵向钢筋构造

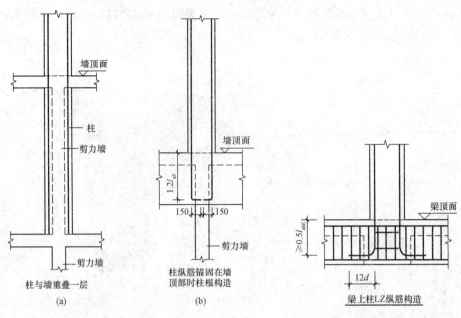

<table>
<tr><td>柱与墙重叠一层</td><td>柱纵筋锚固在墙顶部时柱根构造</td></tr>
<tr><td>(a)</td><td>(b)</td></tr>
</table>

图 5-8　抗震剪力墙上 QZ 纵筋构造

梁上柱 LZ 纵筋构造

图 5-9　抗震梁上柱 LZ 纵筋构造

第二节　识读剪力墙平法施工图

剪力墙平法施工图是在剪力墙平面布置图上采用列表注写方式或截面注写方式表达。剪力墙平面布置图可采用适当比例单独绘制，也可与柱或梁平面布置图合并绘制。当剪力墙较复杂或采用截面注写方式时，应按标准层分别绘制剪力墙平面布置图。

在剪力墙平法施工图中，应注明各结构层的楼面标高、结构层高及相应的结构层号，尚应注明上部结构嵌固部位位置。对于轴线未居中的剪力墙(包括端柱)，应标注其偏心定位尺寸。

剪力墙平法施工图
制图规则

一、列表注写方式

为表达清楚、简便，剪力墙可视为由剪力墙柱、剪力墙身和剪力墙梁三类构件构成。列表注写方式，是分别在剪力墙柱表、剪力墙身表和剪力墙梁表中，对应于剪力墙平面布置图上的编号，用绘制截面配筋图并注写几何尺寸与配筋具体数值的方式，来表达剪力墙平法施工图。

1. 编号规定

将剪力墙按剪力墙柱、剪力墙身、剪力墙梁(简称为墙柱、墙身、墙梁)三类构件分别编号。

(1)墙柱编号由墙柱类型代号和序号组成，表达形式应符合表 5-2 所示的规定。

表 5-2　墙柱编号

墙柱类型	代号	序号
约束边缘构件	YBZ	××

墙柱类型	代号	序号
构造边缘构件	GBZ	××
非边缘暗柱	AZ	××
扶壁柱	FBZ	××

注：约束边缘构件包括约束边缘暗柱、约束边缘端柱、约束边缘翼墙、约束边缘转角墙四种(图 5-10)。构造边缘构件包括构造边缘暗柱、构造边缘端柱、构造边缘翼墙、构造边缘转角墙四种(图 5-11)。

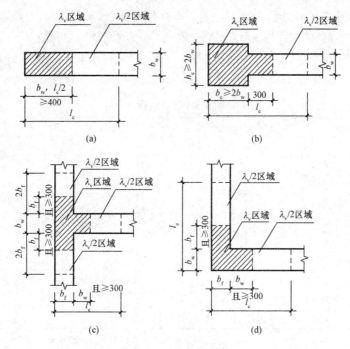

图 5-10　约束边缘构件

(a)约束边缘暗柱；(b)约束边缘端柱；(c)约束边缘翼墙；(d)约束边缘转角墙

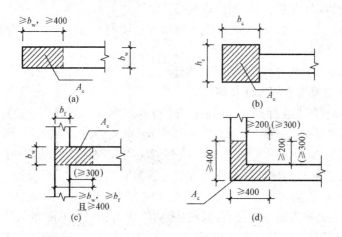

图 5-11　构造边缘构件

(a)构造边缘暗柱；(b)构造边缘端柱；(c)构造边缘翼墙；(d)构造边缘转角墙

(2)墙身编号由墙身代号、序号及墙身所配置的水平与竖向分布筋的排数组成，其中，排数注写在括号内。其表达形式为：

$$Q\times\times(\times\times)排$$

注：1)在编号中：如若干墙柱的截面尺寸与配筋均相同，仅截面与轴线的关系不同，可将其编为同一墙柱号；又如若干墙身的厚度尺寸和配筋均相同，仅墙厚与轴线的关系不同或墙身长度不同，也可将其编为同一墙身号，但应在图中注明与轴线的几何关系。

2)当墙身所设置的水平与竖向分布钢筋的排数为2时可不注写。

3)对于分布筋网的排数规定：当剪力墙厚度不大于400 mm时，应配置双排；当剪力墙厚度大于400 mm，但不大于700 mm时，宜配置三排；当剪力墙厚度大于700 mm时，宜配置四排。各排水平分布筋和竖向分布筋的直径与间距宜保持一致。当剪力墙配置的分布筋多于两排时，剪力墙拉筋两端应同时勾住外排水平纵筋和竖向纵筋，还应与剪力墙内排水平纵筋和竖向纵筋绑扎在一起。

(3)墙梁编号由墙梁类型代号和序号组成，其表达形式应符合表5-3所示的规定。

表5-3　墙梁编号

墙梁类型	代号	序号
连梁	LL	××
连梁(对角暗撑配筋)	LL(JC)	××
连梁(交叉斜筋配筋)	LL(JX)	××
连梁(集中对角斜筋配筋)	LL(DX)	××
连梁(跨高比不小于5)	LLK	××
暗梁	AL	××
边框梁	BKL	××

注：1. 在具体工程中，当某些墙身需设置暗梁或边框梁时，宜在剪力墙平法施工图中绘制暗梁或边框梁的平面布置图并编号，以明确其具体位置。
2. 跨高比不小于5的连梁按框架梁设计时，代号为LLK

2. 剪力墙柱表中的表达内容

(1)注写墙柱编号(表5-2)，绘制该墙柱的截面配筋图，标注墙柱几何尺寸。

1)约束边缘构件(图5-10)需注明阴影部分尺寸。

注：剪力墙平面布置图中应注明约束边缘构件沿墙肢长度l_c(约束边缘翼墙中沿墙肢长度尺寸为$2b_f$时可不注明)。

2)构造边缘构件(图5-11)需注明阴影部分尺寸。

3)扶壁柱及非边缘暗柱需标注几何尺寸。

(2)注写各段墙柱的起止标高，自墙柱根部往上以变截面位置或截面未变但配筋改变处为界分段注写。墙柱根部标高一般指基础顶面标高(部分框支剪力墙结构则为框支梁顶面标高)。

(3)注写各段墙柱的纵向钢筋和箍筋，注写值应与在表中绘制的截面配筋图对应一致。纵向钢筋注写总配筋值；墙柱箍筋的注写方式与柱箍筋相同。

设计、施工时应注意：

(1)在剪力墙平面布置图中需注写约束边缘构件非阴影区内布置的拉筋或箍筋直径，与阴影区箍筋直径相同时，可不注写。

(2)当约束边缘构件体积配箍率计算中计入墙身水平分布筋时，设计者应注明。施工时，墙身水平分布筋应注意采用相应的构造做法。

（3）《混凝土结构施工图平面整体表示方法制图规则和构造详图（现浇混凝土框架、剪力墙、梁、板）》（16G101-1）中约束边缘构件非阴影区拉筋是沿剪力墙竖向分布筋逐根设置的。施工时应注意，非阴影区外圈设置箍筋时，箍筋应包住阴影区内第二列竖向纵筋。当设计采用与本构造详图不同的做法时，应另行注明。

（4）当非底部加强部位构造边缘构件不设置外圈封闭箍筋时，设计者应注明。施工时，墙身水平分布筋应注意采用相应的构造做法。

3. 剪力墙身表中表达的内容

（1）注写墙身编号（含水平与竖向分布筋的排数）应符合相关规定。

（2）注写各段墙身起止标高，自墙身根部往上以变截面位置或截面未变但配筋改变处为界分段注写。墙身根部标高一般指基础顶面标高（部分框支剪力墙结构则为框支梁的顶面标高）。

（3）注写水平分布筋、竖向分布筋和拉结筋的具体数值。注写数值为一排水平分布筋和竖向分布筋的规格与间距，具体设置几排应在墙身编号后面表达。

拉结筋应注明布置方式（"矩形"或"梅花"布置），如图 5-12 所示（图中 a 为竖向分布筋间距，b 为水平分布筋间距）。

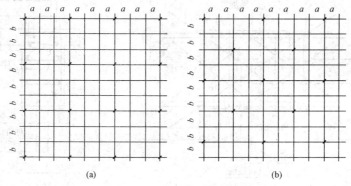

图 5-12　拉结筋设置示意

(a)拉结筋@$3a3b$ 矩形（$a\leqslant200$、$b\leqslant200$）；(b)拉结筋@$4a4b$ 梅花（$a\leqslant150$、$b\leqslant150$）

4. 剪力墙梁表中表达的内容

（1）注写墙梁编号，见表 5-3。

（2）注写墙梁所在楼层号。

（3）注写墙梁顶面标高高差，是指相对于墙梁所在结构层楼面标高的高差值，高于者为正值，低于者为负值，当无高差时不注。

（4）注写墙梁截面尺寸 $b\times h$，上部纵筋、下部纵筋和箍筋的具体数值。

（5）当连梁设有对角暗撑时［代号为 LL(JC)××］，其配筋构造如图 5-13 所示，注写暗撑的截面尺寸（箍筋外皮尺寸）；注写一根暗撑的全部纵筋，并标注"×2"表明有两根暗撑相互交叉；注写暗撑箍筋的具体数值。

（6）当连梁设有交叉斜筋时［代号为 LL(JX)××］，其配筋构造如图 5-14 所示，注写连梁一侧对角斜筋的配筋值，并标注"×2"表明对称设置；注写对角斜筋在连梁端部设置的拉筋根数、强度级别及直径，并标注"×4"表示四个角都设置；注写连梁一侧折线筋配筋值，并标注"×2"表明对称设置。

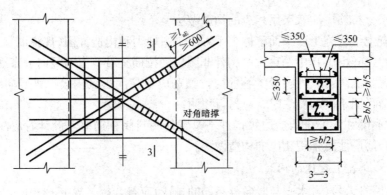

图 5-13　连梁对角暗撑配筋构造

注：1. 暗撑箍筋的外缘沿梁截面宽度方向不宜小于梁宽的一半，另一方向不宜小于梁宽的 1/5；

2. 对角暗撑约束箍筋肢距不应大于 350 mm；

3. 连梁的水平钢筋及箍筋形成的钢筋网之间应采用拉筋拉结，拉筋直径不宜小于 6 mm，间距不宜大于 400 mm。

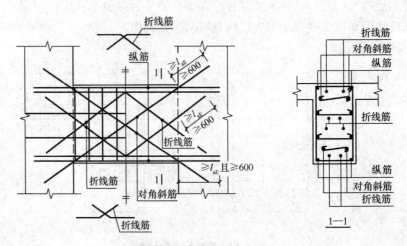

图 5-14　连梁交叉斜筋配筋构造

注：连梁的水平钢筋及箍筋形成的钢筋网之间应采用拉筋拉结，

拉筋直径不宜小于 6 mm，间距不宜大于 400 mm。

（7）当连梁设有集中对角斜筋时［代号为 LL(DX)××］，其配筋构造如图 5-15 所示，注写一条对角线上的对角斜筋，并标注"×2"表明对称设置。

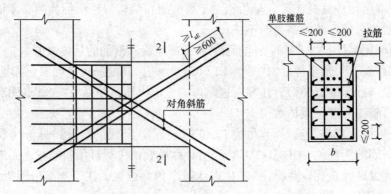

图 5-15　连梁集中对角斜筋配筋构造

(8)跨高比不小于 5 的连梁，按框架梁设计时(代号为 Lk××)，采用平面注写方式，注写规则同框架梁，可采用适当比例单独绘制，也可与剪力墙平法施工图合并绘制。墙梁侧面纵筋的配置：当墙身水平分布筋满足连梁、暗梁及边框梁的梁侧面纵向构造钢筋的要求时，该筋配置同墙身水平分布筋，表中不注写，施工按标准构造详图的要求即可。当墙身水平分布筋不满足连梁、暗梁及边框梁的梁侧面纵向构造钢筋的要求时，应在表中补充注明梁侧面纵筋的具体数值；当为 LLk 时，平面注写方式以大写字母 N 开头。梁侧面纵筋在支座内锚固要求同连梁中受力筋。

采用列表注写方式分别表达剪力墙墙梁、墙身和墙柱的平法施工图示例如图 5-16 所示。

二、截面注写方式

截面注写方式，是在分标准层绘制的剪力墙平面布置图上，以直接在墙柱、墙身、墙梁上注写截面尺寸和配筋具体数值的方式来表达剪力墙平法施工图。

选用适当比例原位放大绘制剪力墙平面布置图，其中对墙柱绘制配筋截面图；对所有墙柱、墙身、墙梁分别按剪力墙平法施工图列表注写方式的相应规定进行编号，并分别在相同编号的墙柱、墙身、墙梁中选择一根墙柱、一道墙身、一根墙梁进行注写，其注写方式按以下规定进行：

(1)从相同编号的墙柱中选择一个截面，注明几何尺寸，标注全部纵筋及箍筋的具体数值。

(2)从相同编号的墙身中选择一道墙身，按顺序引注的内容为：墙身编号(应包括注写在括号内墙身所配置的水平与竖向分布筋的排数)、墙厚尺寸，水平分布筋、竖向分布筋和拉筋的具体数值。

(3)从相同编号的墙梁中选择一根墙梁，按顺序引注的内容如下：

1)注写墙梁编号、墙梁截面尺寸 $b \times h$、墙梁箍筋、上部纵筋、下部纵筋和墙梁顶面标高高差的具体数值。

2)当连梁设有对角暗撑时[代号为 LL(JC)××]，注写规定同在剪力墙梁表中表达的内容。

3)当连梁设有交叉斜筋时[代号为 LL(JX)××]，注写规定同在剪力墙梁表中表达的内容。

4)当连梁设有集中对角斜筋时[代号为 LL(DX)××]，注写规定同在剪力墙梁表中表达的内容。

5)跨高比不小于 5 的连梁按框架梁设计时[代号为 LLK××]，注写规定同在剪力墙梁表中表达的内容。

当墙身水平分布筋不能满足连梁、暗梁及边框梁的梁侧面纵向构造钢筋的要求时，应补充注明梁侧面纵筋的具体数值，注写时，以大写字母 N 开头，接续注写直径与间距。其在支座内的锚固要求同连梁中受力筋。

采用截面注写方式表达的剪力墙平法施工图示例如图 5-17 所示。

剪力墙梁表

编号	所在楼层号	梁顶相对标高高差	梁截面 b×h	上部纵筋	下部纵筋	箍筋
LL1	2-9	0.800	300×2 000	4⊕25	4⊕25	Φ10@100(2)
	10-16	0.800	250×2 000	4⊕22	4⊕22	Φ10@100(2)
	屋面1		250×1 200	4⊕20	4⊕20	Φ10@100(2)
LL2	3	-1.200	300×2 520	4⊕25	4⊕25	Φ10@150(2)
	4	-0.900	300×2 070	4⊕25	4⊕25	Φ10@150(2)
	5-9	-0.900	300×1 770	4⊕25	4⊕25	Φ10@150(2)
	10-屋面1	-0.900	250×1 770	4⊕22	4⊕22	Φ10@100(2)
LL3	2		300×2 070	4⊕25	4⊕25	Φ10@100(2)
	3		300×1 770	4⊕25	4⊕25	Φ10@100(2)
	4-9		250×1 770	4⊕22	4⊕22	Φ10@120(2)
LL4	2		250×2 070	4⊕20	4⊕20	Φ10@120(2)
	3		250×1 770	4⊕20	4⊕20	Φ10@120(2)
	4-屋面1		250×1 170	4⊕20	4⊕20	Φ10@120(2)
AL1	2-9		300×600	3⊕20	3⊕20	Φ8@150(2)
BKL1	10-16		250×500	3⊕18	3⊕18	Φ8@150(2)
	屋面1		500×700	4⊕22	4⊕22	Φ10@150(2)

剪力墙身表

编号	标高	墙厚	水平分布筋	垂直分布筋	拉筋(双向)
Q1	-0.030~30.270	300	Φ12@200	Φ12@200	φ6@600@600
	30.270~59.070	250	Φ10@200	Φ10@200	φ6@600@600
Q2	-0.030~30.270	250	Φ10@200	Φ10@200	φ6@600@600
	30.270~59.070	200	Φ10@200	Φ10@200	φ6@600@600

注: 1. 可在"结构层楼面标高、结构层高表"中增加"混凝土强度等级"等栏目。
2. 本示例侧中心为约束边缘构件沿墙肢的长度(实际工程中应注明具体值)。

-0.030~12.270剪力墙平法施工图

图5-16 剪力墙列表注写方式

层号	标高/m	层高/m
屋面2	65.670	
塔层2	62.370	3.30
屋面1(塔层1)	59.070	3.30
16	55.470	3.60
15	51.870	3.60
14	48.270	3.60
13	44.670	3.60
12	41.070	3.60
11	37.470	3.60
10	33.870	3.60
9	30.270	3.60
8	26.670	3.60
7	23.070	3.60
6	19.470	3.60
5	15.870	3.60
4	12.270	3.60
3	8.670	3.60
2	4.470	4.20
1	-0.030	4.50
-1	-4.530	4.50
-2	-9.030	4.50

结构层楼面标高
结构层高

上部结构嵌固部位: -0.030

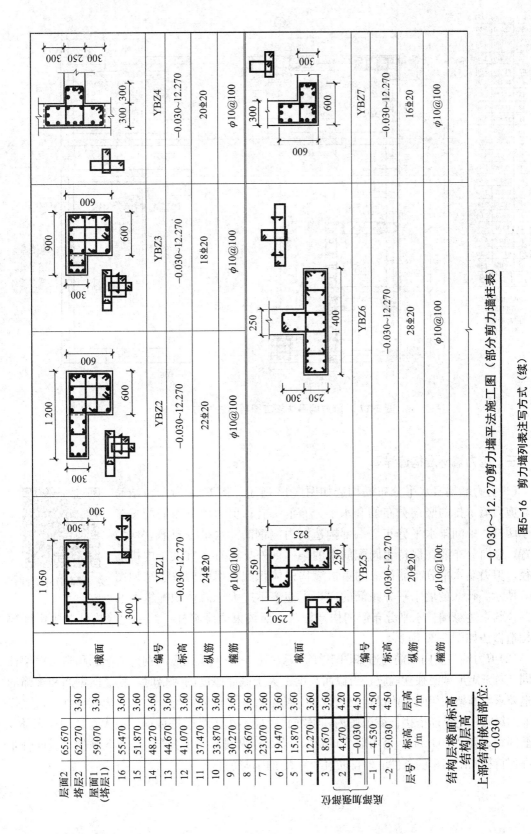

		层号	标高 /m	层高 /m		截面					截面				

-0.030～12.270剪力墙平法施工图（部分剪力墙表）

图5-16 剪力墙列表注写方式（续）

层面2	65.670	
塔层2	62.270	3.30
屋面1 (塔层1)	59.070	3.30
16	55.470	3.60
15	51.870	3.60
14	48.270	3.60
13	44.670	3.60
12	41.070	3.60
11	37.470	3.60
10	33.870	3.60
9	30.270	3.60
8	36.670	3.60
7	23.070	3.60
6	19.470	3.60
5	15.870	3.60
4	12.270	3.60
3	8.670	3.60
2	4.470	4.20
1	-0.030	4.50
-1	-4.530	4.50
-2	-9.030	4.50
层号	标高 /m	层高 /m

结构层楼面标高
结构层高
上部结构嵌固部位:
-0.030

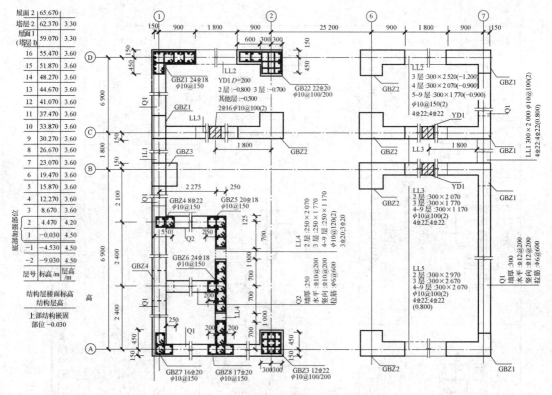

图 5-17　剪力墙平法施工图截面注写方式示例

三、剪力墙标准构造详图

(1)剪力墙墙身水平分布筋构造如图 5-18 所示。图 5-18 所示拉结筋应与剪力墙每排的竖向分布筋和水平分布筋绑扎;剪力墙分布筋配置若多于两排,中间排水平分布筋端部构造同内侧钢筋。水平分布筋宜均匀放置,竖向分布筋在保持相同配筋率的条件下外排筋直径宜大于内排筋直径。剪力墙水平分布筋计入约束边缘构件体积配箍率的构造做法如图 5-19 所示。计入的墙水平分布筋的体积配箍率不应大于总体积配箍率的

剪力墙配筋构造详图

30%;约束边缘端柱水平分布筋的构造做法参照约束边缘暗柱;约束边缘构件非阴影区部位构造做法如图 5-20 所示。

(2)剪力墙身竖向钢筋构造如图 5-21 所示。图 5-21 中端柱竖向钢筋与箍筋构造与框架柱相同。对于矩形截面独立墙肢,当截面高度不大于截面厚度的 4 倍时,其竖向钢筋和箍筋的构造要求与框架柱相同或按设计要求设置。约束边缘构件阴影部分、构造边缘构件、扶壁柱及非边缘暗柱的纵筋搭接长度范围内,箍筋直径应不小于纵向搭接钢筋最大直径的 0.25 倍,箍筋间距不大于 100 mm。剪力墙分布筋配置若多于两排,水平分布筋宜均匀放置,竖向分布筋在保持相同配筋率的条件下外排筋直径宜大于内排筋直径。

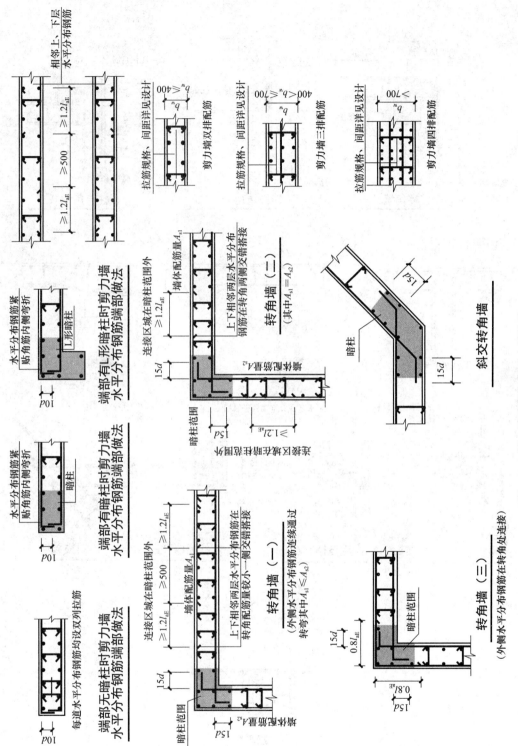

图5-18 剪力墙墙身水平分布筋构造

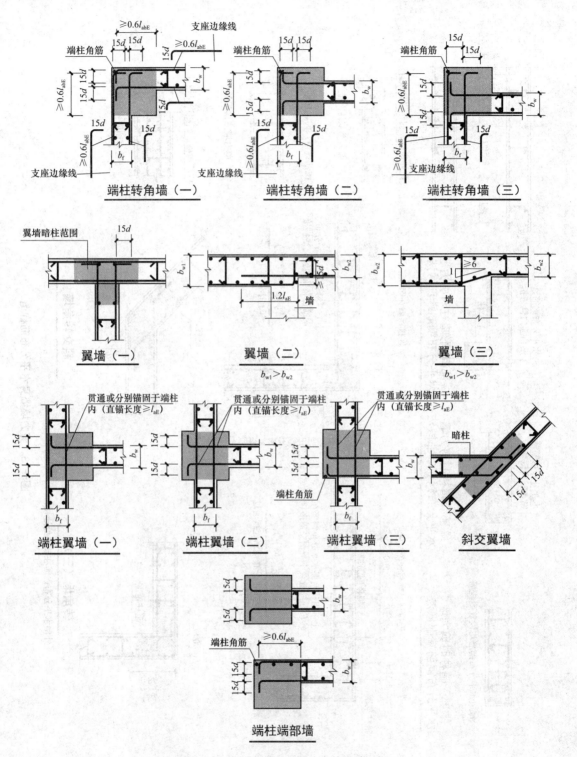

图 5-18 剪力墙墙身水平分布筋构造(续)

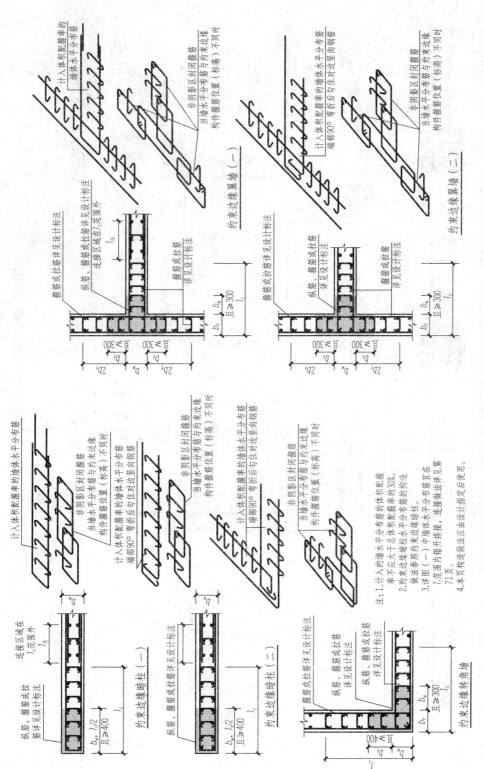

注：
1. 计入墙的水平分布筋的体积配箍率不应大于总体积配箍率的30%。
2. 约束边缘端柱水平分布筋的构造做法参照约束边缘暗柱。
3. 详图（一）中墙水平分布筋宜在l_c范围内错开搭接，连接做法详见第71页。
4. 本页构造做法应由设计指定后使用。

图5-19 剪力墙水平分布筋计入约束边缘构件体积配箍率的构造做法

约束边缘翼墙（一）

约束边缘翼墙（二）

约束边缘暗柱（一）

约束边缘暗柱（二）

约束边缘转角墙

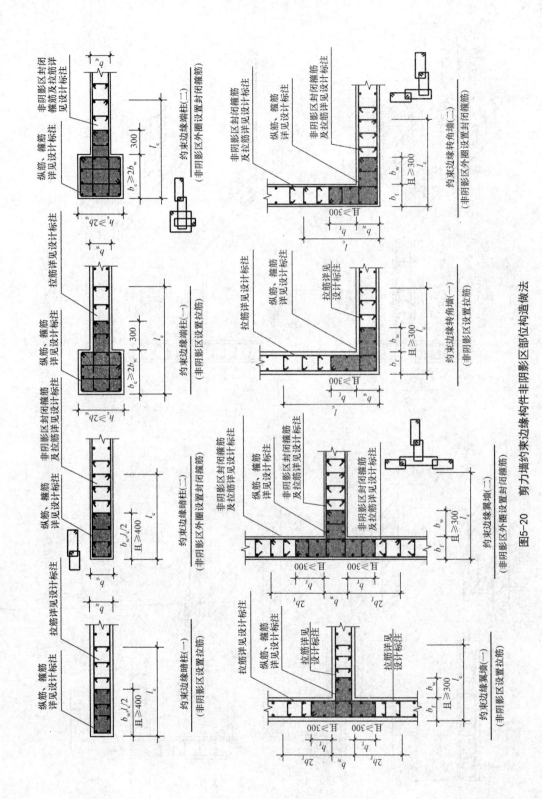

图5-20 剪力墙约束边缘构件非阴影区部位构造做法

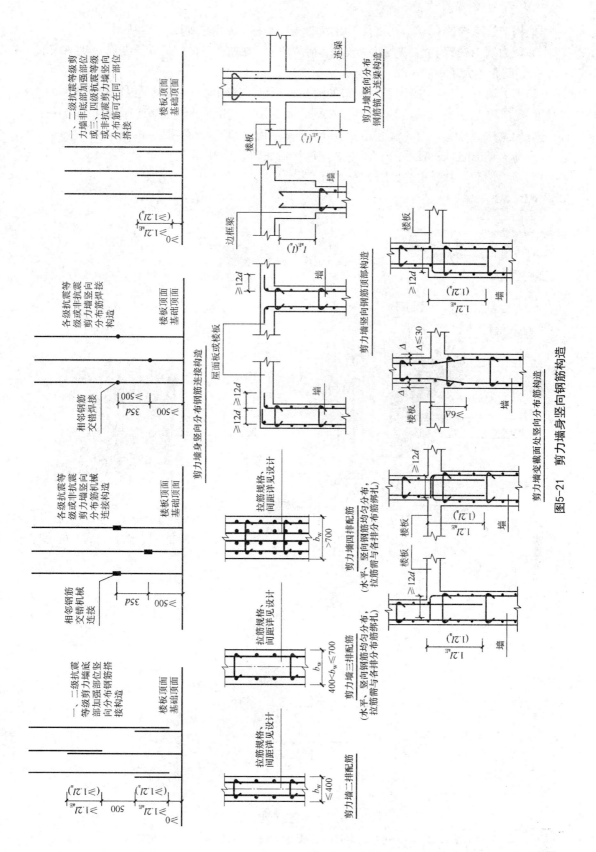

图5-21 剪力墙身竖向钢筋构造

(3)构造边缘构件 GBZ、扶壁柱 FBZ、非边缘暗柱 AZ 构造如图 5-22 所示。

(4)剪力墙上边缘构件纵筋构造如图 5-23 所示。箍筋直径应不小于纵筋最大直径的 0.25 倍,间距不大于 100 mm。

(5)剪力墙 LL、AL、BKL 配筋构造如图 5-24 所示。当端部洞口连梁的纵筋在端支座的直锚长度$\geqslant l_{aE}$且$\geqslant 600$ mm 时,可不必往上(下)弯折;洞口范围内的连梁箍筋详见具体工程设计;连梁设有交叉斜筋、对角暗撑及集中对角斜筋的做法如图 5-13~图 5-15 所示。

(6)剪力墙 BKL 或 AL 与 LL 重叠时配筋构造如图 5-25 所示。

(7)剪力墙洞口补强构造如图 5-26 所示。

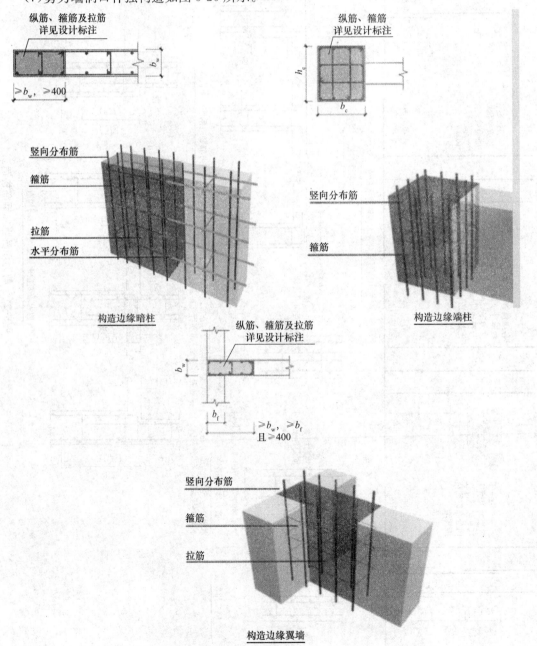

图 5-22　构造边缘构件 GBZ、扶壁柱 FBZ、非边缘暗柱 AZ 构造

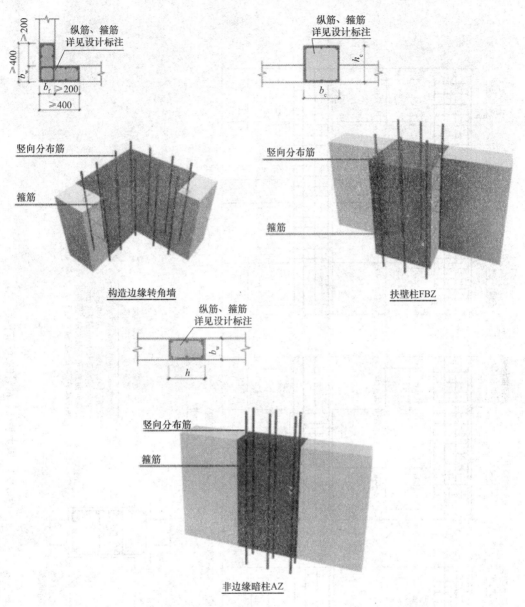

图 5-22 构造边缘构件 GBZ、扶壁柱 FBZ、非边缘暗柱 AZ 构造(续)

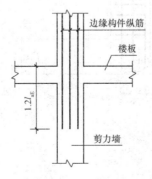

图 5-23 剪力墙上边缘构件纵筋构造

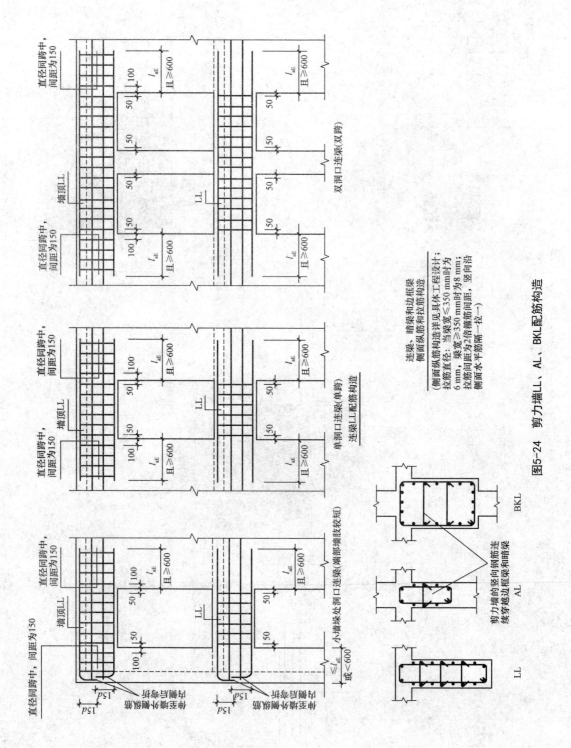

图5-24 剪力墙LL、AL、BKL配筋构造

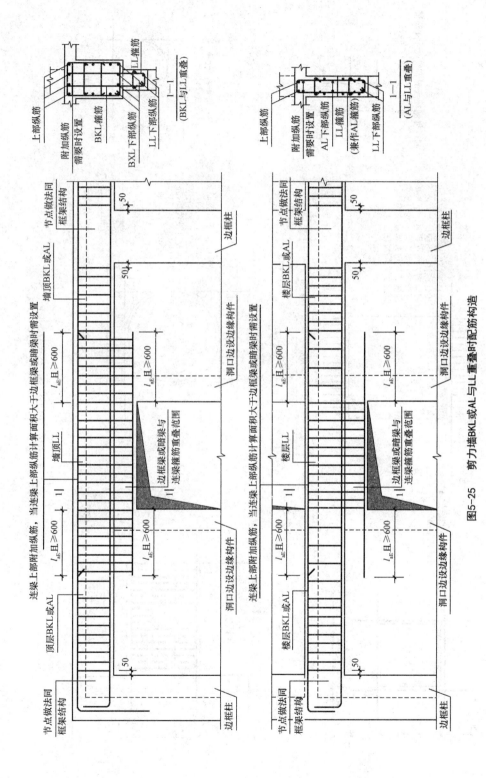

图5-25 剪力墙BKL或AL与LL重叠时配筋构造

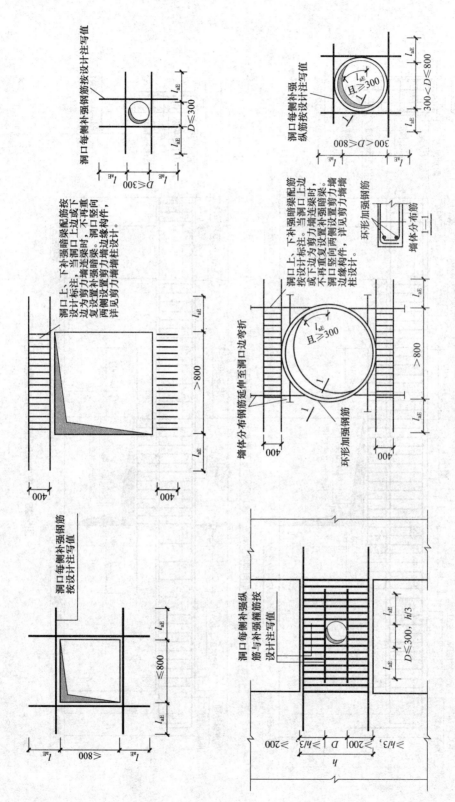

图5-26 剪力墙洞口补强构造

洞口每侧补强钢筋按设计注写值

$D \leq 300$

洞口每侧补强钢筋按设计注写值

$\leqslant 800$

洞口上、下补强暗梁配筋按设计标注。当洞口上边或下边为剪力墙暗梁，两侧复设置补强暗梁。洞口两侧竖向设置补强剪力墙，详见剪力墙暗边缘构件。洞口竖向两侧复设置补强剪力墙边缘构件，详见剪力墙墙柱设计。

洞口每侧补强纵筋按设计注写值

$300 < D \leqslant 800$

洞口每侧补强纵筋按设计注写值

$300 < D \leqslant 800$

洞口上、下补强暗梁配筋按设计标注。或下边为剪力墙暗梁时，不再重复设置补强暗梁。洞口竖向两侧复设置补强剪力墙边缘构件，详见剪力墙墙柱设计。

墙体分布钢筋延伸至洞口边弯折

环形加强钢筋

墙体分布钢筋 1—1

洞口每侧补强纵筋与补强箍筋按设计注写值

$D \leq 300$, $h/3$

第三节　识读梁平法施工图

梁平法施工图是在梁平面布置图上采用平面注写方式或截面注写方式表达。梁平面布置图应分别按梁的不同结构层(标准层),将全部梁和与其相关联的柱、墙、板一起采用适当比例绘制。在梁平法施工图中,应注明各结构层的顶面标高及相应的结构层号。对于轴线未居中的梁,应标注其偏心定位尺寸(贴柱边的梁可不标注)。

梁平法施工图
制图规则

一、平面注写方式

梁平法施工图的平面注写方式是在梁平面布置图上,分别在不同编号的梁中各选一根梁,在其上注写截面尺寸和配筋具体数值的方式来表达梁平法施工图。平面注写包括集中标注与原位标注,集中标注表达梁的通用数值,原位标注表达梁的特殊数值。当集中标注中的某项数值不适用于梁的某部位时,则将该项数值原位标注。施工时,原位标注值优先,如图 5-27 所示。

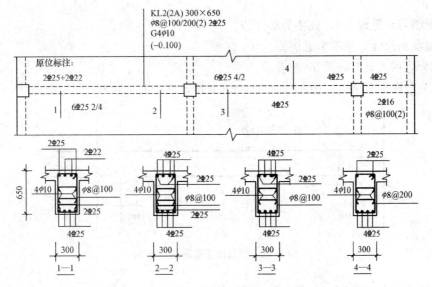

图 5-27　梁平法施工图平面注写方式示例

注:本图中四个梁截面采用传统表示方法绘制,用于对比按平面注写方式表达的同样内容。

实际采用平面注写方式表达时,不需绘制梁截面配筋图和图中的相应截面号。

1. 梁编号

梁编号由梁类型代号、序号、跨数及有无悬挑代号几项组成,应符合表 5-4 所示的规定。

表 5-4　梁编号

梁类型	代号	序号	跨数及是否带有悬挑
楼层框架梁	KL	××	(××)、(××A)或(××B)

梁类型	代号	序号	跨数及是否带有悬挑
楼层框架扁梁	KBL	××	(××)、(××A)或(××B)
屋面框架梁	WKL	××	(××)、(××A)或(××B)
框支梁	KZL	××	(××)、(××A)或(××B)
托柱转换梁	TZL	××	(××)、(××A)或(××B)
非框架梁	L	××	(××)、(××A)或(××B)
悬挑梁	XL	××	(××)、(××A)或(××B)
井字梁	JZL	××	(××)、(××A)或(××B)

注：1. (××A)为一端有悬挑，(××B)为两端有悬挑，悬挑不计入跨数。

　　2. 楼层框架扁梁节点核心区代号为 KBH。

　　3. 非框架梁 L、井字梁 JZL 表示端支座为铰接；当非框架梁 L、井字梁 JZL 端支座上部纵筋为充分利用钢筋的抗拉强度时，在梁类型代号后加"g"。

2. 梁集中标注的内容

梁集中标注的内容，有五项必注值及一项选注值（集中标注可以从梁的任意一跨引出），规定如下：

(1)梁编号，见表 5-4，该项为必注值。

(2)梁截面尺寸，该项为必注值。

1)当为等截面梁时，用 $b×h$ 表示。

2)当为竖向加腋梁时，用 $b×h$　$Yc_1×c_2$ 表示，其中 c_1 为腋长，c_2 为腋高（图 5-28）。

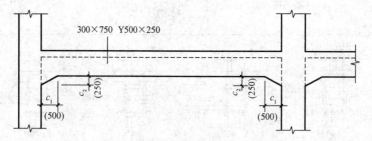

300×750 Y500×250

图 5-28　竖向加腋截面注写示例

3)当为水平加腋梁时，一侧加腋时用 $b×h$　$PYc_1×c_2$ 表示，其中，c_1 为腋长，c_2 为腋宽，加腋部位应在平面图中绘制（图 5-29）。

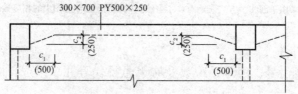

300×700 PY500×250

图 5-29　水平加腋截面注写示例

4)当有悬挑梁且根部和端部的高度不同时，用斜线"/"分隔根部与端部的高度值，即 $b×h_1/h_2$（图 5-30）。

（3）梁箍筋，包括钢筋级别、直径、加密区与非加密区间距及肢数，该项为必注值。箍筋加密区与非加密区的不同间距及肢数需用斜线"/"分隔；当梁箍筋为同一种间距及肢数

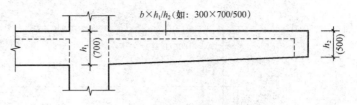

图 5-30　悬挑梁不等高截面注写示例

时，则不需用斜线；当加密区与非加密区的箍筋肢数相同时，则将肢数注写一次；箍筋肢数应写在括号内。加密区范围见相应抗震等级的标准构造详图。

非框架梁、悬挑梁、井字梁采用不同的箍筋间距及肢数时，也用斜线"/"将其分隔开来。注写时，先注写梁支座端部的箍筋（包括箍筋的箍数、钢筋级别、直径、间距与肢数），在斜线后注写梁跨中部分的箍筋间距及肢数。

（4）梁上部通长筋或架立筋配置（通长筋可为相同或不同直径采用搭接连接、机械连接或焊接的钢筋），该项为必注值。所注规格与根数应根据结构受力要求及箍筋肢数等构造要求而定。当同排纵筋中既有通长筋又有架立筋时，应用加号"＋"将通长筋和架立筋相连。注写时需将角部纵筋写在加号的前面，将架立筋写在加号后面的括号内，以示不同直径及与通长筋的区别。当全部采用架立筋时，则将其写入括号内。

当梁的上部纵筋和下部纵筋为全跨相同，且多数跨配筋相同时，此项可加注下部纵筋的配筋值，用分号";"将上部与下部纵筋的配筋值分隔开来。

（5）梁侧面纵向构造钢筋或受扭钢筋配置，该项为必注值。

当梁腹板高度 $h_w \geqslant 450$ mm 时，需配置纵向构造钢筋，所注规格与根数应符合规范规定。此项注写值以大写字母 G 开头，接续注写设置在梁两个侧面的总配筋值，且对称配置。

当梁侧面需配置受扭纵筋时，此项注写值以大写字母 N 开头，接续注写配置在梁两个侧面的总配筋值，且对称配置。受扭纵筋应满足梁侧面纵向构造钢筋的间距要求，且不再重复配置纵向构造钢筋。

（6）梁顶面标高高差，该项为选注值。梁顶面标高高差，是指相对于结构层楼面标高的高差值，对于位于结构夹层的梁，则指相对于结构夹层楼面标高的高差。有高差时，需将其写入括号内，无高差时不注写。

注：当某梁的顶面高于所在结构层的楼面标高时，其标高高差为正值，反之为负值。

3. 梁原位标注的内容

（1）梁支座上部纵筋，该部位含通长筋在内的所有纵筋。

1）当上部纵筋多于一排时，用斜线"/"将各排纵筋自上而下分开。

2）当同排纵筋有两种直径时，用加号"＋"将两种直径的纵筋相连，注写时将角部纵筋写在前面。

3）当梁中间支座两边的上部纵筋不同时，须在支座两边分别标注；当梁中间支座两边的上部纵筋相同时，可仅在支座的一边标注配筋值，另一边省去不标注(图 5-31)。

设计时应注意：

①对于支座两边不同配筋值的上部纵筋，宜尽可能选用相同直径（不同根数），使其贯穿支座，避免支座两边不同直径的上部纵筋均在支座内锚固。

②对于以边柱、角柱为端支座的屋面框架梁，当能够满足配筋截面面积要求时，其梁

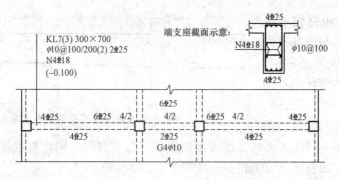

图 5-31　大小跨梁注写示例

的上部钢筋应尽可能只配置一层，以避免梁柱纵筋在柱顶处层数过多、密度过大导致不方便施工和影响混凝土浇筑质量。

（2）梁下部纵筋。

1）当下部纵筋多于一排时，用斜线"/"将各排纵筋自上而下分开。

2）当同排纵筋有两种直径时，用加号"+"将两种直径的纵筋相连，注写时角筋写在前面。

3）当梁下部纵筋不全部伸入支座时，将梁支座下部纵筋减少的数量写在括号内。

4）当梁的集中标注中已按规定分别注写了梁上部和下部均为通长的纵筋值时，则不需在梁下部重复作原位标注。

5）当梁设置竖向加腋时，加腋部位下部斜纵筋应在支座下部以Y开头注写在括号内（图5-32），《混凝土结构施工图平面整体表示方法制图规则和构造详图（现浇混凝土框架、剪力墙、梁、板）》（16G101-1）中框架梁竖向加腋构造适用于加腋部位参与框架梁计算，对于其他情况设计者应另行给出构造。当梁设置水平加腋时，水平加腋内上、下部斜纵筋应在

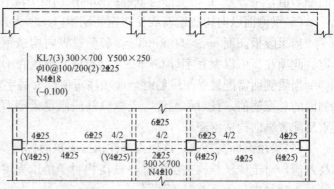

图 5-32　梁竖向加腋平面注写方式表达示例

加腋支座上部以Y开头注写在括号内，上、下部斜纵筋之间用斜线"/"分隔（图5-33）。

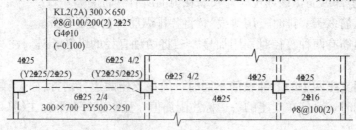

图 5-33　梁水平加腋平面注写方式表达示例

（3）当在梁上集中标注的内容（即梁截面尺寸、箍筋、上部通长筋或架立筋，梁侧面纵向

构造钢筋或受扭纵筋，以及梁顶面标高高差中的某一项或几项数值)不适用于某跨或某悬挑部分时，则将其不同数值原位标注在该跨或该悬挑部位，施工时应按原位标注值取用。

当在多跨梁的集中标注中已注明加腋，而该梁某跨的根部却不需要加腋时，则应在该跨原位标注等截面的 $b \times h$，以修正集中标注中的加腋信息(图 5-32)。

(4)附加箍筋或吊筋，将其直接画在平面图中的主梁上，用线引注总配筋值(附加箍筋的肢数注在括号内)(图 5-34)。当多数附加箍筋或吊筋相同时，可在梁平法施工图上统一注明，少数与统一注明值不同时，再原位引注。

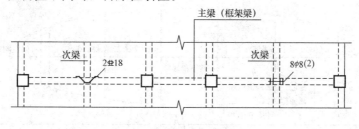

图 5-34　附加筋或吊筋的画法示例

施工时应注意：附加箍筋或吊筋的几何尺寸应按照标准构造详图，结合其所在位置的主梁和次梁的截面尺寸而定。

4. 井字梁及其支座标注

井字梁通常由非框架梁构成，并以框架梁为支座(特殊情况下以专门设置的非框架大梁为支座)。在此情况下，为明确区分井字梁与作为井字梁支座的梁，井字梁用单粗虚线表示(当井字梁顶面高出板面时可用单粗实线表示)，作为井字梁支座的梁用双细虚线表示(当梁顶面高出板面时可用双细实线表示)。

本节中的井字梁是指在同一矩形平面内相互正交所组成的结构构件，井字梁所分布范围称为"矩形平面网格区域"(简称"网格区域")。当在结构平面布置中仅有由四根框架梁框起的一片网格区域时，所有在该区域相互正交的井字梁均为单跨；当有多片网格区域相连时，贯通多片网格区域的井字梁为多跨，且相邻两片网格区域分界处即该井字梁的中间支座。对某根井字梁编号时，其跨数为其总支座数减1；在该梁的任意两个支座之间，无论有几根同类梁与其相交，均不作为支座(图 5-35)。

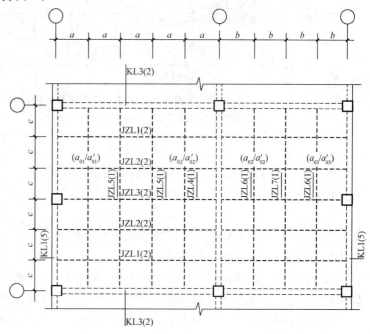

图 5-35　井字梁矩形平面网格区域示例

井字梁的注写规则除符合上述规定外，设计者应注明纵、横两个方向梁相交处同一层面钢筋的上下交错关系（指梁上部或下部的同层面交错钢筋何梁在上何梁在下），以及在该相交处两方向梁箍筋的布置要求。

井字梁的端部支座和中间支座上部纵筋的伸出长度 a_0 值，应由设计者在原位加注具体数值予以注明。

当采用平面注写方式时，则在原位标注的支座上部纵筋后面括号内加注具体伸出长度值（图5-36）。

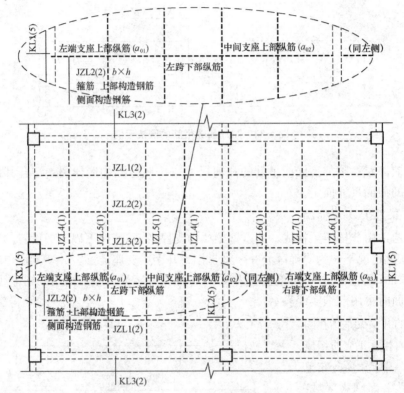

图5-36 井字梁平面注写方式示例

注：本图仅示意井字梁的注写方法，未注明截面几何尺寸 $b \times h$，
支座上部纵筋伸出长度 $a_{01} \sim a_{03}$，以及纵筋与箍筋的具体数值。

当为截面注写方式时，则在梁端截面配筋图上注写的上部纵筋后面括号内加注具体伸出长度值（图5-37）。

设计时应注意：

（1）当井字梁连续设置在两片或多排网格区域时，才具有上面提及的井字梁中间支座。

（2）当某根井字梁端支座与其所在网格区域之外的非框架梁相连时，该位置上部钢筋的连续布置方式需由设计者注明。

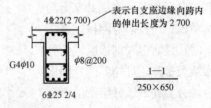

图5-37 井字梁截面注写示例

在梁平法施工图中，当局部梁的布置过密时，可将过密区用虚线框出，适当放大比例后再用平面注写方式表示。

采用平面注写方式表达的梁平法施工图如图5-38所示。

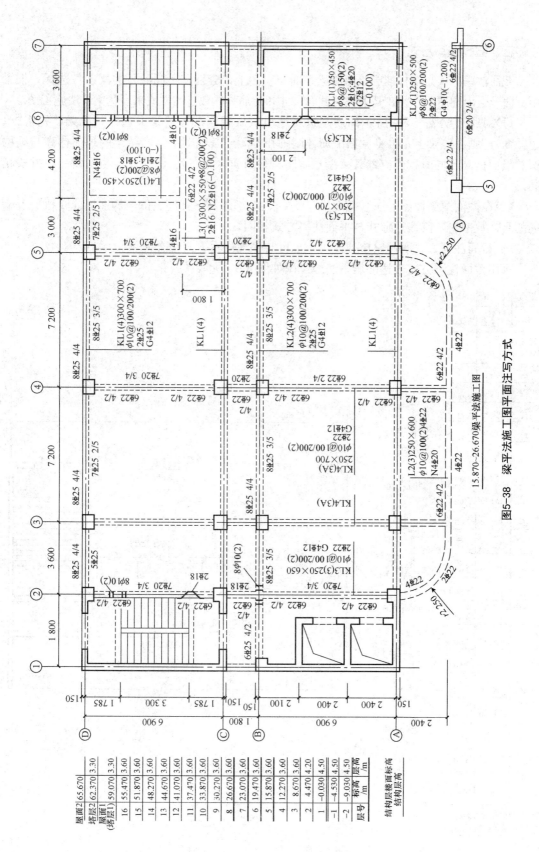

图5-38 15.870~26.670梁平法施工图

梁平法施工图平面注写方式

二、截面注写方式

截面注写方式是在标准层绘制的梁平面布置图上，分别在不同编号的梁中各选择一根梁用剖面号引出配筋图，并在其上注写截面尺寸和配筋具体数值的方式来表达梁平法施工图。

（1）对所有梁按表5-4所示的规定进行编号，从相同编号的梁中选择一根梁，先将"单边截面号"画在该梁上，再将截面配筋详图画在本图或其他图上。当某梁的顶面标高与结构层的楼面标高不同时，尚应继其梁编号后注写梁顶面标高高差（注写规定与平面注写方式相同）。

（2）在截面配筋详图上注写截面尺寸 $b×h$、上部筋、下部筋、侧面构造筋或受扭筋及箍筋的具体数值时，其表达形式与平面注写方式相同。

（3）截面注写方式既可以单独使用，也可与平面注写方式结合使用。

采用截面注写方式表达的梁平法施工图如图5-39所示。

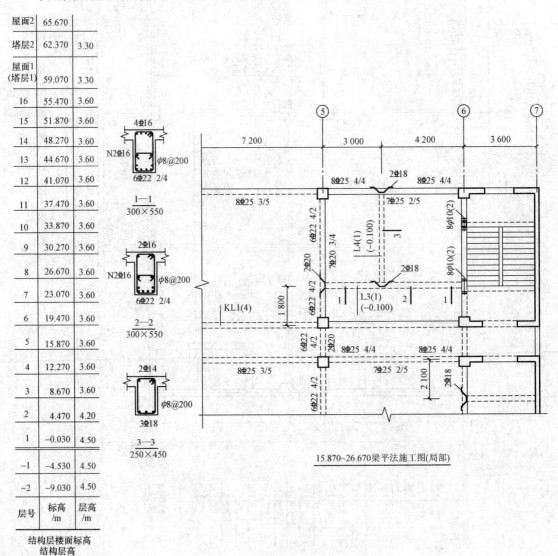

层号	标高/m	层高/m
屋面2	65.670	
塔层2	62.370	3.30
屋面1（塔层1）	59.070	3.30
16	55.470	3.60
15	51.870	3.60
14	48.270	3.60
13	44.670	3.60
12	41.070	3.60
11	37.470	3.60
10	33.870	3.60
9	30.270	3.60
8	26.670	3.60
7	23.070	3.60
6	19.470	3.60
5	15.870	3.60
4	12.270	3.60
3	8.670	3.60
2	4.470	4.20
1	−0.030	4.50
−1	−4.530	4.50
−2	−9.030	4.50

结构层楼面标高
结构层高

15.870~26.670梁平法施工图(局部)

图 5-39　梁平法施工图截面注写方式

三、梁标准构造详图

1. 楼层框架梁 KL 纵筋构造

抗震楼层框架梁 KL 纵筋构造如图 5-40 所示。跨度值 l_n 为左跨 l_{ni} 和右跨 l_{ni+1} 之较大值，其中 $i=1，2，3，……$；图中 h_c 为柱截面沿框架方向的高度；梁上部通长钢筋与非贯通钢筋直径相同时，连接位置宜位于跨中 $l_{ni}/3$ 范围内；梁下部钢筋连接位置宜位于支座 $l_{ni}/3$ 范围内；在同一连接区段内钢筋接头面积百分率不宜大于 50%。当上柱截面尺寸小于下柱截面尺寸时，梁上部钢筋的锚固长度起算位置应为上柱内边缘，梁下纵筋的锚固长度起算位置为下柱内边缘。

梁配筋构造详图

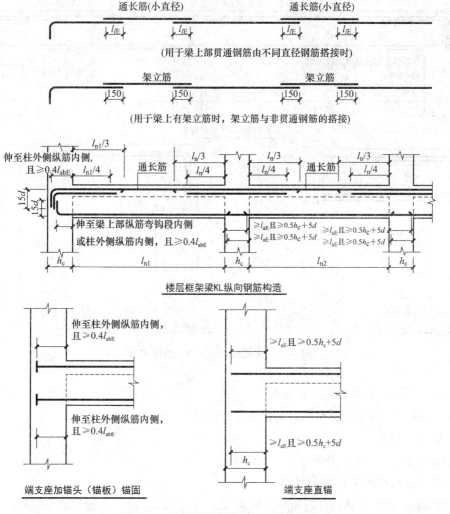

图 5-40 抗震楼层框架梁 KL 纵筋构造

2. 屋面框架梁 WKL 纵筋构造

屋面框架梁 WKL 纵筋构造如图 5-41 所示。跨度值 l_n 为左跨 l_{ni} 和右跨 l_{ni+1} 之较大值，其中 $i=1，2，3，……$；图中，h_c 为柱截面沿框架方向的高度；梁上部通长钢筋与非贯通钢筋直径相同时，连接位置宜位于跨中 $l_{ni}/3$ 范围内；梁下部钢筋连接位置宜位于支座 $l_{ni}/3$ 范围内；在同一连接区段内钢筋接头面积百分率不宜大于 50%。

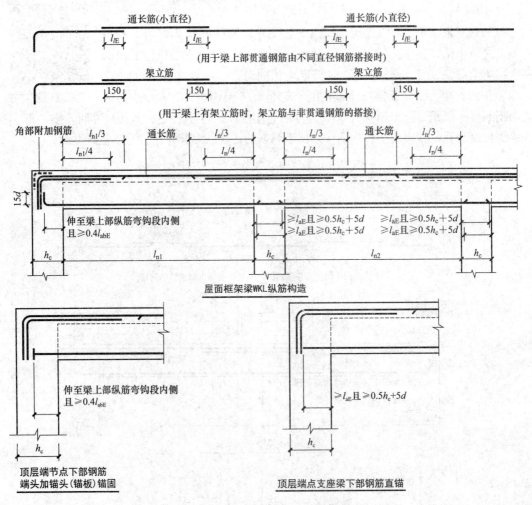

图 5-41 屋面框架梁 WKL 纵筋构造

3. KL、WKL 中间支座纵筋构造

KL、WKL 中间支座纵筋构造如图 5-42 所示。

4. 梁箍筋构造

梁箍筋构造如图 5-43 所示。

5. 梁侧面纵向构造钢筋和拉筋

梁侧面纵向构造钢筋和拉筋如图 5-44 所示。当 $h_w \geqslant 450$ 时，在梁的两个侧面应沿高度配置纵向构造钢筋；纵向构造钢筋间距 $a \leqslant 200$。当梁侧面配有直径不小于纵向构造筋的受扭纵筋时，受扭纵筋可以代替纵向构造钢筋。梁侧面纵向构造筋的搭接与锚固长度可取 $15d$。梁侧面受扭纵筋的搭接长度为 l_{lE} 或 l_l，其锚固长度为 l_{aE} 或 l_a，锚固方式同框架梁下部纵筋。梁宽 $\leqslant 350$ mm 时，拉筋直径为 6 mm；当梁宽 >350 mm 时，拉筋直径为 8 mm。拉筋间距为非加密区箍筋间距的 2 倍。当设有多排拉筋时，上、下两排拉筋竖向错开设置。

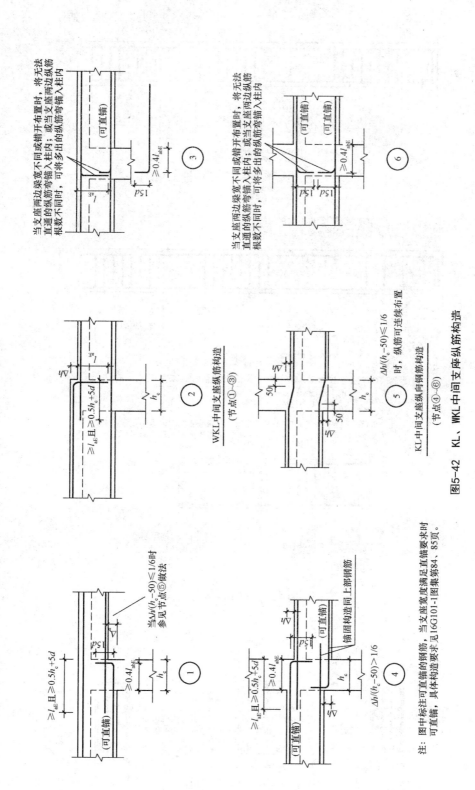

图5-42　KL、WKL中间支座纵筋构造

注：图中标注可直锚的钢筋，当支座宽度满足直锚要求时
可直锚，具体构造要求见16G101-1图集第84、85页。

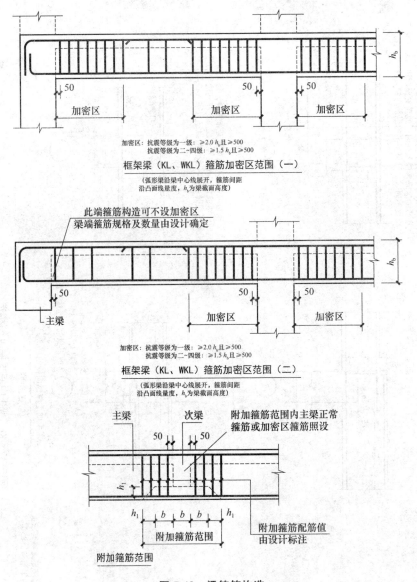

加密区: 抗震等级为一级: ≥2.0h_b且≥500
　　　　抗震等级为二~四级: ≥1.5h_b且≥500

框架梁（KL、WKL）箍筋加密区范围（一）

（弧形梁沿梁中心线展开，箍筋间距
沿凸面线量度，h_b为梁截面高度）

此端箍筋构造可不设加密区
梁端箍筋规格及数量由设计确定

主梁

加密区: 抗震等级为一级: ≥2.0h_b且≥500
　　　　抗震等级为二~四级: ≥1.5h_b且≥500

框架梁（KL、WKL）箍筋加密区范围（二）

（弧形梁沿梁中心线展开，箍筋间距
沿凸面线量度，h_b为梁截面高度）

主梁　　次梁　　附加箍筋范围内主梁正常
　　　　　　　　箍筋或加密区箍筋照设

h_1

h_1　b　b　b　h_1

附加箍筋范围　　　附加箍筋配筋值
　　　　　　　　　由设计标注

附加箍筋范围

图 5-43　梁箍筋构造

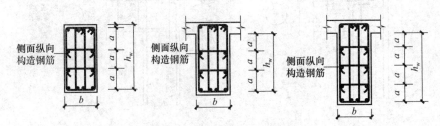

侧面纵向
构造钢筋

侧面纵向
构造钢筋

侧面纵向
构造钢筋

图 5-44　梁侧面纵向构造钢筋和拉筋

6. 非框架梁 L、Lg 配筋构造

非框架梁 L、Lg 配筋构造如图 5-45 所示。跨度值 l_n 为左跨 l_{ni} 和右跨 l_{ni+1} 之较大值，其中 $i=1，2，\cdots\cdots$；当梁上部有通长钢筋时，连接位置宜位于跨中 $l_{ni}/3$ 范围内；梁下部钢筋连接位置宜位于支座 $l_{ni}/4$ 范围内；在同一连接区段内钢筋接头面积百分率不宜大于 50%。当梁纵筋兼作温度应力筋时，梁下部钢筋锚入支座长度由设计确定。图中"设计按铰接时"用于代号为 L 的非框架梁，"充分利用钢筋的抗拉强度时"用于代号为 Lg 的非框架梁。弧形非框架梁的箍筋间距沿梁凸面线度量。图中"受扭非框架梁纵筋构造"用于梁侧配有受扭钢筋时，当梁侧未配受扭钢筋的非框架梁需采用此构造时，设计应明确指定。

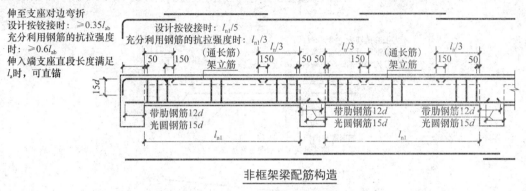

非框架梁配筋构造

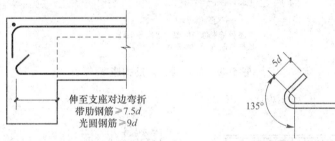

端支座非框架梁下部纵筋弯锚构造

用于下部纵筋伸入边支座长度不满足直锚 $12d$（$15d$）要求时

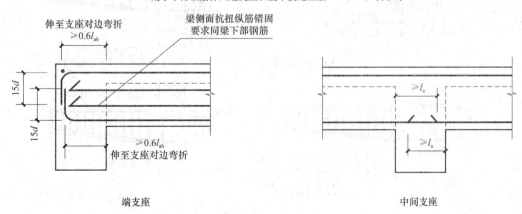

端支座　　　　　　　　　　　　　　中间支座

受扭非框架梁纵筋构造

纵筋伸入端支座直段长度满足 l_a 时可直锚

图 5-45　非框架梁 L、Lg 配筋构造

7. 纯悬挑梁和各类梁的悬挑端配筋构造

纯悬挑梁配筋构造如图 5-46 所示。各类梁的悬挑端配筋构造如图 5-47 所示。

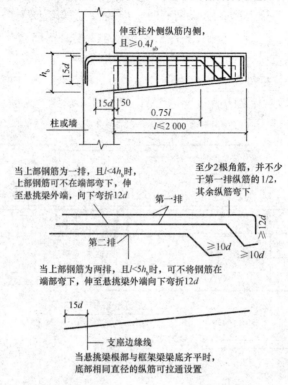

图 5-46　纯悬挑梁配筋构造

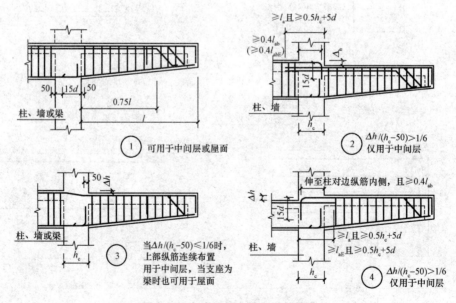

图 5-47　各类梁的悬挑端配筋构造

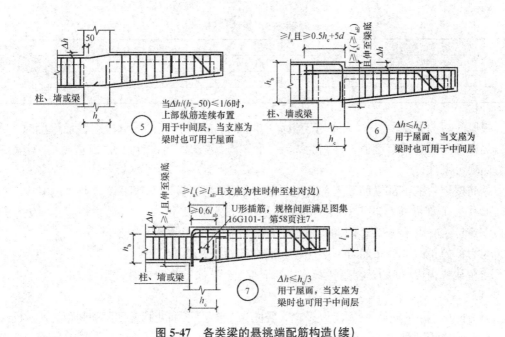

图 5-47　各类梁的悬挑端配筋构造(续)

第四节　识读楼盖(板)平法施工图

一、有梁楼盖(板)平法施工图

有梁楼盖的制图规则适用于以梁为支座的楼面与屋面板平法施工图设计。

(一)有梁楼盖(板)平法施工图的表示方法

有梁楼盖(板)平法施工图是在楼面板和屋面板平面布置图上,采用平面注写的表达方式。板平面注写主要包括板块集中标注和板支座原位标注。

有梁楼盖平法施工图
制图规则

为方便设计表达和施工识图,规定结构平面的坐标方向为:

(1)当两向轴网正交布置时,图面从左至右为 X 向,从下至上为 Y 向。

(2)当轴网转折时,局部坐标方向顺轴网转折角度作相应转折。

(3)当轴网向心布置时,切向为 X 向,径向为 Y 向。

另外,对于平面布置比较复杂的区域,如轴网转折交界区域、向心布置的核心区域等,其平面坐标方向应由设计者另行规定并在图上明确表示。

1. 板块集中标注

板块集中标注的内容为:板块编号、板厚、上部贯通纵筋、下部纵筋,以及当板面标高不同时的标高高差。

对于普通楼面,两向均以一跨为一板块;对于密肋楼盖,两相主梁(框架梁)均以一跨为一板块(非主梁密肋不计)。所有板块应逐一编号,相同编号的板块可择其一作集中标注,其他仅注写置于圆圈内的板编号,以及当板面标高不同时的标高高差。

板块编号按表 5-5 所示的规定。

表 5-5　板块编号

板类型	代号	序号
楼面板	LB	××
屋面板	WB	××
悬挑板	XB	××

板厚注写为 $h=×××$（为垂直于板面的厚度）；当悬挑板的端部改变截面厚度时，用斜线分隔根部与端部的高度值，注写为 $h=×××/×××$；当设计已在图注中统一注明板厚时，此项可不注。

纵筋按板块的下部纵筋和上部贯通纵筋分别注写（当板块上部不设贯通纵筋时则不注），并以 B 代表下部纵筋，以 T 代表上部贯通纵筋，以 B&T 代表下部与上部；X 向纵筋以 X 开头，Y 向纵筋以 Y 开头，两向贯通纵筋配置相同时则以 $X&Y$ 开头。

当为单向板时，分布筋可不必注写，而在图中统一注明。

当在某些板内（例如，在悬挑板 XB 的下部）配置有构造钢筋时，则 X 向以 X_c，Y 向以 Y_c 开头注写。

当 Y 向采用放射配筋时（切向为 X 向，径向为 Y 向），设计者应注明配筋间距的定位尺寸。

当纵筋采用两种规格钢筋"隔一布一"方式时，表达为 $\phi xx/yy@×××$，表示直径为 xx 的钢筋和直径为 yy 的钢筋二者间距为 $×××$，直径为 xx 的钢筋的间距为 $×××$ 的 2 倍，直径为 yy 的钢筋的间距为 $×××$ 的 2 倍。

板面标高高差是指相对于结构层楼面标高的高差，应将其注写在括号内，且有高差则注写，无高差不注写。

同一编号板块的类型、板厚和纵筋均应相同，但板面标高、跨度、平面形状以及板支座上部非贯通纵筋可以不同，如同一编号板块的平面形状可为矩形、多边形及其他形状等。进行施工预算时，应根据其实际平面形状，分别计算各块板的混凝土与钢材用量。

设计与施工应注意：单向或双向连续板的中间支座上部同向贯通纵筋，不应在支座位置连接或分别锚固。当相邻两跨的板上部贯通纵筋配置相同，且跨中部位有足够空间连接时，可在两跨任意一跨的跨中连接部位连接；当相邻两跨的上部贯通纵筋配置不同时，应将配置较大者越过其标注的跨数终点或起点伸至相邻跨的跨中连接区域连接。

设计应注意板中间支座两侧上部贯通纵筋的协调配置，施工及预算应按具体设计和相应标准构造要求实施。等跨与不等跨板上部纵筋的连接有特殊要求时，其连接部位及方式应由设计者注明。对于梁板式转换层楼板，板下部纵筋在支座内的锚固长度不应小于 l_a。当悬挑板需要考虑竖向地震作用时，下部纵筋伸入支座内长度不应小于 l_{aE}。

2. 板支座原位标注

（1）板支座原位标注的内容为：板支座上部非贯通纵筋和悬挑板上部受力钢筋。板支座原位标注的钢筋，应在配置相同跨的第一跨表达（当在梁悬挑部位单独配置时则在原位表达）。在配置相同跨的第一跨（或梁悬挑部位），垂直于板支座（梁或墙）绘制一段适宜长度的中粗实线（当该筋通长设置在悬挑板或短跨板上部时，实线段应画至对边或贯通短跨），以该线段代表支座上部非贯通纵筋，并在线段上方注写钢筋编号（如①、②等）、配筋值、横向连续布置的跨数（注写在括号内，且当为一跨时可不注写），以及是否横向布置到梁的悬挑端。

板支座上部非贯通纵筋自支座中线向跨内的伸出长度，注写在线段的下方位置。

当中间支座上部非贯通纵筋向支座两侧对称伸出时，可仅在支座一侧线段下方标注伸出长度，另一侧不标注，如图 5-48 所示。

当中间支座上部非贯通纵筋向支座两侧非对称伸出时，应分别在支座两侧线段下方注写伸出长度，如图 5-49 所示。

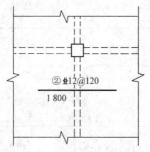

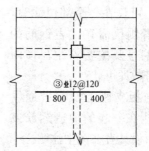

图 5-48　中间支座上部非贯通纵筋
向支座两侧对称伸出

图 5-49　中间支座上部非贯通纵筋
向支座两侧非对称伸出

对线段画至对边贯通全跨或贯通全悬挑长度的上部通长纵筋，贯通全跨或伸出至全悬挑一侧的长度值不注，只注明非贯通筋另一侧的伸出长度值，如图 5-50 所示。

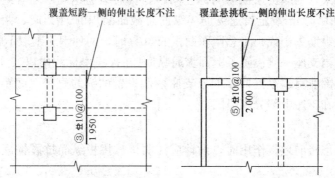

图 5-50　板支座非贯通筋贯通全跨或伸出至悬挑端

当板支座为弧形，支座上部非贯通纵筋呈放射状分布时，设计者应注明配筋间距的度量位置并加注"放射分布"四字，必要时应补绘平面配筋图，如图 5-51 所示。

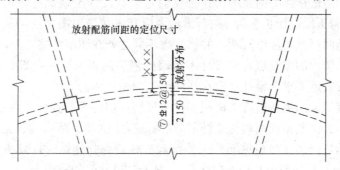

图 5-51　弧形支座处放射配筋

关于悬挑板的注写方式如图 5-52 所示。当悬挑板端部厚度不小于 150 mm 时，设计者应指定板端部封边构造方式，当采用 U 形钢筋封边时，还应指定 U 形钢筋的规格、直径。

另外，悬挑板的悬挑阳角上部放射钢筋的表示方法应符合相关要求。

在板平面布置图中，不同部位的板支座上部非贯通纵筋及悬挑板上部受力筋，可仅在一个部位注写，对其他相同者则仅需在代表钢筋的线段上注写编号及按要求注写横向连续布置的跨数即可。

此外，与板支座上部非贯通纵筋垂直且绑扎在一起的构造钢筋或分布筋，应由设计者在图中注明。

（2）当板的上部已配置有贯通纵筋，但需增配板支座上部非贯通纵筋时，应结合已配置的同向贯通纵筋的直径与间距采取"隔一布一"方式配置。

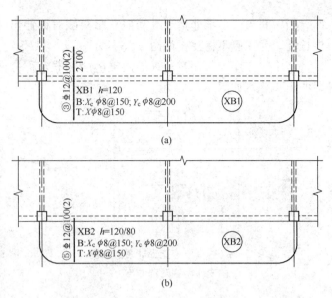

图 5-52　悬挑板支座非贯通筋

"隔一布一"方式，为非贯通纵筋的标注间距与贯通纵筋相同，两者组合后的实际间距为各自标注间距的 1/2。当设定贯通纵筋为纵筋总截面面积的 50% 时，两种钢筋应取相同直径；当设定贯通纵筋大于或小于总截面面积的 50% 时，两种钢筋则取不同直径。

施工应注意：当支座一侧设置了上部贯通纵筋（在板集中标注中以 T 开头），而在支座另一侧仅设置了上部非贯通纵筋时，如果支座两侧设置的纵筋直径、间距相同，应将二者连通，以避免各自在支座上部分别锚固。

3. 其他

悬挑板需要考虑竖向地震作用时，设计应注明该悬挑板纵筋抗震锚固长度按何种抗震等级。

板上部纵筋在端支座（梁、剪力墙顶）的锚固要求，《混凝土结构施工图平面整体表示方法制图规则和构造详图（现浇混凝土框架、剪力墙、梁、板）》（16G101-1）中规定：当设计按铰接时，平直段伸至端支座对边后弯折，且平直段长度 $\geq 0.35 l_{ab}$，弯折段投影长度为 $15d$（d 为纵筋直径）；当充分利用钢筋的抗拉强度时，平直段伸至端支座对边后弯折，且平直段长度 $\geq 0.6 l_{ab}$，弯折段投影长度为 $15d$。设计者应在平法施工图中注明采用何种构造，当多数采用同种构造时可在图注中写明，并将少数不同之处在图中注明。

板支承在剪力墙顶的端节点，当设计考虑墙外侧竖向钢筋与板上部纵向受力筋搭接传力时，应满足搭接长度要求，设计者应在平法施工图中注明。

板纵筋的连接可采用绑扎连接、机械连接或焊接连接，其连接位置参照《混凝土结构施工图平面整体表示方法制图规则和构造详图（现浇混凝土框架、剪力墙、梁、板）》（16G101-1）中相应的标准构造详图。当板纵筋采用非接触方式的绑扎连接时，其搭接部位的钢筋净距不宜小于 30 mm，且钢筋中心距不应大于 $0.2 l_l$ 及 150 mm 的较小者。

注：非接触搭接使混凝土能够与搭接范围内所有钢筋的全表面充分黏结，可以提高搭接钢筋之间通过混凝土传力的可靠度。

采用平面注写方式表达的有梁楼盖（板）平法施工图如图 5-53 所示。

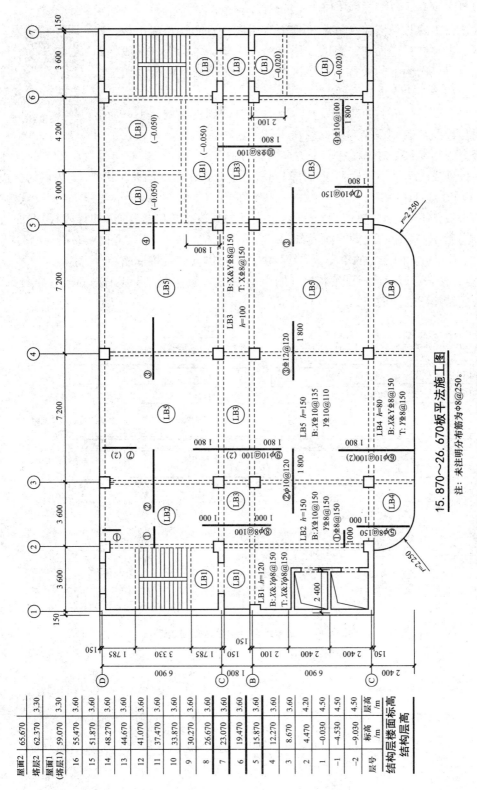

15.870～26.670板平法施工图

注：未注明分布筋为Φ8@250。

图5-53 有梁楼盖（板）平法施工图平方注写方式

结构层楼面标高 结构层高		
屋面2	65.670	3.30
塔层2	62.370	3.30
屋面1 (塔层1)	59.070	3.60
层号	标高 /m	层高 /m
16	55.470	3.60
15	51.870	3.60
14	48.270	3.60
13	44.670	3.60
12	41.070	3.60
11	37.470	3.60
10	33.870	3.60
9	30.270	3.60
8	26.670	3.60
7	23.070	3.60
6	19.470	3.60
5	15.870	3.60
4	12.270	3.60
3	8.670	3.60
2	4.470	4.20
1	-0.030	4.50
-1	-4.530	4.50
-2	-9.030	4.50
层号	标高 /m	层高 /m
	结构层楼面标高 结构层高	

(二)有梁楼盖(板)标准构造详图

有梁楼盖中的肋梁楼盖在实际工程中应用广泛。肋梁楼盖由板、次梁、主梁三者整体相连而成。板的四周支承在次梁、主梁上。一般将四周支承在主梁、次梁上的板称为一个区格。每个区格板上的荷载通过板的受弯作用传到四边支承的构件上。

有梁楼盖配筋
构造详图

当 $l_2/l_1 > 2$ 时，板上的荷载主要沿短边方向传到支承构件上，而沿长边方向传递的荷载则很少，可以忽略不计，这种板叫作单向板，也叫作梁式板；当 $l_2/l_1 \leq 2$ 时，板在两个方向的弯曲均不可忽略，板双向受弯，板上的荷载沿两个方向传到支承构件上，这种板叫作双向板，也叫作四边支承板。其中，l_2 为板的长边尺寸，l_1 为板的短边尺寸。

混凝土板按下列原则进行布筋：两对边支承的板应按单向板计算(如梯段板)。四边支承的板，当 $l_2/l_1 \leq 2$ 时，应按双向板布筋；当 $2 < l_2/l_1 < 3$ 时，应按双向板布筋；当 $l_2/l_1 \geq 3$ 时，应按沿短边方向受力的单向板计算，并沿长边方向布置构造筋。

(1)有梁楼盖楼(屋)面板配筋构造如图 5-54 所示，板在端部支座的锚固构造如图 5-55，用于梁板式转换层的楼面板如图 5-56 所示。

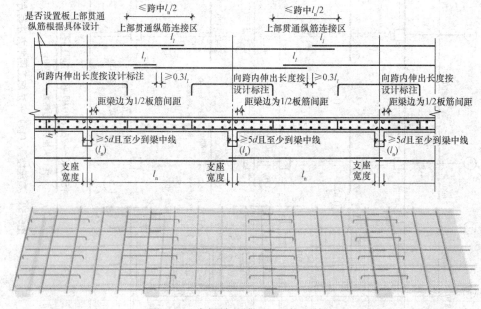

图 5-54　有梁楼盖楼(屋)面板配筋构造

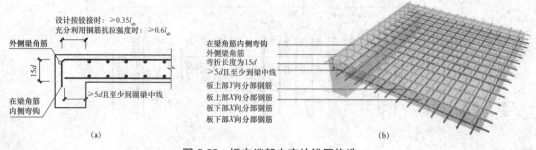

(a)　　　　　　　　　　　　　　(b)

图 5-55　板在端部支座的锚固构造

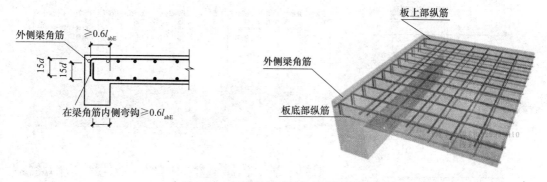

图 5-56　用于梁板式转换层的楼面板

(2)有梁楼盖不等跨板上部贯通纵筋连接构造如图 5-57 所示。

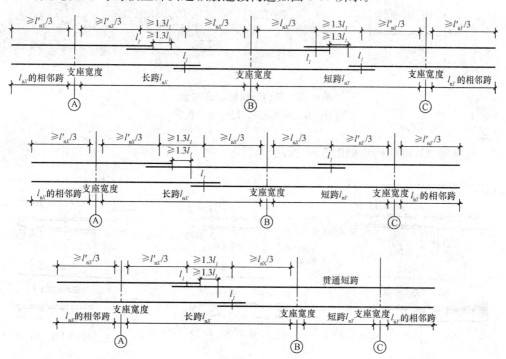

图 5-57　有梁楼盖不等跨板上部贯通纵筋连接构造

注：l'_{nX}是轴线 A 左、右两跨的较大净跨度值；l'_{nY}是轴线 C 左、右两跨的较大净跨度值。

(3)单(双)向板配筋构造如图 5-58 所示。

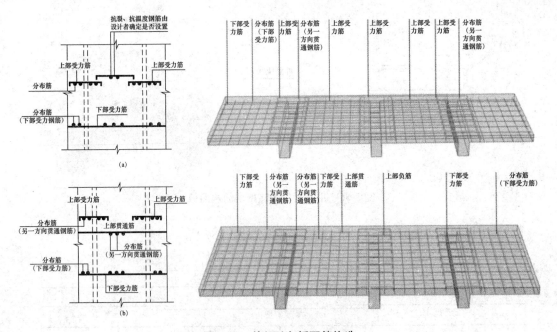

图 5-58 单(双)向板配筋构造

(a)分离式配筋；(b)部分贯通式配筋

(4)悬挑板 XB 钢筋构造如图 5-59 所示。

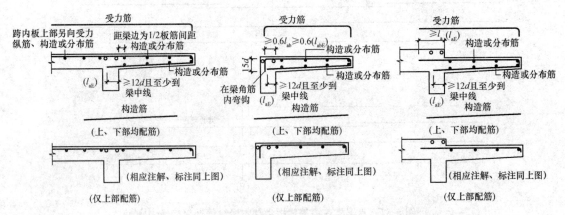

图 5-59 悬挑板 XB 钢筋构造

注：括号中数值用于需考虑竖向地震作用时(由设计者明确)

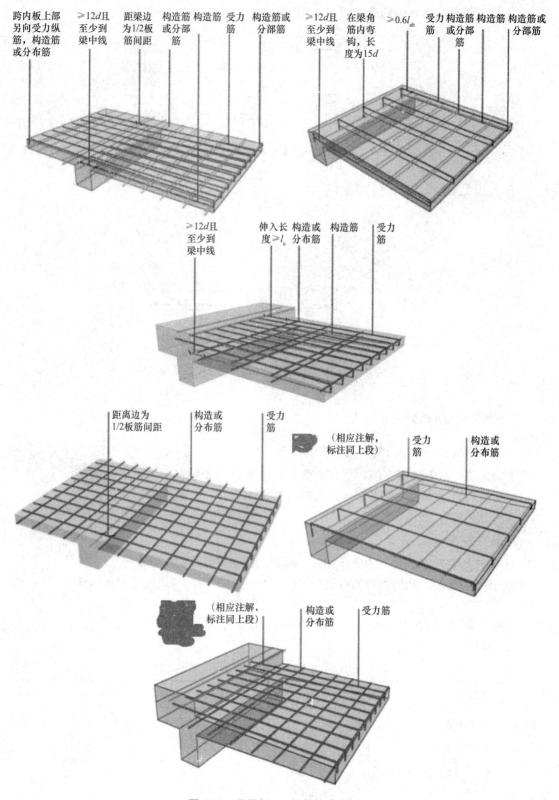

图 5-59 悬挑板 XB 钢筋构造(续)

(5)无支撑板端部封边构造如图 5-60 所示。

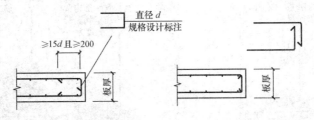

图 5-60　无支撑板端部封边构造(当板厚≥150 时)

(6)折板配筋构造如图 5-61 所示。

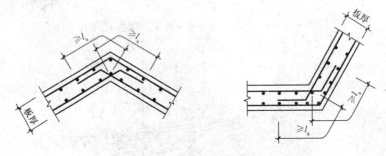

图 5-61　折板配筋构造

二、无梁楼盖(板)平法施工图

(一)无梁楼盖(板)平法施工图的表示方法

无梁楼盖平法施
工图制图规则

无梁楼盖(板)平法施工图,是在楼面板和屋面板平面布置图上,采用平面注写的表达方式。板平面注写主要有板带集中标注、板带支座原位标注两部分内容。

1. 板带集中标注

(1)集中标注应在板带贯通纵筋配置相同跨的第一跨(X 向为左端跨,Y 向为下端跨)注写。相同编号的板带可择其一作集中标注,其他仅注写板带编号(注在圆圈内)。

1)板带集中标注的具体内容为:板带编号、板带厚及板带宽和贯通纵筋。板带编号应符合表 5-6 所示的规定。

表 5-6　板带编号

构件类型	代号	序号	跨数及有无悬挑
柱上板带	ZSB	××	(××)、(××A)或(××B)
跨中板带	KZB	××	(××)、(××A)或(××B)
注:1. 跨数按柱网轴线计算(两相邻柱轴线之间为一跨);			
2.(××A)为一端有悬挑,(××B)为两端有悬挑,悬挑不计入跨数。			

2)板带厚注写为$h=×××$，板带宽注写为$b=×××$。当无梁楼盖(板)整体厚度和板带宽度已在图中注明时，此项可不注。

3)贯通纵筋按板带下部和板带上部分别注写，并以 B 代表下部，以 T 代表上部，以 B&T 代表下部和上部。当采用放射配筋时，设计者应注明配筋间距的度量位置，必要时补绘配筋平面图。

4)设计与施工应注意：相邻等跨板带上部贯通纵筋应在跨中 1/3 净跨长范围内连接；当同向连续板带的上部贯通纵筋配置不同时，应将配置较大者越过其标注的跨数终点或起点伸至相邻跨的跨中连接区域连接。

5)设计应注意板带中间支座两侧上部贯通纵筋的协调配置，施工及预算应按具体设计和相应标准构造要求实施。等跨与不等跨板上部贯通纵筋的连接构造要求参见相关标准构造详图；当具体工程对板带上部纵筋的连接有特殊要求时，其连接部位及方式应由设计者注明。

(2)当局部区域的板面标高与整体不同时，应在无梁楼盖(板)平法施工图上注明板面标高高差及分布范围。

2.板带支座原位标注

(1)板带支座原位标注的具体内容为：板带支座上部非贯通纵筋。以一段与板带同向的中粗实线段代表板带支座上部非贯通纵筋；对柱上板带，实线段贯穿柱上区域绘制；对跨中板带，实线段横贯柱网轴线绘制。在线段上注写钢筋编号(如①、②等)、配筋值及在线段的下方注写自支座中线向两侧跨内的伸出长度。

当板带支座非贯通纵筋自支座中线向两侧对称伸出时，其伸出长度可仅在一侧标注；当配置在有悬挑端的边柱上时，该筋伸出到悬挑尽端，设计不标注。当支座上部非贯通纵筋呈放射分布时，设计者应注明配筋间距的定位位置。

不同部位的板带支座上部非贯通纵筋相同者，可仅在一个部位注写，其余则在代表非贯通纵筋的线段上注写编号。

(2)当板带上部已经配有贯通纵筋，但需增加配置板带支座上部非贯通纵筋时，应结合已配同向贯通纵筋的直径与间距，采取"隔一布一"的方式配置。

3.暗梁的表示方法

(1)暗梁平面注写包括暗梁集中标注、暗梁支座原位标注两部分内容。平法施工图中在柱轴线处画中粗虚线表示暗梁。

(2)暗梁集中标注包括暗梁编号、暗梁截面尺寸(箍筋外皮宽度×板厚)、暗梁箍筋、暗梁上部通长筋或架立筋四部分内容。暗梁编号按表 5-7 所示规定，其他注写方式同梁平法施工集中标注相关内容。

表 5-7　暗梁编号

构件类型	代号	序号	跨数及有无悬挑
暗梁	AL	××	(××)、(××A)或(××B)
注：1. 跨数按柱网轴线计算(两相邻柱轴线之间为一跨)。 　　2.(××A)为一端有悬挑，(××B)为两端有悬挑，悬挑不计入跨数。			

（3）暗梁支座原位标注包括梁支座上部纵筋、梁下部纵筋。当在暗梁上集中标注的内容不适用于某跨或某悬挑端时，则将其不同数值标注在该跨或该悬挑端，施工时按原位注写取值。注写方式同梁平法施工原位标注相关内容。

（4）当设置暗梁时，柱上板带及跨中板带标注方式参照板带集中标注、板带支座原位标注的内容。柱上板带标注的配筋仅设置在暗梁之外的柱上板带范围内。

（5）暗梁中纵向钢筋连接、锚固及支座上部纵筋的伸出长度等要求同轴线外柱上板带中纵向钢筋。

4.其他

（1）当悬挑板需要考虑竖向地震作用时，设计应注明该悬挑板纵筋抗震锚固长度按何种抗震等级。

（2）无梁楼盖跨中板带上部纵筋在端支座的锚固要求，《混凝土结构施工图平面整体表示方法制作规则和构造详图（现浇混凝土框架、剪力墙、梁、板）》（16G101-1）中规定：当设计按铰接时，平直段伸至端支座对边后弯折，且平直段长度$\geqslant 0.35l_{ab}$，弯折段投影长度为$15d$（d为纵筋直径）；当充分利用钢筋的抗拉强度时，直段伸至端支座对边后弯折，且平直段长度$\geqslant 0.6l_{ab}$，弯折段投影长度为$15d$。设计者应在平法施工图中注明采用何种构造，当多数采用同种构造时可在图注中写明，并将少数不同之处在图中注明。

（3）无梁盖中板带支承在剪力墙顶的端节点，当板上部纵筋充分利用钢筋的抗拉强度时（锚固在支座中），直段伸至端支座对边后弯折，且平直段长度$\geqslant 0.6l_{ab}$，弯折段投影长度为$15d$；当设计考虑墙外侧竖向钢筋与板上部纵向受力筋搭接传力时，应满足搭接长度要求；设计者应在平法施工图中注明采用何种构造，当多数采用同种构造时可在图注中写明，并将少数不同之处在图中注明。

（4）板纵筋的连接可采用绑扎连接、机械连接或焊接连接，其连接位置参照《混凝土结构施工图平面整体表示方法制作规则和构造详图（现浇混凝土框架、剪力墙、梁、板）》（16G101-1）中相应的标准构造详图。当板纵筋采用非接触方式的绑扎连接时，其连接部位的钢筋净距不宜小于30 mm，且钢筋中心距不应大于$0.2l_l$及150 mm的较小者。

注：非接触搭接使混凝土能够与搭接范围内所有钢筋的全表面充分黏结，可以提高搭接钢筋之间通过混凝土传力的可靠度。

（5）本节关于无梁楼盖（板）平法施工图制图规则，同样适用于地下室内无梁楼盖（板）平法施工图设计。

采用平面注写方式表达的无梁楼盖柱上板带、跨中板带及暗梁标注示例如图5-62所示。

（二）无梁楼盖（板）标准构造详图

（1）无梁楼盖柱上板带 ZSB 纵筋构造如图5-63所示。

（2）无梁楼盖跨中板带 KZB 纵筋构造如图5-64所示。

（3）板带支座纵筋构造如图5-65所示。

（4）板带悬挑端纵筋构造如图5-66所示。

（5）柱上板带暗梁钢筋构造如图5-67所示。

无梁楼盖（板）
配筋构造详图

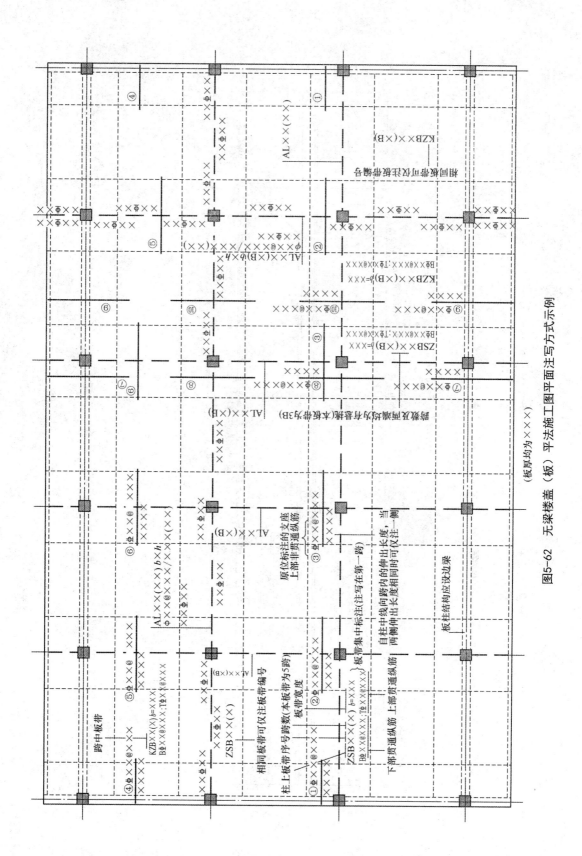

图5-62 无梁楼盖（板）平法施工图平面注写方式示例

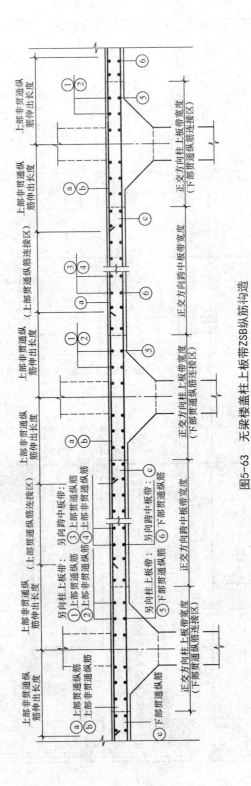

图5-63 无梁楼盖柱上板带ZSB纵筋构造

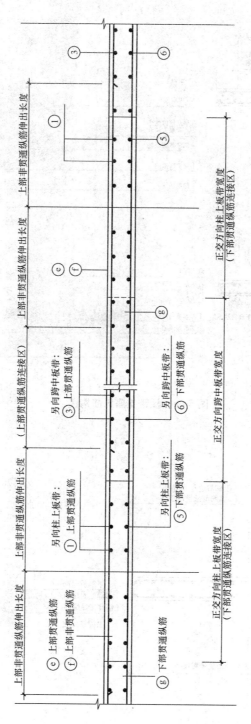

图5-64 无梁楼盖跨中板带KZB纵筋构造

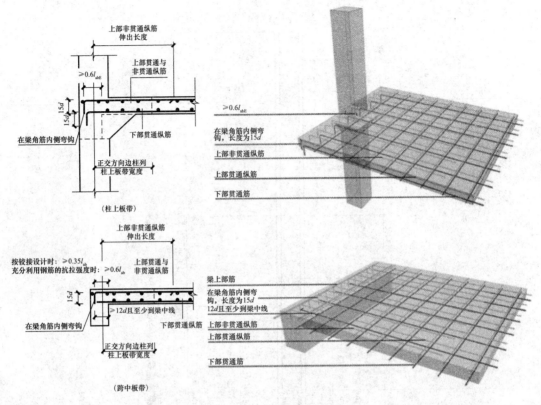

图 5-65　板带支座纵筋构造

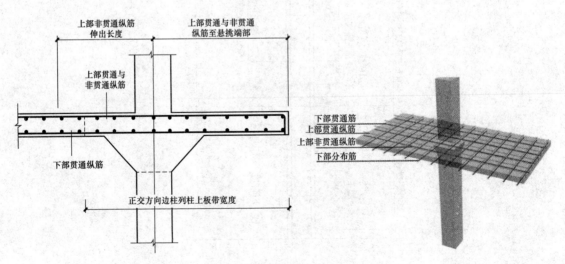

图 5-66　板带悬挑端纵筋构造

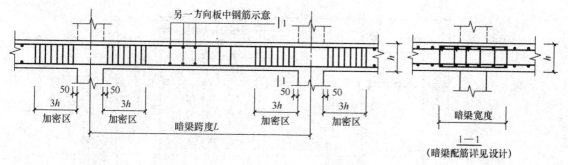

图 5-67 柱上板带暗梁钢筋构造

三、楼板相关构造制图规则

（一）楼板相关构造类型与表示方法

楼板相关构造的平法施工图设计，是在板平法施工图上采用直接引注方式表达。楼板相关构造类型与编号按表 5-8 所示的规定。

楼板相关构造
制图规则

表 5-8　楼板相关构造类型与编号

构造类型	代号	序号	说明
纵筋加强带	JQD	××	以单向加强筋纵筋取代原位置配筋
后浇带	HJD	××	有不同的留筋方式
柱帽	ZMX	××	适用于无梁楼盖
局部升降板	SJB	××	板厚及配筋与所在板相同；构造升降高度≤300 mm
板加腋	JY	××	腋高与腋宽可选注
板开洞	BD	××	最大边长或直径＜1 m；加强筋长度有全跨贯通和自洞边锚固两种
板翻边	FB	××	翻边高度≤300 mm
角部加强筋	Crs	××	以上部双向非贯通加强筋取代原位置的非贯通配筋
悬挑板阴角附加筋	Cis	××	板悬挑阴角上部斜向附加钢筋
悬挑板阳角放射筋	Ces	××	板悬挑阳角上部放射筋
抗冲切箍筋	Rh	××	通常用于无柱帽无梁楼盖的柱顶
抗冲切弯起筋	Rb	××	通常用于无柱帽无梁楼盖的柱顶

1. 楼板相关构造直接引注

（1）纵筋加强带 JQD 的引注。纵筋加强带的平面形状及定位由平面布置图表达，加强带内配置的加强贯通纵筋等由引注内容表达。

纵筋加强带设单项加强贯通纵筋，取代其所在位置板中原配置的同向贯通纵筋。根据受力需要，加强贯通纵筋可在板下部配置，也可在板下部和上部均设置。纵筋加强带 JQD 引注图示如图 5-68 所示。

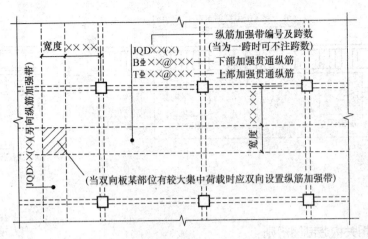

图 5-68　纵筋加强带 JQD 引注图示

当板下部和上部均设置加强贯通纵筋，而板带上部横向无配筋时，加强带上部横向配筋应由设计者注明。

当将纵筋加强带设置为暗梁形式时应注写箍筋，其引注图示如图 5-69 所示。

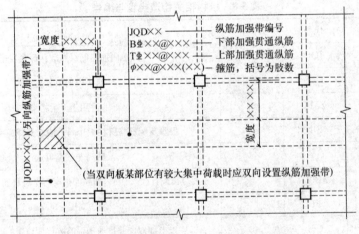

图 5-69　纵筋加强带 JQD 引注图示(暗梁形式)

(2)后浇带 HJD 的引注。后浇带的平面形状及定位由平面布置图表达，后浇带留筋方式等由引注内容表达，包括以下几个方面：

1)后浇带编号及留筋方式代号。后浇带留筋方式分别为贯通和 100% 搭接。

2)后浇混凝土的强度等级 C××。宜采用补偿收缩混凝土，设计应注明相关施工要求。

3)当后浇带区域留筋方式或后浇混凝土强度等级不一致时，设计者应在图中注明与图示不一致的部位及做法。

后浇带 HJD 引注图示如图 5-70 所示。

贯通留筋的后浇带宽度通常取大于 800 mm；100% 搭接留筋的后浇带宽度通常取 800 mm 与(l_l+60 mm 或 l_{lE}+60 mm)的较大值(l_l、l_{lE} 分别为受拉筋的搭接长度、受拉筋抗震搭接长度)。

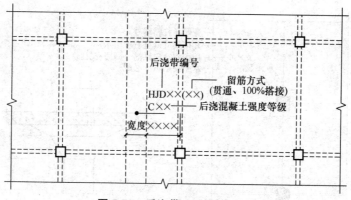

图 5-70 后浇带 HJD 引注图示

(3)柱帽引注图示如图 5-71～图 5-74 所示。柱帽的平面形状有矩形、圆形或多边形等，其平面形状由平面布置图表达。

柱帽的立面形状有单倾角柱帽 ZMa(图 5-71)、托板柱帽 ZMb(图 5-72)、变倾角柱帽 ZMc(图 5-73)和倾角托板柱帽 ZMab(图 5-74)等，其立面几何尺寸和配筋由具体的引注内容表达。图中，c_1、c_2 当 X、Y 方向不一致时，应标注($c_{1,X}$，$c_{1,Y}$)、($c_{2,X}$，$c_{2,Y}$)。

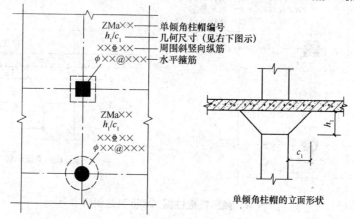

图 5-71 单倾角柱帽 ZMa 引注图示

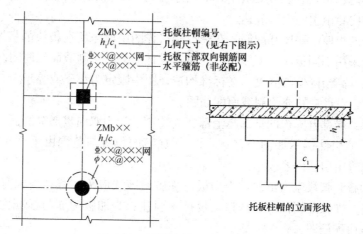

图 5-72 托板柱帽 ZMb 引注图示

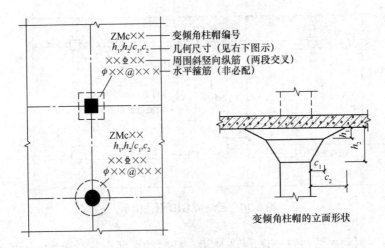

变倾角柱帽的立面形状

图 5-73 变倾角柱帽 ZMc 引注图示

标注说明（从上到下）：
- ZMc×× —— 变倾角柱帽编号
- $h_1,h_2/c_1,c_2$ —— 几何尺寸（见右下图示）
- ××Φ×× —— 周围斜竖向纵筋（两段交叉）
- ϕ××@××× —— 水平箍筋（非必配）

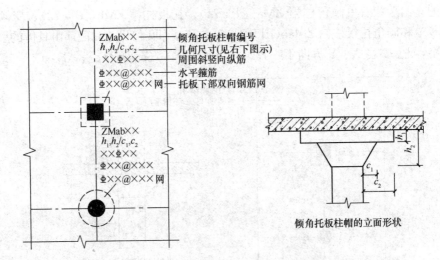

倾角托板柱帽的立面形状

图 5-74 倾角托板柱帽 ZMab 引注图示

标注说明（从上到下）：
- ZMab×× —— 倾角托板柱帽编号
- $h_1,h_2/c_1,c_2$ —— 几何尺寸（见右下图示）
- ××Φ×× —— 周围斜竖向纵筋
- Φ××@××× —— 水平箍筋
- Φ××@×××网 —— 托板下部双向钢筋网

(4)局部升降板 SJB 引注图示如图 5-75 所示。局部升降板的平面形状及定位由平面布置图表达，其他内容由引注内容表达。

局部升降板的板厚、壁厚和配筋，在标准构造详图中取与所在板块的板厚和配筋相同，设计不引注；当采用不同板厚、壁厚和配筋时，设计应补充绘制截面配筋图。

局部升降板升高与降低的高度，在标准构造详图中限定为小于或等于 300 mm。当高度大于 300 mm 时，设计应补充绘制截面配筋图。

设计应注意：局部升降板的下部与上部配筋均应设计为双向贯通纵筋。

(5)板加腋 JY 引注图示如图 5-76 所示。板加腋的位置与范围由平面布置图表达，腋宽、腋高及配筋等由引注内容表达。

当为板底加腋时腋线应为虚线，当为板面加腋时腋线应为实线；当腋宽与腋高同板厚时，设计不引注。加腋配筋按标准构造，设计不引注；当加腋配筋与标准构造不同时，设计应补充绘制截面配筋图。

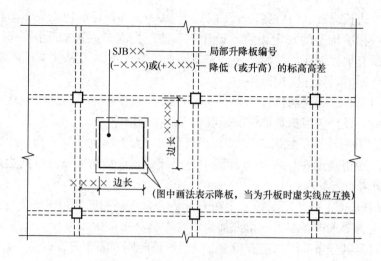

图 5-75　局部升降板 SJB 引注图示

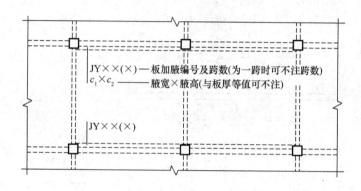

图 5-76　板加腋 JY 引注图示

(6)板开洞 BD 引注图示如图 5-77 所示。板开洞的平面形状及定位由平面布置图表达，洞的几何尺寸等由引注内容表达。

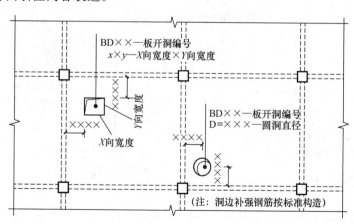

图 5-77　板开洞 BD 引注图示

当矩形洞口边长或圆形洞口直径小于或等于 1 000 mm，且洞边无集中荷载作用时，洞边补强钢筋可按标准构造的规定设置，设计不引注；当洞口周边加强钢筋不伸至支座时，应在图中画出所有加强钢筋，并标注不伸至支座的钢筋长度。当具体工程所需要的补强钢筋与标准构造不同时，设计应加以注明。

当矩形洞口边长或圆形洞口直径大于 1 000 mm，或虽小于或等于 1 000 mm 但洞边有集中荷载作用时，设计应根据具体情况采取相应的处理措施。

(7)板翻边 FB 引注图示如图 5-78 所示。板翻边可为上翻也可为下翻，翻边尺寸等在引注内容中表达，翻边高度在标准构造详图中为小于或等于 300 mm。当翻边高度大于 300 mm 时，由设计者自行处理。

(8)角部加强筋 Crs 引注图示如图 5-79 所示。角部加强筋通常用于板块角区的上部，根据规范规定的受力要求选择配置。角部加强筋将在其分布范围内取代原配置的板支座上部非贯通纵筋，且当其分布范围内配有板上部贯通纵筋时则间隔布置。

(9)悬挑板阴角附加筋 Cis 引注图示如图 5-80 所示。悬挑板阴角附加筋是指在悬挑板的阴角部位斜放的附加钢筋，该附加钢筋设置在板上部悬挑受力筋的下面。

(10)悬挑板阳角放射筋 Ces 引注图示如图 5-81 所示。

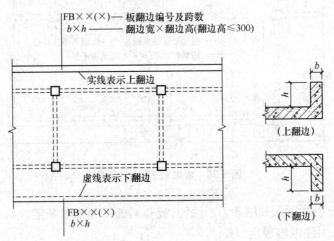

图 5-78　板翻边 FB 引注图示

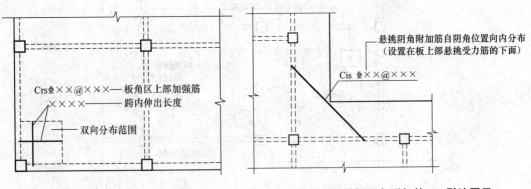

图 5-79　角部加强筋 Crs 引注图示　　　　图 5-80　悬挑板阴角附加筋 Cis 引注图示

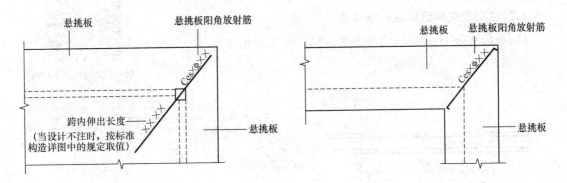

图 5-81　悬挑板阳角附加筋 Ces 引注图示

(11)抗冲切箍筋 Rh 引注图示如图 5-82 所示。抗冲切箍筋通常在无柱帽无梁楼盖的柱顶部位设置。

(12)抗冲切弯起筋 Rb 引注图示如图 5-83 所示。抗冲切弯起筋通常在无柱帽无梁楼盖的柱顶部位设置。

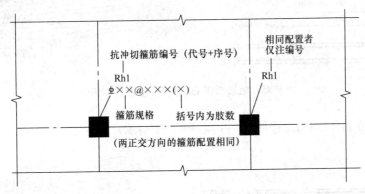

图 5-82　抗冲切箍筋 Rh 引注图示

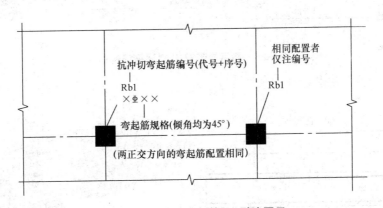

图 5-83　抗冲切弯起筋 Rb 引注图示

2. 其他

本节未包括的其他构造，应由设计者根据具体工程情况按照规范要求进行设计。

(二)楼板相关构造标准构造详图

(1)板后浇带 HJD 钢筋构造如图 5-84、图 5-85 所示。

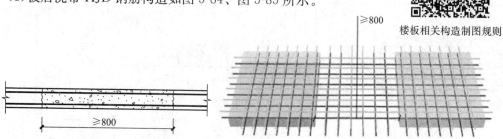

楼板相关构造制图规则

图 5-84　板后浇带 HJD 贯通钢筋构造

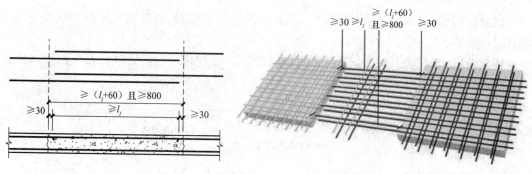

图 5-85　板后浇带 HJD100%搭接钢筋构造

(2)墙后浇带 HJD 钢筋构造如图 5-86 和图 5-87 所示。

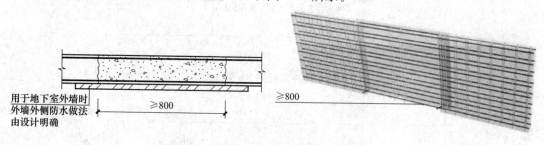

图 5-86　墙后浇带 HJD 贯通钢筋构造

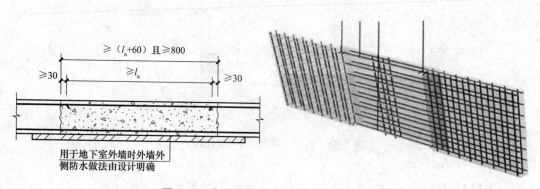

图 5-87　墙后浇带 HJD100%搭接钢筋构造

(3)梁后浇带 HJD 钢筋构造如图 5-88 和图 5-89 所示。

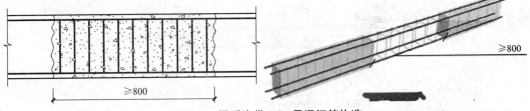

图 5-88　梁后浇带 HJD 贯通钢筋构造

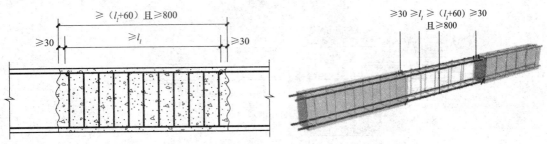

图 5-89　梁后浇带 HJD100％贯通钢筋构造

(4)板加腋 JY 构造如图 5-90 所示。

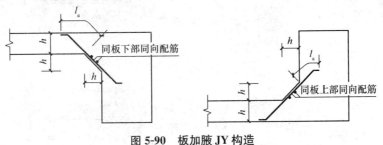

图 5-90　板加腋 JY 构造

(5)局部升降板 SJB 构造如图 5-91 所示。

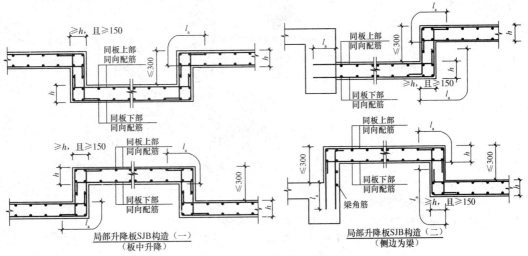

图 5-91　局部升降板 SJB 构造

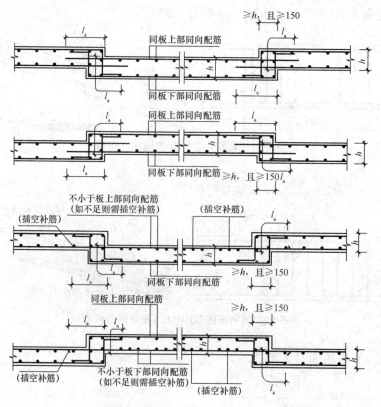

不小于板上部同向配筋
（如不足则需插空补筋）

（插空补筋）

同板上部同向配筋

同板下部同向配筋

（插空补筋）

同板上部同向配筋

（插空补筋）

不小于板下部同向配筋
（如不足则需插空补筋）

（插空补筋）

局部升降板 SJB 构造(二)

（板中升降）

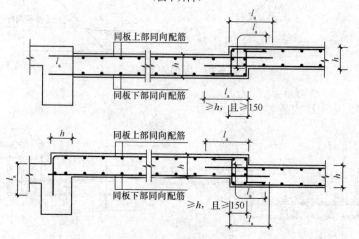

同板上部同向配筋

同板下部同向配筋

同板上部同向配筋

同板下部同向配筋

局部升降板 SJB 构造(二)

（侧边为梁）

图 5-91 局部升降板 SJB 构造(续)

注：1. 局部升降板升高与降低的高度限定为≤300 mm。当高度＞300 mm 时，设计
应补充配筋构造图。

2. 局部升降板的下部与上部配筋宜为双向贯通筋。

3. 本图构造同样适用于狭长沟状降板。

（6）板开洞 BD 与洞边加强筋构造（洞边无集中荷载）如图 5-92～图 5-95 所示。

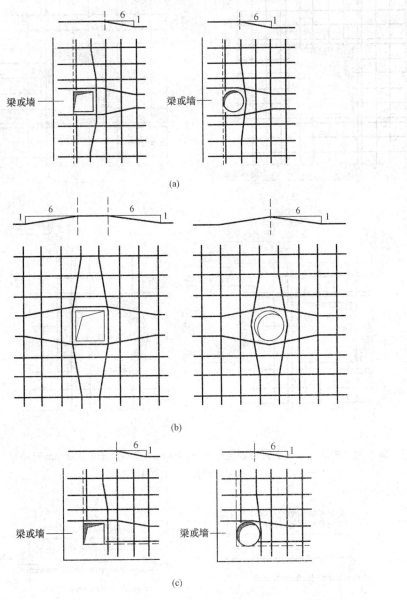

(a)

(b)

(c)

图 5-92　矩形洞边长和圆形洞直径不大于 300 mm 时钢筋构造

（受力钢筋绕过孔洞，不另设补强钢筋）

（a）梁边或墙边开洞；（b）板中开洞；（c）梁交角或墙角开洞

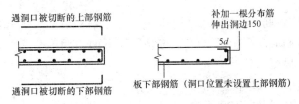

图 5-93　洞边被切断钢筋端部构造

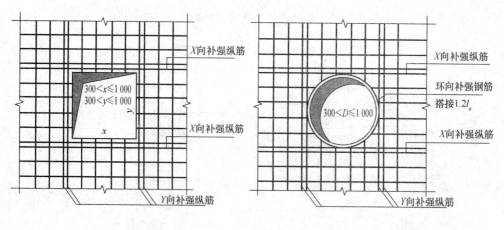

(a)

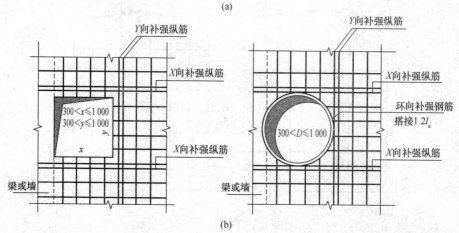

(b)

图 5-94 矩形洞边长和圆形洞直径大于 300 mm 但不大于 1 000 mm 时补强钢筋构造

(a)板中开洞；(b)梁边或墙边开洞

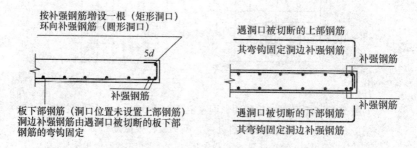

图 5-95 洞边被切断钢筋端部构造

(7)悬挑板阳角放射筋 Ces 构造如图 5-96 所示。悬挑板内，①～③筋应位于同一层面；在支座和跨内，①号筋应向下斜弯到②号与③号筋下面与两筋交叉并向跨内平伸。需要考虑竖向地震作用时，另行设计

(8)板内纵筋加强带 JQD 构造如图 5-97 所示。

(9)悬挑板阴角构造如图 5-98 所示。

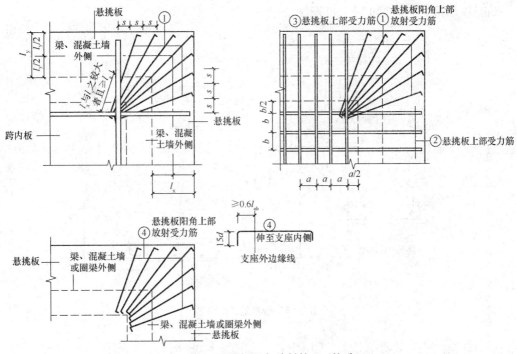

图 5-96 悬挑板阳角放射筋 Ces 构造

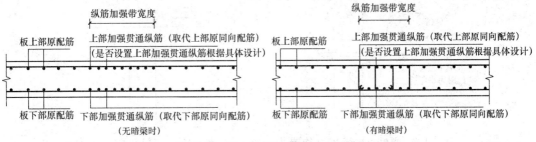

图 5-97 板内纵筋加强带 JQD 构造

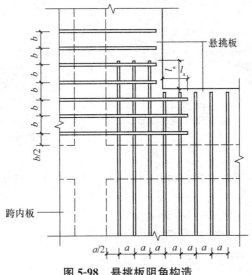

图 5-98 悬挑板阴角构造

（10）板翻边 FB 构造如图 5-99 所示。

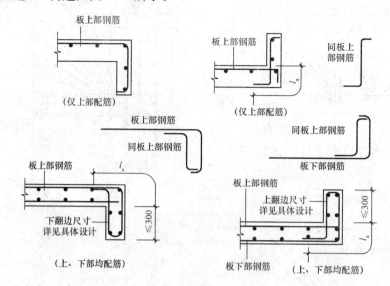

图 5-99 板翻边 FB 构造

（11）柱帽 ZMa、ZMb、ZMc、ZMab 构造如图 5-100～图 5-103 所示。

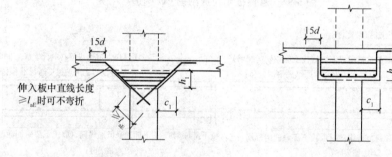

图 5-100 单倾角柱帽 ZMa 构造　　　图 5-101 托板柱帽 ZMb 构造

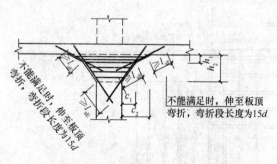

图 5-102 变倾角柱帽 ZMc 构造　　　图 5-103 倾角联托板柱帽 ZMab 构造

（12）抗冲切箍筋 Rh 构造如图 5-104 所示。

（13）抗冲切弯起筋 Rb 构造如图 5-105 所示。

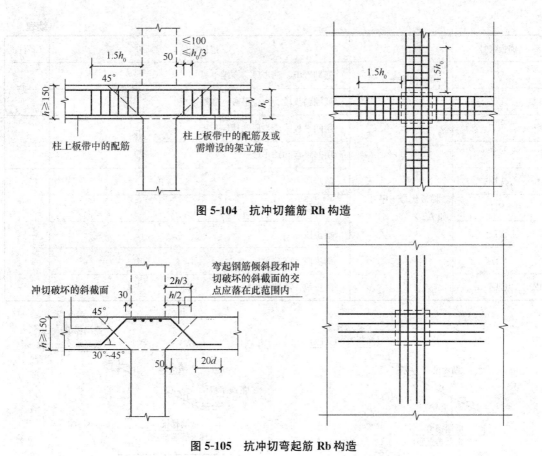

图 5-104 抗冲切箍筋 Rh 构造

柱上板带中的配筋

柱上板带中的配筋及或需增设的架立筋

冲切破坏的斜截面

弯起钢筋倾斜段和冲切破坏的斜截面的交点应落在此范围内

图 5-105 抗冲切弯起筋 Rb 构造

第五节 识读现浇混凝土板式楼梯平法施工图

现浇混凝土板式楼梯平法施工图有平面注写、剖面注写和列表注写三种表达方式，设计者可根据工程具体情况任选一种。

一、楼梯类型及特征

(一)楼梯类型

现浇混凝土板式楼梯包含 12 种类型，详见表 5-9。各梯板截面形状与支座位置示意如图 5-106 所示。

现浇混凝土板式楼梯平法施工图制图规则

表 5-9 楼梯类型

梯板代号	标注方式	包括构件	备注
AT		踏步段	
BT	梯板代号＋序号 如 AT××、BT××	低端平板、踏步段	一跑
CT		踏步段、高端平板	

梯板代号	标注方式	包括构件		备注
DT	梯板代号+序号，如 AT×× 、BT××	低端平板、踏步段、高端平板		一跑
ET		低端踏步段、中位平板、高端平板		
FT		层间平板、踏步段和楼层平板		两跑
GT		层间平板和踏步段		
ATa	梯板代号+序号，如 AT×× 、BT××	踏步段		一跑
ATb		踏步段		
ATc		踏步段		
CTa		踏步段、高端平板		
CTb		踏步段、高端平板		

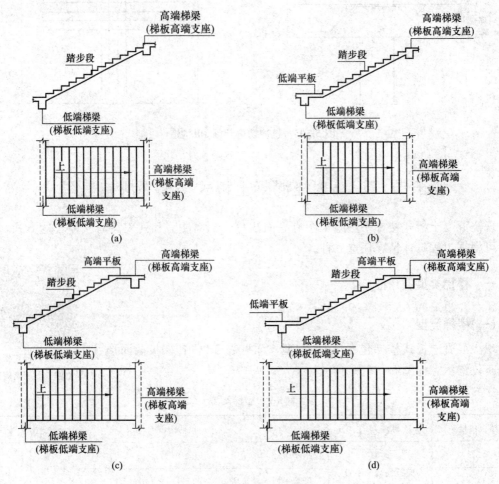

图 5-106 AT～GT 型楼梯截面形状与支座位置示意

(a)AT 型；(b)BT 型；(c)CT 型；(d)DT 型；

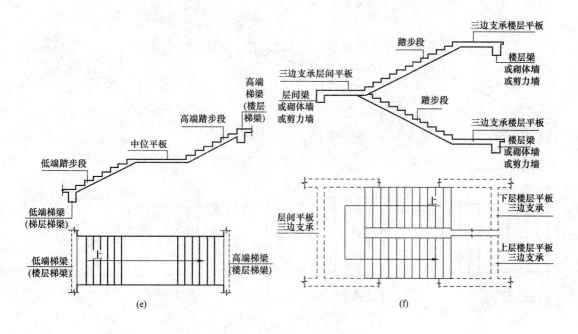

(e)

(f)

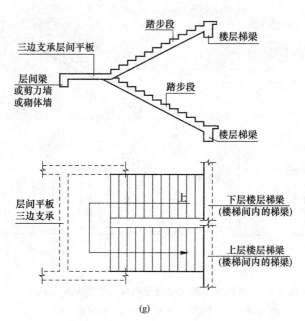

(g)

图 5-106　AT～GT 型楼梯截面形状与支座位置示意(续)

(e)ET 型；

(f)FT 型(有层间和楼层平台板的双跑楼梯)；

(g)GT 型(有层间平台板的双跑楼梯)；

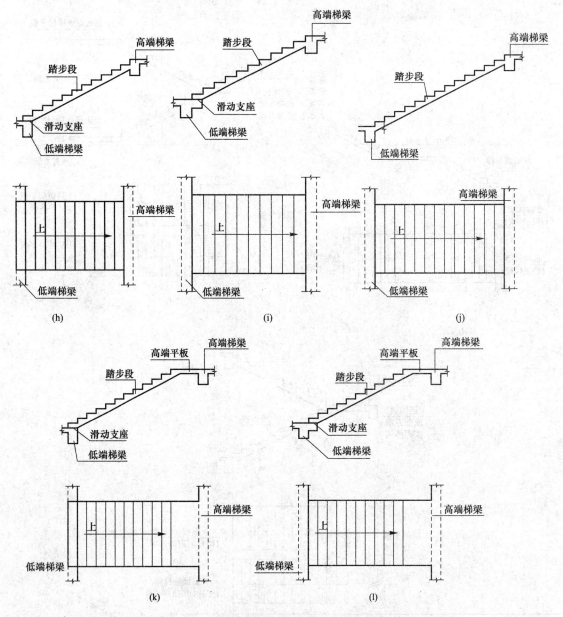

图 5-106　AT～GT 型楼梯截面形状与支座位置示意（续）

(h)ATa 型；(i)ATb 型；(j)ATc 型；(k)CTa 型；(l)CTb 型

(二)楼梯特征

1. AT～ET 型板式楼梯的特征

(1)AT～ET 型板式楼梯代号代表一段带上、下支座的梯板。梯板的主体为踏步段，除踏步段之外，梯板可包括低端平板、高端平板及中位平板。

(2)AT～ET 各型梯板的截面形状为：AT 型梯板全部由踏步段构成；BT 型梯板由低端平板和踏步段构成；CT 型梯板由踏步段和高端平板构成；DT 型梯板由低端平板、踏步板和高端平板构成；ET 型梯板由低端踏步段、中位平板和高端踏步段构成。

（3）AT～ET 型梯板的两端分别以（低端和高端）梯梁为支座。

（4）AT～ET 型梯板的型号、板厚、上下部纵筋及分布钢筋等内容由设计者在平法施工图中注明。梯板上部纵筋向跨内伸出的水平投影长度见相应的标准构造详图，设计不注，但设计者应予以校核；当标准构造详图规定的水平投影长度不满足具体工程要求时，应由设计者另行注明。

2. FT、GT 型板式楼梯备的特征

（1）FT、GT 每个代号代表两跑踏步段和连接它们的楼层平板及层间平板。

（2）FT、GT 型楼板的构成分两类：

第一型：FT 型，由层间平板、踏步段和楼层平板构成。

第二类：GT 型，由层间平板和踏步段构成。

（3）FT、GT 型梯板的支承方式如下：

1）FT 型：梯板一端的层间平板采用三边支承，另一端的楼层平板也采用三边支承。

2）GT 型：梯板一端的层间平板采用三边支承，另一端的梯板段采用单边支承（在梯梁上）。

FT、GT 型梯板的支承方式见表 5-10。

表 5-10　FT、GT 型梯板的支承方式

梯板类型	层间平板端	踏步段端（楼层处）	楼层平板端
FT	三边支承	—	三边支承
GT	三边支承	单边支承（梯梁上）	—

（4）FT、GT 型梯板的型号、板厚、上下部纵筋及分布筋等内容由设计者在平法施工图中注明。FT、GT 型平台上部横筋及其外伸长度，在平面图中原位标注。梯板上部纵筋向跨内伸出的水平投影长度见相应的标准构造详图，设计不标注，但设计者应予以校核；当标准构造详图规定的水平投影长度不满足具体工程要求时，应由设计者另行注明。

3. ATa、ATb 型板式楼梯的特征

（1）ATa、ATb 型为带滑动支座的板式楼梯，梯板全部由踏步段构成，其支承方式为梯板高端均支承在梯梁上，ATa 型梯板低端带滑动支座支承在梯梁上，ATb 型梯板低端带滑动支座支承在挑板上。

（2）滑动支座做法见《混凝土结构施工图平面整体表示方法制图规则和构造详图（现浇混凝土板式楼梯）》（16G101-2），采用何种做法应由设计指定。滑动支座垫板可选用聚四氟乙烯板、钢板和厚度大于等于 0.5 mm 的塑料片，也可选用其他能保证有效滑动的材料，其连接方式由设计者另行处理。

（3）ATa、ATb 型梯板采用双层双向配筋。

4. ATC 型板式楼梯的特征

（1）梯板全部由踏步段构成，其支承方式为梯板两端均支承在梯梁上。

（2）楼梯休息平台与主体结构可连接，也可脱开。

（3）梯板厚度应按计算确定，且不宜小于 140 mm；梯板采用双层配筋。

（4）梯板两侧设置边缘构件（暗梁），边缘构件的宽度取 1.5 倍板厚；边缘构件纵筋数量，当抗震等级为一、二级时不少于 6 根，当抗震等级为三、四级时不少于 4 根；纵筋直径不小于

$\phi2$ mm 且不小于梯板纵向受力钢筋的直径；箍筋直径不小于 $\phi6$ mm，间距不大于 200 mm。

平台板按双层双向配筋。

(5)ATc 型楼梯作为斜撑构件，钢筋均采用符合抗震性能要求的热轧钢筋，钢筋的抗拉强度实测值与屈服强度实测值的比值不应小于 1.25；钢筋的屈服强度实测值与屈服强度标准值的比值不应大于 1.3，且钢筋在最大拉力下的总伸长率实测值不应小于 9%。

5.CTa、CTb 型板式楼梯的特征

(1)CTa、CTb 型为带滑动支座的板式楼梯，梯板由踏步段和高端平板构成，其支承方式为梯板高端均支承在梯梁上。CTa 型梯板低端带滑动支座支承在梯梁上，CTb 型梯板低端带滑动支座支承在挑板上。

(2)滑动支座做法见《混凝土结构施工图平面整体表示方法制图规则和构造详图(现浇混凝土板式楼梯)》(16G101-2)，采用何种做法应由设计指定。滑动支座垫板可选用聚四氟乙烯板、钢板和厚度大于等于 0.5 mm 的塑料片，也可选用其他能保证有效滑动的材料，其连接方式由设计者另行处理。

(3)CTa、CTb 型梯板采用双层双向配筋。

二、楼梯图注写方式

(一)平面注写方式

平面注写方式是在楼梯平面布置图上注写截面尺寸和配筋具体数值的方式来表达楼梯施工图。包括集中标注和外围标注。

(1)楼梯集中标注的内容有五项，具体规定如下：

1)梯板类型代号与序号，如 AT××。

2)梯板厚度注写为 $h=\times\times\times$。当为带平板的梯板且梯段板厚度和平板厚度不同时，可在梯段板厚度后面括号内以字母 P 开头注写平板厚度。

3)踏步段总高度和踏步级数之间以"/"分隔。

4)梯板支座上部纵筋和下部纵筋之间以";"分隔。

5)梯板分布筋以 F 开头注写分布筋具体值，该项也可在图中统一说明。

6)对于 ATc 型楼梯还应注明梯板两侧边缘构件纵筋及箍筋。

(2)楼梯外围标注的内容，包括楼梯间的平面尺寸、楼层结构标高、层间结构标高、楼梯的上下方向、梯板的平面几何尺寸、平台板配筋、梯梁及梯柱配筋等。

(3)各类型梯板的平面注写要求分别见《混凝土结构施工图平面整体表示方法制作规则和构造详图(现浇混凝土框架、剪力墙、梁、板)》(16G101-1)中"AT～GT、ATa、ATb、ATc、CTa、CTb 型楼梯平面注写方式与适用条件"。

(二)剖面注写方式

(1)剖面注写方式需在楼梯平法施工图中绘制楼梯平面布置图和楼梯剖面图，注写方式分平面注写、剖面注写两部分。

(2)楼梯平面布置图注写内容，包括楼梯间的平面尺寸、楼层结构标高、层间结构标高、楼梯的上下方向、梯板的平面几何尺寸、梯板类型及编号、平台板配筋、梯梁及梯柱配筋等。

(3)楼梯剖面图注写内容，包括梯板集中标注、梯梁梯柱编号、梯板水平及竖向尺寸、楼层结构标高、层间结构标高等。

（4）梯板集中标注的内容有四项，具体规定如下：

1）梯板类型及编号，如 AT××。

2）梯板厚度注写为 $h=\times\times\times$。当梯板由踏步段和平板构成，且踏步段梯板厚度和平板厚度不同时，可在梯板厚度后面括号内以字母 P 开头注写平板厚度。

3）梯板配筋。注明梯板上部纵筋和梯板下部纵筋，用分号"；"将上部与下部纵筋的配筋值分隔开来。

4）梯板分布筋以 F 开头注写分布筋具体值，该项也可在图中统一说明。

5）对于 ATc 型楼梯还应注明梯板两侧边缘构件纵筋及箍筋。

（三）列表注写方式

（1）列表注写方式是用列表方式注写梯板截面尺寸和配筋具体数值的方式来表达楼梯施工图。

（2）列表注写方式的具体要求同剖面注写方式，仅将剖面注写方式中的梯板配筋注写项改为列表注写项即可。

梯板列表格式见表 5-11。

表 5-11　梯板列表格式

梯板编号	踏步段总高度/踏步级数	板厚 h	上部纵筋	下部纵筋	分布筋

注：对于 ATc 型楼梯尚应注明梯板两侧边缘构件纵筋及箍筋

（四）　其他

（1）楼层平台梁板配筋可绘制在楼梯平面布置图中，也可在各层梁板配筋图中绘制；层间平台梁板配筋在楼梯平面布置图中绘制。

（2）楼层平台板可与该层的现浇楼板整体设计。

三、识读楼梯标准构造详图

1. AT 型楼梯平面注写方式及其标准构造详图

AT 型楼梯的适用条件为：两梯梁之间的矩形梯板全部由踏步段构成，即踏步段两端均以梯梁为支座，凡是满足该条件的楼梯均可为 AT 型。

AT 型楼梯平面注写方式如图 5-107 所示。其中，集中注写的内容有 5 项：第 1 项为梯板类型代号与序号 AT××；第 2 项为梯板厚度 h；第 3 项为踏步段总高度 H_s/踏步级数 $(m+1)$；第 4 项为上部纵筋及下部纵筋；第 5 项为梯板分布筋。

现浇混凝土板式楼梯配筋构造详图

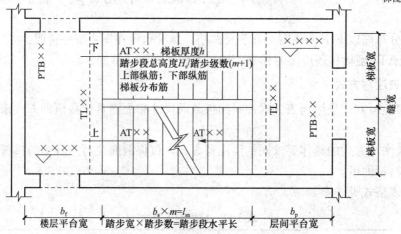

图 5-107　AT 型楼梯平面注写方式

AT 型楼梯板配筋构造如图 5-108 所示。

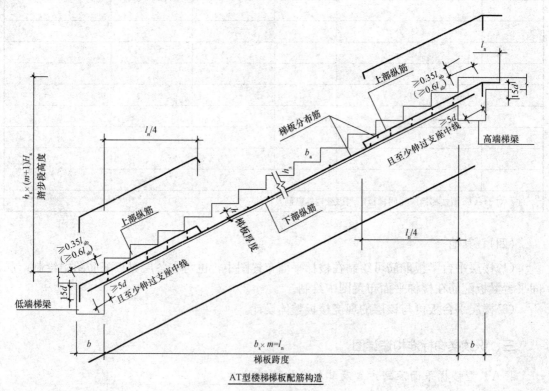

AT 型楼梯梯板配筋构造

图 5-108　AT 型楼梯板配筋构造

注意：(1)图中上部纵筋锚固长度 $0.35l_{ab}$ 用于设计按铰接的情况，括号内数据 $0.6l_{ab}$ 用于设计考虑充分发挥钢筋抗拉强度的情况，具体工程中设计应指明采用何种情况。

(2)上部纵筋需伸至支座对边再向下弯折。

(3)上部纵筋有条件时可直接伸入平台板内锚固，从支座内边算起总锚固长度不小于 l_a，如图中虚线所示。

(4)踏步两头高度调整如图 5-109 所示。

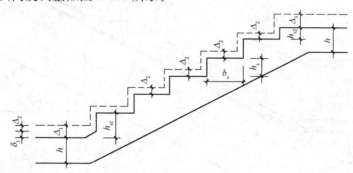

图 3-109　踏步两头高度调整

注：δ_1 为第一段与中间各级踏步整体竖向推高值；h_{s1} 为第一级(推高后)踏步的结构高度；
h_{s2} 为最上一级(减小后)踏步的结构高度；Δ_1 为第一级踏步根部的面层厚度；
Δ_2 为中间各级踏步的面层厚度；Δ_3 为最上一级踏步(板)的面层厚度。

2.BT 型楼梯平面注写方式及其标准构造详图

BT 型楼梯的适用条件为：两梯梁之间的矩形梯板由低端平板和踏步段构成，两部分的一端各自以梯梁为支座，凡是满足该条件的楼梯均可为 BT 型。

BT 型楼梯平面注写方式如图 5-110 所示，其中，集中注写的内容有 5 项：第 1 项为梯板类型，代号与序号 BT××；第 2 项为梯板厚度 h；第 3 项为踏步段总高度 H_s/踏步级数 $(m+1)$；第 4 项为上部纵筋及下部纵筋；第 5 项为梯板分布筋。

BT 型楼梯板配筋构造如图 5-111 所示。

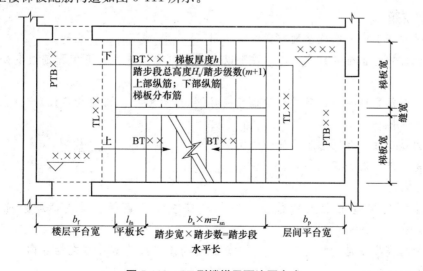

图 5-110　BT 型楼梯平面注写方式

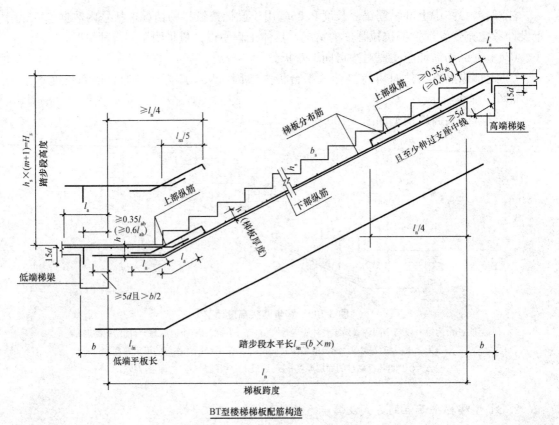

BT型楼梯梯板配筋构造

图 5-111　BT 型楼梯板配筋构造

习　题

一、填空题

1. 柱平法施工图是在柱平面布置图上采用_____或_____表达。

2. 各段柱的起止标高自_____往上以变截面位置或截面未变但配筋改变处为界分段注写。

3. 当柱纵筋直径相同，各边根数也相同时(包括矩形柱、圆柱和芯柱)，将纵筋注写在_____一栏中。

4. 剪力墙平面布置图可采用适当比例单独绘制，也可_____绘制。

5. 在剪力墙平法施工图中，应注明_____、_____及_____，还应注明上部结构嵌固部位位置。

6. 楼层框架构造中梁上部通长钢筋与非贯通钢筋直径相同时，连接位置宜位于_____范围内。

7. 板面标高高差是指相对于_____标高的高差，应将其注写在括号内，且有高差则注写，无高差不注写。

8. 当板支座为弧形，支座上部非贯通纵筋呈放射状分布时，设计者应注明配筋间距的度量位置并加注"_____"四字。

9. 当板的上部已配置有贯通纵筋，但需增配板支座上部非贯通纵筋时，应结合已配置的同向贯通纵筋的直径与间距采取_____方式配置。

10. 后浇带留筋方式分别为_____、_____。

11. 柱帽的平面形状有_____、_____或_____等，其平面形状由平面布置图表达。

12. 两梯梁之间的矩形梯板全部由踏步段构成，即踏步段两端均以梯梁为支座，凡是满足该条件的楼梯均可为_____。

二、判断题

1. 注写各段墙柱的起止标高，自墙柱根部往上以变截面位置或截面未变但配筋改变处为界分段注写。 （　）

2. 注写墙梁顶面标高高差，是指相对于墙梁所在结构层楼面标高的高差值，高于者为正值，低于者为负值，当无高差时不注写。 （　）

3. 截面注写方式是单独使用，不可与平面注写方式结合使用。 （　）

4. 对于普通楼面，两向均以两跨为一板块；对于密肋楼盖，两向主梁（框架梁）均以多跨为一板块（非主梁密肋不计）。 （　）

5. 贯通纵筋按板块的下部和上部分别注写（当板块上部不设贯通纵筋时则不注写），并以 B 代表下部，以 T 代表上部。 （　）

三、简答题

1. 简述列表注写方式在柱平面布置图上的表达。
2. 简述各种柱截面尺寸与轴线关系的表达方式。
3. 剪力墙墙柱、墙身如何编号？
4. 板块集中标注的内容有哪些？
5. 板支座原位标注的内容有哪些？
6. 什么是单向板？什么是双向板？

第六章　装配式建筑施工图识读

学习目标

掌握预制混凝土剪力墙、桁架钢筋混凝土叠合板、预制混凝土板式楼梯的列表注写方式、标注方式等；掌握预制混凝土剪力墙外墙板构造图、叠合板模板图和配筋图的相关规定。

教学方法建议

能熟练地应用预制混凝土剪力墙、桁架钢筋混凝土叠合板、预制混凝土板式楼梯的平法制图规格和构造详图知识识读平法施工图。

第一节　预制混凝土剪力墙

一、预制墙板类型与编号规定

1. 预制混凝土剪力墙编号

预制混凝土剪力墙编号由墙板代号、序号组成，表达形式应符合表 6-1 所示的规定。

表 6-1　预制混凝土剪力墙编号

预制墙板类型	代号	序号
预制外墙	YWQ	××
预制内墙	YNQ	××

在编号中，如若干预制剪力墙的模板、配筋、各类预埋件完全一致，仅墙厚与轴线的关系不同，也可将其编为同一预制剪力墙编号，但应在图中注明与轴线的几何关系。

编号中的序号可为数字，或数字加字母。如：YNQ5 a 表示某工程有一块预制混凝土内墙板与已编号的 YNQ5 除线盒位置外，其他参数均相同，为方便起见，将该预制内墙序号编为 5 a。

2. 预制混凝土剪力墙外墙

预制混凝土剪力墙外墙由内叶墙板、保温层和外叶墙板组成。

(1)内叶墙板。标准图集《预制混凝土剪力墙外墙板》(15G365-1)中的内叶墙板共有 5 种形式，编号规则见表 6-2，示例见表 6-3。

表 6-2　内叶墙板编号规则

内叶墙板类型	示意图	编号
无洞口外墙	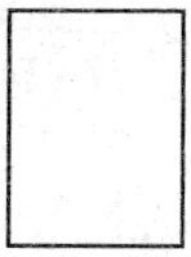	WQ－××－×× 无洞口外墙　标志宽度　层高
一个窗洞外墙（高窗台）		WQC1－××××－×××× 一个窗洞外墙高窗台　标志宽度　层高　窗宽　窗高
一个窗洞外墙（矮窗台）		WQCA－××××－×××× 一个窗洞外墙矮窗台　标志宽度　层高　窗宽　窗高
两个窗洞外墙	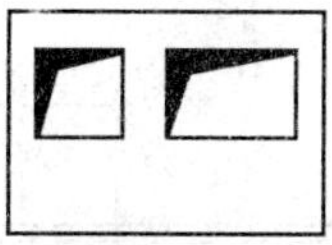	WQC2－××××－××××－×××× 两个窗洞外墙　标志宽度　层高　左窗宽　左窗高　右窗宽　右窗高
一个门洞外墙	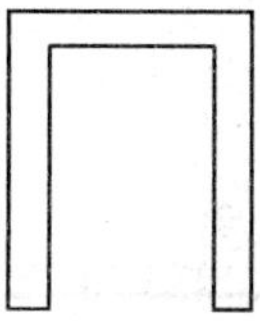	WQM－××××－×××× 一个门洞外墙　标志宽度　层高　门宽　门高

表 6-3　内叶墙板编号示例　　　　　　　　　　　　　mm

内叶墙板类型	示意图	墙板编号	标志宽度	层高	门/窗宽	门/窗高	门/窗宽	门/窗高
无洞口外墙		WQ-2428	2 400	2 800	—	—	—	—
一个窗洞外墙（高窗台）	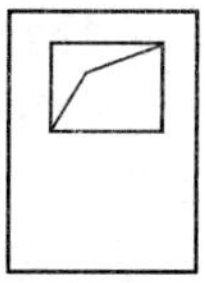	WQC1-3028-1514	3 000	2 800	1 500	1 400	—	—
一个窗洞外墙（矮窗台）	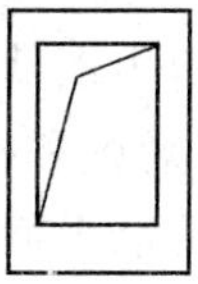	WQCA-3029-1517	3 000	2 900	1 500	1 700	—	—

内叶墙板类型	示意图	墙板编号	标志宽度	层高	门/窗宽	门/窗高	门/窗宽	门/窗高
两个窗洞外墙		WQC2-4830-0615-1515	4 800	3 000	600	1 500	1 500	1 500
一个门洞外墙		WQM-3628-1823	3 600	2 800	1 800	2 300	—	—

(2)外叶墙板。标准图集《预制混凝土剪力墙外墙板》(15G365-1)中的外叶墙板共有以下两种类型(图 6-1):

1)标准外叶墙板 wy1(a、b),按实际情况标注 a、b,当 a、b 均为 290 mm 时,仅注写 wy1;

2)带阳台板外叶墙板 wy2(a、b、c_L 或 c_R、d_L 或 d_R),按外叶墙板实际情况标注 a、b、c_L 或 c_R、d_L 或 d_R。

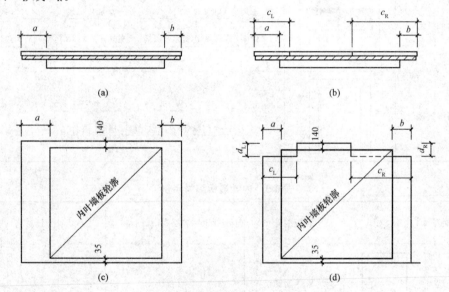

图 6-1 外叶墙板类型(内表面图)

(a)wy1俯视图;(b)wy2俯视图;(c)wy1主视图;(d)wy2主视图

二、预制墙板表注写内容

装配式剪力墙墙体结构可视为由预制剪力墙、后浇段、现浇剪力墙墙身、现浇剪力墙墙柱、现浇剪力墙墙梁等构件构成。其中,现浇剪力墙墙身、现浇剪力墙墙柱和现浇剪力墙墙梁的注写方式应符合《混凝土结构施工图平面整体表示方法制作规则和构造详图(现浇混凝土框架、剪力墙、梁、板)》(16G101-1)的规定。对应于预制剪力墙平面布置图上的编号,在预制墙板表中应表达图 6-2 所示的内容。

剪力墙梁表

编号	所在层号	梁顶相对标高高差	梁截面 b×h	上部纵筋	下部纵筋	箍筋
LL1	4-20	0.000	200×500	2⊈16	2⊈16	⊈8@100(2)

预制墙板表

平面图中编号	内叶墙板	外叶墙板	管线预埋	所在层号	所在轴号	墙厚(内叶-端)	构件质量/t	数量	构件详图页码(图号)
YWWQ1	—	—	见大样图	4-20	⑧-ⓓ/①	200	6.9	17	
YWWQ2	—	—	见大样图	4-20	Ⓐ-⑧/①	200	5.3	17	
YWWQ3L	WQC1-3328-1514	wy-1 $a=190$ $b=20$	低区X=450 中区X=280	4-20	①-②/Ⓐ	200	3.4	17	
YWWQ4L	—	—	见大样图	4-20	②-③/Ⓐ	200	3.8	17	
YWWQ5L	WQC1-3328-1514	wy-2 $a=20$ $d_R=80$ $c_R=590$ $b=190$	低区X=450 高区X=280	4-20	①-②/Ⓓ	200	3.9	17	
YWWQ6L	WQC1-3628-1514	wy-2 $a=290$ $d_L=80$ $c_L=590$ $b=290$	低区X=450 高区X=430	4-20	②-③/Ⓓ	200	4.5	17	
YNQ1	NQ-2728	—	低区X=150 高区X=450	4-20	Ⓒ-Ⓓ/②	200	3.6	17	
YNQ2L	NQ-2428	—	低区X=450 高区X=750	4-20	Ⓐ-⑧/②	200	3.2	17	
YNQ3	NQ-2728	—	见大样图	4-20	Ⓐ-⑧/④	200	3.5	17	
YNQ1a	—	—	低区X=150 中区X=750	4-20	Ⓒ-Ⓓ/③	200	3.6	17	

预制外墙模板表

平面图中编号	所在层号	所在轴号	预制外墙板厚度	构件质量/t	数量	构件详图页码(图号)
JM1	4-20	Ⓐ/① Ⓓ/①	60	0.47	34	15G365-1, 228

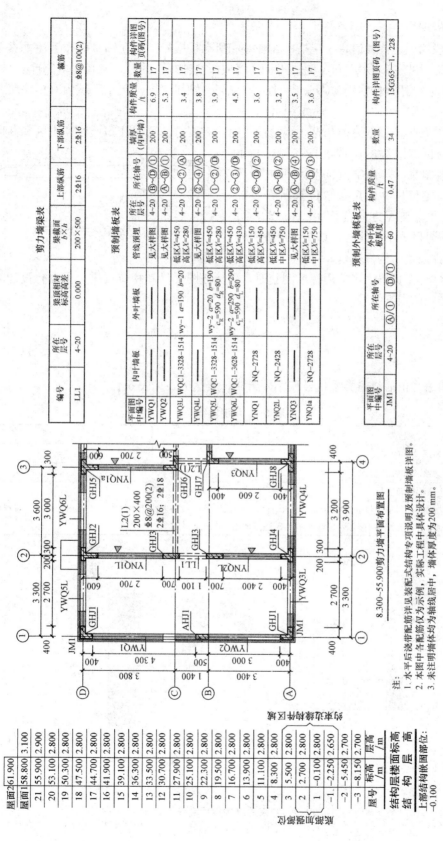

8.300~55.900剪力墙平面布置图

图6-2 剪力墙平面布置图示例

注：
1. 水平后浇带配筋详见装配式结构专项说明及预制墙板详图。
2. 本图中等配筋仅为示意，实际工程中具体设计。
3. 未注明墙体均为轴线居中，墙体厚度均为200 mm。

结构层楼面标高 结构层高

层号	标高/m	层高/m
屋面2	61.900	3.100
屋面1(塔层)	58.800	2.900
21	55.900	2.800
20	53.100	2.800
19	50.300	2.800
18	47.500	2.800
17	44.700	2.800
16	41.900	2.800
15	39.100	2.800
14	36.300	2.800
13	33.500	2.800
12	30.700	2.800
11	27.900	2.800
10	25.100	2.800
9	22.300	2.800
8	19.500	2.800
7	16.700	2.800
6	13.900	2.800
5	11.100	2.800
4	8.300	2.800
3	5.500	2.800
2	2.700	2.800
1	-0.100	2.800
-1	-2.250	2.650
-2	-5.450	2.700
-3	-8.150	2.700

上部结构嵌固部位：-0.100

(1)墙板编号。

(2)各段墙板的位置信息，包括所在轴号和所在楼层号。所在轴号应先标注垂直于墙板的起止轴号，用"～"表示起止方向；再标注墙板所在轴线、轴号，二者用"/"分隔，如图 6-2 中的 YWQ2，其所在轴号为Ⓐ～Ⓑ/①。如果同一轴线、同一起止区域内有多块墙板，可在所在轴号后用"－1""－2"……顺序标注。

(3)管线预埋位置信息。当选用标准图集时，高度方向可只注写低区、中区和高区，水平方向根据标准图集的参数进行选择；当不可选用标准图集时，高度方向和水平方向均应注写具体定位尺寸，其参数位置所在装配方向为 X、Y，装配方向背面为 X'、Y'，可用下角标编号区分不同线盒，如图 6-3 所示。

图 6-3　线盒参数含义示例

(4)构件质量、构件数量。

(5)构件详图页码。当选用标准图集时，需标注图集号和相应页码；当自行设计时，应注写构件详图的图纸编号。

三、后浇段

1. 后浇段编号

后浇段编号由后浇段类型代号和序号组成，表达形式见表 6-4。

表 6-4　后浇段编号

后浇段类型	代号	序号
约束边缘构件后浇段	YHJ	××
构造边缘构件后浇段	GHJ	××
非边缘构件后浇段	AHJ	××
注：约束边缘构件后浇段包括转角墙和有翼墙两种，如图 6-4 所示；构造边缘构件后浇段包括转角墙、有翼墙和边缘暗柱三种，如图 6-5 所示；非边缘构件后浇段如图 6-6 所示。		

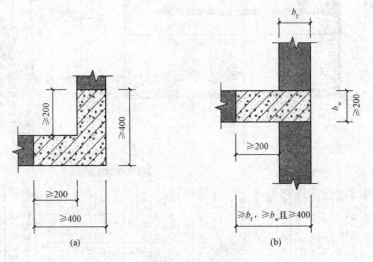

图 6-4　约束边缘构件后浇段(YHJ)

(a)转角墙；(b)有翼墙

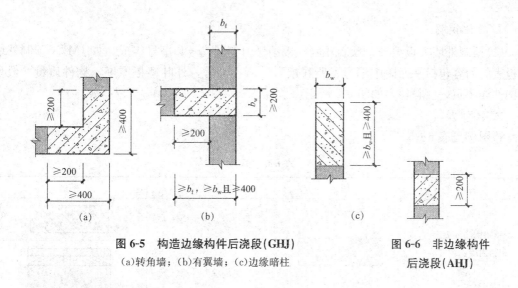

图 6-5 构造边缘构件后浇段(GHJ)
(a)转角墙；(b)有翼墙；(c)边缘暗柱

图 6-6 非边缘构件
后浇段(AHJ)

2. 后浇段表

后浇段表所表示的内容见表 6-5(结合图 6-2)。

表 6-5 后浇段表

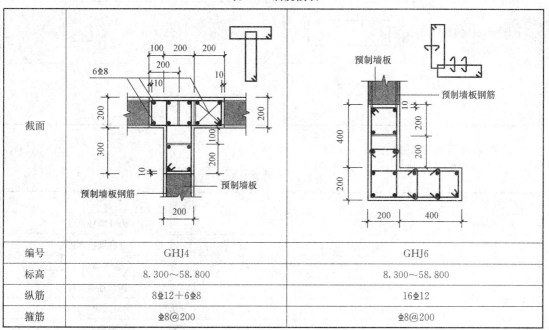

编号	GHJ4	GHJ6
标高	8.300~58.800	8.300~58.800
纵筋	8Φ12+6Φ8	16Φ12
箍筋	Φ8@200	Φ8@200

（1）注写后浇段编号，绘制后浇段的截面配筋图，标注后浇段几何尺寸。

（2）注写后浇段的起止标高，自后浇段根部往上以变截面位置或截面未变但配筋改变处为界分段注写。

（3）注写后浇段的纵筋和箍筋，注写值应与在表中绘制的截面配筋一致。纵筋注写直径和数量；后浇段箍筋、拉筋的注写方式与现浇剪力墙结构墙柱箍筋的注写方式相同。

（4）预制墙板外露钢筋尺寸应标注到钢筋中线，保护层厚度应标注至箍筋外表面。

3. 其他说明

(1)预制外墙模板编号。预制外墙模板编号由类型代号和序号组成,如 JM1。预制外墙模板表的内容包括平面图中编号、所在层号、所在轴号,外叶墙板厚度,构件质量、数量及构件详图页码(图号),如图 6-2 所示。

(2)图例及符号。

1)图例见表 6-6。

表 6-6　图例

名称	图例	名称	图例
预制钢筋混凝土 (包括内墙、内叶墙、 外叶墙)		后浇段、边缘构件	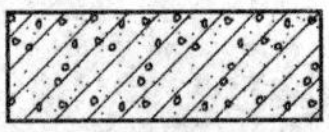
		夹心保温外墙	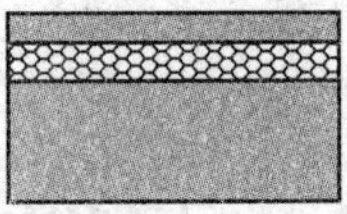
保温层	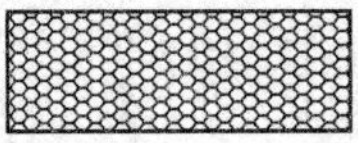	预制外墙模板	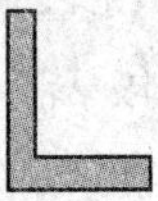
现浇钢筋混凝土墙体		防腐木砖	
预埋线盒		—	—

2)符号及其含义见表 6-7。

表 6-7　符号及其含义

符号	含义	符号	含义
⚠	粗糙面	h_q	内叶墙板高度
WS	外表面	L_q	外叶墙板高度
NS	内表面	h_a	窗下墙高度
MJ1	吊件	h_b	洞口连梁高度
MJ2	临时支撑预埋螺母	L_0	洞口边缘垛宽度
MJ3	临时加固预埋螺母	L_w	窗洞宽度
B-30	300 宽填充用聚苯板	h_w	窗洞高度
B-45	450 宽填充用聚苯板	L_{w1}	双窗洞墙板左侧窗洞宽度
B-50	500 宽填充用聚苯板	L_{w2}	双窗洞墙板右侧窗洞宽度
B-5	50 宽填充用聚苯板	L_d	门洞宽度
H	楼层高度	h_d	门洞高度
L	标志宽度	—	—

(3)钢筋加工尺寸标注说明。

1)纵筋。纵筋加工尺寸标注示意如图6-7所示。

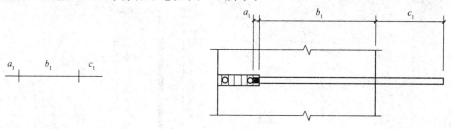

图6-7　纵筋加工尺寸标注示意

2)箍筋。箍筋加工尺寸标注示意如图6-8所示。

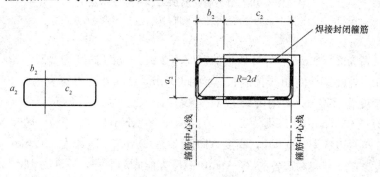

图6-8　箍筋加工尺寸标注示意

注：配筋图中箍筋长度均为中心线长度。

3)拉筋。拉筋加工尺寸标注示意如图6-9所示。

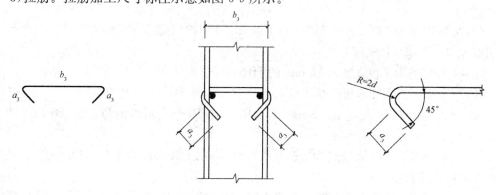

图6-9　拉筋加工尺寸标注示意

注：配筋图中a_3为弯钩处平直段长度，b_3为被拉钢筋外表皮距离。

4)窗下墙钢筋。窗下墙钢筋加工尺寸标注示意如图6-10所示。

四、预制混凝土剪力墙外墙板构造图

1.预制混凝土剪力墙外墙板模板图

预制混凝土剪力墙外墙板 WQ-3028 模板图如图6-11所示，外墙板的标志宽度为

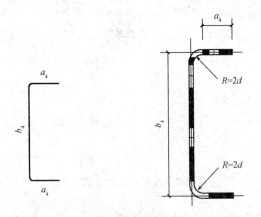

图 6-10　窗下墙钢筋加工尺寸标注示意

注：详图中 a_4 为弯钩处平直度长度，b_4 为竖向弯钩中心线距离。

3 000 mm，层高为 2 800 mm。外叶墙板的宽度为 2 980 mm，高度为 2 780+35=2 815(mm)，厚度为 60 mm，外叶墙板对角线控制尺寸为 4 099 mm。内叶墙板宽度为 2 400 mm，高度为 2 640 mm，厚度为 200 mm，内叶墙板对角线控制尺寸为 3 568 mm。夹心保温层宽度为 2 980−20×2=2 940(mm)，高度为 2 640+140=2 780(mm)，厚度为 t。内叶墙板距离外叶墙板边缘宽度方向两边各为 290 mm，高度方向底部为 20 mm，顶部为 140 mm。内叶墙板距离夹心保温层边缘宽度方向两边各为 270 mm，高度方向底部平齐，顶部为 140 mm。

2. 预制混凝土剪力墙外墙板配筋图

预制混凝土剪力墙外墙板 WQ-3028 配筋图如图 6-12 所示，由图可知 WQ-3028 内叶墙板配筋图中共有 9 种类型钢筋，根据前述工程概况，构件抗震等级为三级，各种钢筋信息如下：

(1)3a 号钢筋为 7 根直径为 16 mm 的 HRB400 竖向钢筋，下端插入套筒内，上端延伸出墙板顶部，下端车丝长度为 23 mm。

(2)3b 号钢筋为 7 根直径为 16 mm 的 HRB400 竖向钢筋。

(3)3c 号钢筋为内叶墙板两端 4 根直径为 12 mm 的 HRB400 竖向钢筋。

(4)3d 号钢筋为 13 根直径为 8 mm 的 HRB400 水平环向封闭钢筋，两端伸出内叶墙板边缘各 200 mm。

(5)3e 号钢筋为内叶墙板底部 1 根直径为 8 mm 的 HRB400 水平环向封闭钢筋，两端伸出内叶墙板边缘各 200 mm。

(6)3f 号钢筋为内叶墙板下部 2 根直径为 8 mm 的 HRB400 水平环向封闭钢筋，两端不伸出内叶墙板。

(7)3La 号钢筋为内叶墙板中间的拉筋，规格为直径为 6 mm 的 HRB400 钢筋，间距为 600 mm。

(8)3Lb 号钢筋为内叶墙板两侧竖向拉筋，规格为 26 根直径为 6 mm 的 HRB400 钢筋。

(9)3Lc 号钢筋为内叶墙板最底部一排拉筋，规格为 5 根直径为 6 mm 的 HRB400 钢筋。

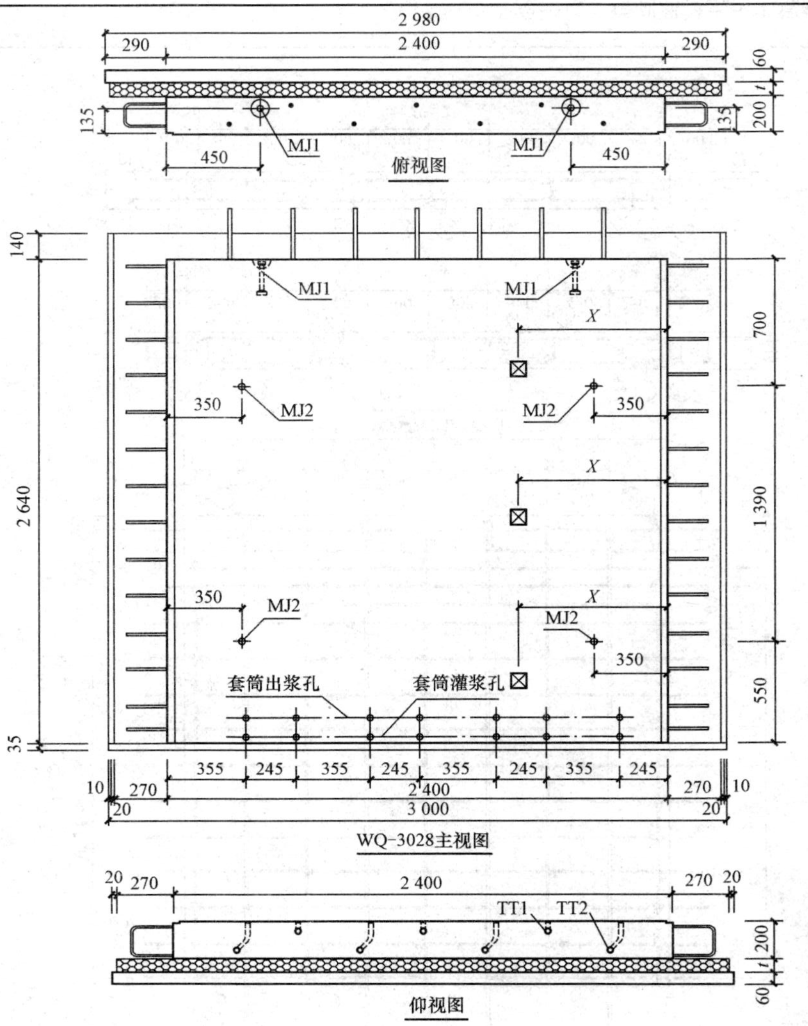

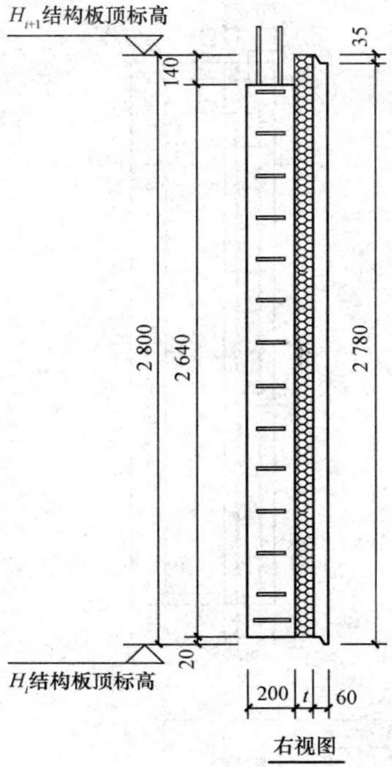

预制配件明细表

编号	名称	数量
MJ1	吊件	2
MJ2	临时支撑预埋螺母	4
TT1/TT2	套筒组件	3/4

预埋线盒(位置选用)

位置	中心端边距X/mm
高区	X=150、450、1950、2250
中区	X=150、450、750、1050、1350、1650、1950、2250
低区	X=150、450、1050、1350、1950、2250

右视图

俯视图

WQ-3028主视图

仰视图

套筒灌浆孔

套筒出浆孔

注:
1. 构件内叶中墙板对角线控制尺寸为3 568 mm，外叶墙板对角线控制尺寸为4 099 mm。
2. 灌浆孔、出浆孔标高见灌浆套筒详图。

图6-11 预制混凝土剪力墙外墙板WQ-3028模板图

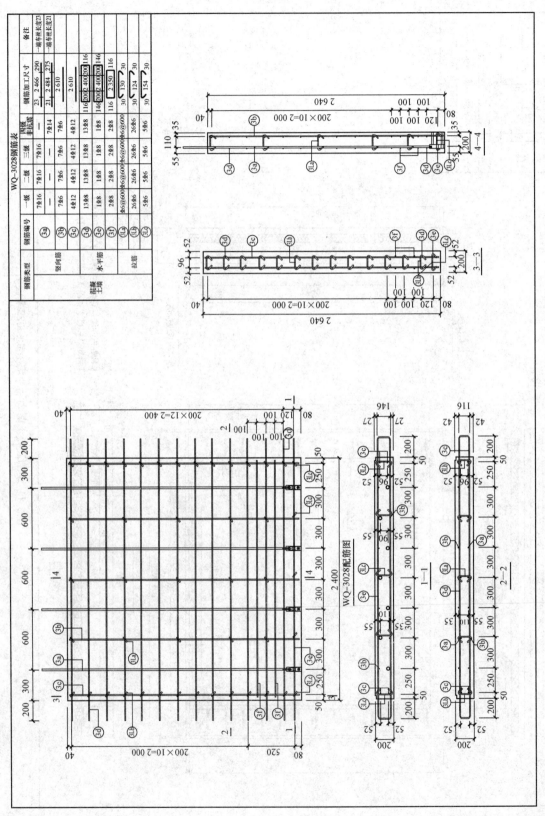

图6-12 预制混凝土剪力墙外墙板WQ-3028配筋图

第二节　桁架钢筋混凝土叠合板

一、叠合楼盖施工图的表示方法

叠合楼盖平面布置图，主要包括底板平面布置图、现浇层配筋平面图、水平后浇带或圈梁平面布置图。

所有叠合板板块应逐一编号，相同编号的板块可择其一作集中标注，其他仅注写置于圆圈内的板块编号。叠合板编号由叠合板代号和序号组成，其表达形式见表6-8。如DLB3，表示楼板为叠合板，序号为3；DWB2，表示屋面板为叠合板，序号为2；DXB1，表示悬挑板为叠合板，序号为1。

表6-8　叠合板编号

叠合板类型	代号	序号
叠合楼面板	DLB	××
叠合屋面板	DWB	××
叠合悬挑板	DXB	××

叠合板类型与编制规定如下：

(1)双向叠合板类型与编号规定。双向叠合板分为底板边板和底板中板两种类型。双向叠合板的编号如图6-13所示。

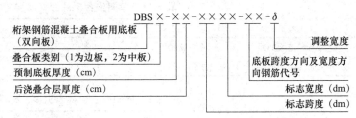

图6-13　双向叠合板的编号

双向叠合板底板宽度及跨度和双向叠合板底板跨度、宽度方向钢筋代号组合分别见表6-9和表6-10。

表6-9　双向叠合板底板宽度及跨度

	标志宽度/mm	1 200	1 500	1 800	2 000	2 400
宽度	边板实际宽度/mm	960	1 260	1 560	1 760	2 160
	中板实际宽度/mm	900	1 200	1 500	1 700	2 100
	标志跨度/mm	3 000	3 300	3 600	3 900	4 200	4 500
跨度	实际跨度/mm	2 820	3 120	3 420	3 720	4 020	4 320
	标志跨度/mm	4 800	5 100	5 400	5 700	6 000	—
	实际跨度/mm	4 620	4 920	5 220	5 520	5 820	—

表6-10　双向叠合板底板跨度、宽度方向钢筋代号组合

跨度方向钢筋　　编号 宽度方向钢筋	Φ18@200	Φ8@150	Φ10@200	Φ10@150
Φ8@200	11	21	31	41

编号 宽度方向钢筋 ＼ 跨度方向钢筋	单18@200	单8@150	单10@200	单10@150
单8@150	—	22	32	42
单8@100				43

【例 6-1】 底板编号 DBS1-67-3620-31，表示双向受力叠合板用底板，拼装位置为边板，预制底板厚度为 60 mm，后浇叠合层厚度为 70 mm，预制底板的标志跨度为 3 600 mm，预制底板的标志宽度为 2 000 mm，底板跨度方向配筋为 单10@200，底板宽度方向配筋为 单8@200。

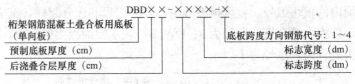

图 6-14　单向叠合板底板编号

（2）单向叠合板类型与编号规定。单向叠合板与双向叠合板相比，底板边板与中板构造相同，其编号如图 6-14 所示，单向叠合板底板钢筋编号见表 6-11，标志宽度和标志跨度见表 6-12。

表 6-11　单向叠合板底板钢筋编号

代号	1	2	3	4
受力筋规格及间距	单8@200	单8@150	单10@200	单10@150
分布筋规格及间距	单6@200	单6@200	单6@200	单6@200

表 6-12　单向叠合板标志宽度及跨度

宽度	标志宽度/mm	1 200	1 500	1 800	2 000	2 400
	实际宽度/mm	1 200	1 500	1 800	2 000	2 400
跨度	标志跨度/mm	2 700	3 000	3 300	3 600	3 900	4 200
	实际跨度/mm	2 520	2 820	3 120	3 420	3 720	4 020

【例 6-2】 底板编号 DBD67-3620-2，表示为单向受力叠合板用底板，预制底板厚度为 60 mm，后浇叠合层厚度为 70 mm，预制底板的标志跨度为 3 600 mm，预制底板的标志宽度为 2 000 mm，底板跨度方向受力筋规格及间距为 单8@150，宽度方向分布筋规格及间距为 单6@200。

二、叠合楼盖现浇层标注方法

叠合楼盖现浇层标注方法与《混凝土结构施工图平面整体表示方法制图规则和构造详图（现浇混凝土框架、剪力墙、梁、板）》(16G101-1)的"有梁楼盖板平法施工图的表示方法"相同。同时应标注叠合板编号。

预制底板布置平面图中需要标注叠合板编号、预制底板编号、各块预制底板尺寸和定位。预制底板为单向板时，可直接在板块上标注标准图集中的底板编号；当自行设计预制底板时，可参考标准图集的编号规定进行编号。

预制底板为单向板时，还应标注板边调节缝和定位；预制底板为双向板时还应标注接缝尺寸和定位；当板面标高不同时，标注底板标高高差，下降为负（一）。同时，应给出预制底板表。

预制底板表中需要标明编号、板块内的预制底板编号及其与叠合板编号的对应关系、所在楼层、构件质量和数量、构件详图页码（自行设计构件为图号）、构件设计补充内容（线盒、留洞位置等）。

其他说明：

（1）叠合楼盖预制底板接缝需要在平面布置图上标注其编号、尺寸和位置，并需给出接缝的详图，接缝编号规则见表 6-13。

表 6-13　叠合板底板接缝编号规则

名称	代号	序号
叠合板底板接缝	JF	××
叠合板底板密拼接缝	MF	—

（2）水平后浇带或圈梁标注。需在平面布置图上标注水平后浇带或圈梁的分布位置，水平后浇带编号由代号和序号组成（表 6-14），内容包括平面中的编号、所在平面位置、所在楼层及配筋等。

表 6-14　水平后浇带编号

类型	代号	序号
水平后浇带	SHJD	××

（3）双向叠合板与单向叠合板断面图如图 6-15 所示，其区别在于：上部两侧倒角尺寸相同，均为宽度 20 mm、高度 20 mm；双向板下部无倒角，单向板下部两侧倒角尺寸为宽度 10 mm、高度 10 mm。

（4）双向叠合板与单向叠合板拼缝构造大样图如图 6-16 所示，其区别在于：双向板底拼缝为接缝（JF）构造，缝宽度为 300 mm，两侧板预留钢筋搭接长度为 280 mm，接缝处纵筋直径及间距同底板下部钢筋；单向板底拼缝为密拼接缝（MF）构造，接缝处垂直缝长方向设置 ⏚6@200 连接筋，长度为 180 mm，沿缝长方向设置 2 ⏚6 纵筋，用于固定 ⏚6@200 钢筋。

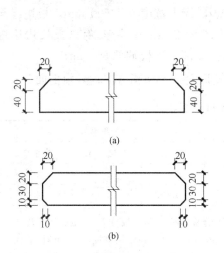

图 6-15　双向叠合板与单向叠合板断面图
（a）双向叠合板断面图；（b）单向叠合板断面图

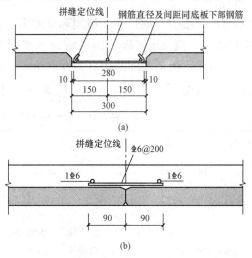

图 6-16　双向叠合板与单向叠合板拼缝构造大样图
（a）双向叠合板拼缝构造大样图；（b）单向叠合板拼缝构造大样图

三、叠合板模板图、配筋图

1. 叠合板模板图

叠合板模板图如图 6-17 所示，相关信息见表 6-15，从中可以读取出叠合板 DBS2-67-3015-11 模板图中的以下内容：

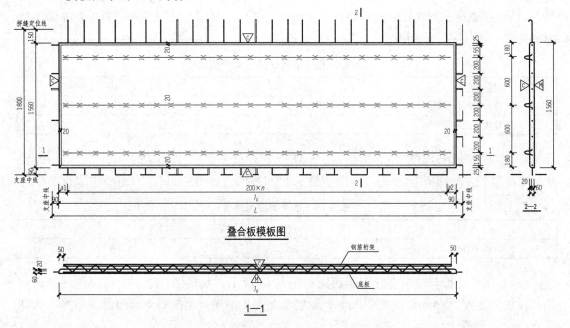

图 6-17 叠合板 DBS2-67-3015-11 模板图

(1)模板长度方向的尺寸：$l_0 = 2\,820$ mm，$a_1 = 150$ mm，$a_2 = 70$ mm，$n = 13$，$l_0 = a_1 + a_2 + 200n$，总长度 $L = l_0 + 90 \times 2 = 3\,000$(mm)，两端延伸至支座中线；桁架长度为 $l_0 - 50 \times 2 = 2\,720$(mm)。

(2)模板宽度方向的尺寸：板实际宽度为 1 200 mm，标志宽度为 1 500 mm，板边缘至拼缝定位线各 150 mm，板的四边坡面水平投影宽度均为 20 mm；桁架距离板长边边缘300 mm，两平行桁架之间的距离为 600 mm，钢筋桁架端部距离板端部 50 mm。

(3)叠合板底板厚度为 60 mm，▲所指方向代表模板面，△所指方向代表粗糙面。

表 6-15 叠合板 DBS2-67-3015-11 底板参数

底板编号 (X代表1、3)	l_0 /mm	a_1 /mm	a_2 /mm	n	桁架型号		
					编号	长度/mm	质量/kg
DBS2-67-3015-X1	2 820	150	70	13	A80	2 720	4.79
DBS2-68-3015-X1					A90		4.87

注：DBS2-67-3015-11 中各符号的含义：DBS——桁架钢筋混凝土叠合板用底板(双向板)；2——叠合板类型(1 为边板，2 为中板)；6——预制底板厚度，以 cm 计，即 60 mm；7——后浇叠合层厚度，以 cm 计(7 代表70 mm，8 代表 80 mm，9 代表 90 mm)；30——标志跨度，以 dm 计，即 3 000 mm；15——标志宽度，以 dm计，即 1 500 mm；11——底板跨度及宽度方向钢筋代号。

2. 叠合板配筋图

叠合板配筋图如图 6-18 所示，相关信息见表 6-16、表 6-17，从中可以读取出叠合板 DBS2-67-3015-11 配筋图中的以下内容：

(1)①号钢筋的直径为 8 mm，HRB400 级，两端弯锚 135°，平直段长度为 40 mm，间距为 200 mm，长度方向两端伸出板边缘 290 mm，左侧板边第一根钢筋距离板左边缘 $a_1 = 150$ mm，右侧板边第一根钢筋距离板右边缘 $a_2 = 70$ mm。

(2)②号钢筋的直径为 8 mm，HRB400 级，两端无弯钩，两端间距为 75 mm，中间间距为 200 mm，长度方向两端伸出板边缘 90 mm。

(3)③号钢筋的直径为 6 mm，HRB400 级，两端无弯钩，两端与①号钢筋的间距分别为 $150 - 25 = 125(\text{mm})$ 和 $70 - 25 = 45(\text{mm})$。

(4)桁架上弦和下弦钢筋的直径为 8 mm，HRB400 级，腹杆钢筋为直径为 6 mm 的 HPB300 级钢筋，长度方向桁架边缘距离板边缘 50 mm。

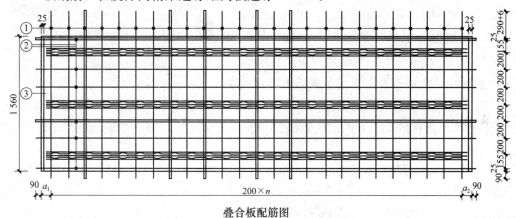

叠合板配筋图

图 6-18 叠合板 DBS2-67-3015-11 配筋图

注：①号钢筋弯钩角度为 135°；②号钢筋位于①号钢筋上层，桁架下弦钢筋与②号钢筋同层。

表 6-16 DBS2-67-3015-11 底板配筋表

底板编号 (X 代表 7、8)	①			②			③		
	规格	加工尺寸	根数	规格	加工尺寸	根数	规格	加工尺寸	根数
DBS2-6X-3015-11	⏀8	40 ⌐ 1 780 ⌐ 40	14	⏀8	3 000	6	⏀6	1 150	2
DBS2-6X-3015-31				⏀10					

表 6-17 钢筋桁架规格及代号表

桁架规格 代号	上弦钢筋 公称直径/mm	下弦钢筋 公称直径/mm	腹杆钢筋 公称直径/mm	桁架 设计高度/mm	桁架每延米理论 质量/(kg·m⁻²)
A80	8	8	6	80	1.76
A90	8	8	6	90	1.79
A100	8	8	6	100	1.82

桁架规格 代号	上弦钢筋 公称直径/mm	下弦钢筋 公称直径/mm	腹杆钢筋 公称直径/mm	桁架 设计高度/mm	桁架每延米理论 质量/(kg·m⁻²)
B80	10	8	6	80	1.98
B90	10	8	6	90	2.01
B100	10	8	6	100	2.04

第三节 预制钢筋混凝土板式楼梯

一、预制钢筋混凝土双跑楼梯识图

1. 预制双跑楼梯编号规定

预制双跑楼梯编号如图 6-19 所示。例如，ST-28-25 表示预制钢筋混凝土板式双跑楼梯，建筑层高为 2 800 mm，楼梯间净宽为 2 500 mm。

图 6-19 预制双跑楼梯编号

2. 预制双跑楼梯平面布置图与剖面图标注内容

（1）平面布置图标注内容。预制双跑楼梯平面布置图标注内容包括楼梯间的平面尺寸、楼层结构标高、楼梯的上下方向、预制梯板的平面几何尺寸、梯板类型及编号、定位尺寸和连接作法索引号等。

在图 6-20 所示的预制双跑楼梯平面布置图中，选用了编号为 ST-28-24 的预制钢筋混凝土板式双跑楼梯，建筑层高为 2 800 mm，楼梯间净宽为 2 400 mm，梯段水平投影长度为 2 620 mm，梯段宽度为 1 125 mm。中间休息平台标高为 1.400 m，宽度为 1 000 mm，楼层平台宽度为 1 280 mm。

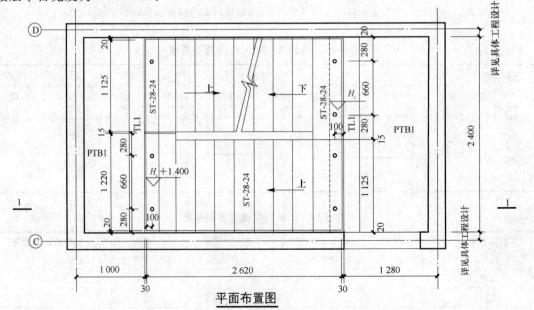

图 6-20 预制双跑楼梯平面布置图

（2）剖面图标注内容。预制双跑楼梯剖面图标注内容包括预制双跑楼梯编号、梯梁梯柱编号、预制梯板水平及竖向尺寸、楼层结构标高、层间结构标高、建筑楼面做法厚度等。

在图 6-21 所示的预制双跑楼梯剖面图中，预制双跑楼梯编号为 ST-28-24，梯梁编号为TL1，梯段高为 1 400 mm，中间休息平台标高为 1.400 m，楼层平台标高为 2.800 m，入户处楼梯建筑面层厚度为 50 mm，中间休息平台建筑面层厚度为 30 mm。

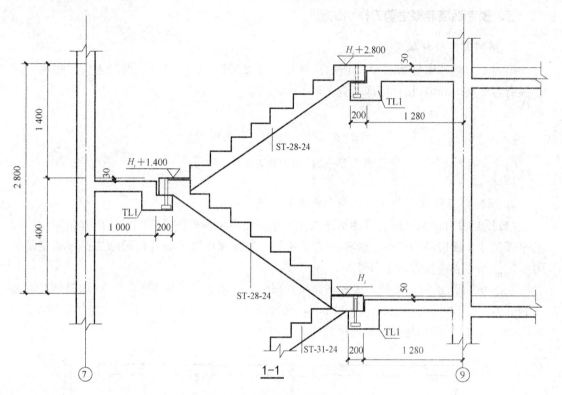

图 6-21　预制双跑楼梯剖面图

3. 其他说明

（1）预制双跑楼梯表的主要内容包括：构件编号、所在楼层、构件质量、构件数量、构件详图页码（选用标准图集的楼梯注写具体图集号和相应页码；自行设计的构件需注写施工图图号）、连接索引（标准构件应注写具体图集号、页码和节点号；自行设计时需注写施工图页码），备注中可标明该预制构件是"标准构件"或"自行设计"，见表 6-18。

表 6-18　预制双跑楼梯表

构件编号	所在楼层	构件质量/t	构件数量	构件详图页码（图号）	连接索引	备注
ST-28-24	3～20	1.61	72	15G367—1, 8～10	—	标准构件
ST-31-24	1～2	1.8	8	结施—24	15G367—1, 27, ①②	自行设计本图略

（2）预制隔墙板编号由预制隔墙板代号、序号组成。表达形式见表 6-19。如 GQ3，表示预制隔墙，序号为 3。

表 6-19　预制隔墙板编号

预制墙板类型	代号	序号
预制隔墙板	GQ	××

二、预制钢筋混凝土剪刀楼梯识图

1. 预制剪刀楼梯编号规定

预制剪刀楼梯编号如图 6-22 所示。例如，JT-28-25 表示预制钢筋混凝土剪刀楼梯，建筑层高为 2 800 mm，楼梯间净宽为 2 500 mm。

图 6-22　预制剪刀楼梯编号

2. 预制剪刀楼梯平面布置图与剖面图标注内容

(1)预制剪刀楼梯平面布置图标注内容。预制剪刀楼梯平面布置图标注内容包括楼梯间的平面尺寸、楼层结构标高、楼梯的上下方向、预制梯板的平面几何尺寸、梯板类型及编号、定位尺寸和连接做法索引号等。

在图 6-23 所示的预制剪力楼梯平面布置图中，选用了编号为 JT-28-25 的预制钢筋混凝土板式剪刀楼梯，建筑层高为 2 800 mm，楼梯间净宽为 2 500 mm，梯段水平投影长度为 4 900 mm，梯段板端部与梯梁竖向接缝缝宽为 30 mm。

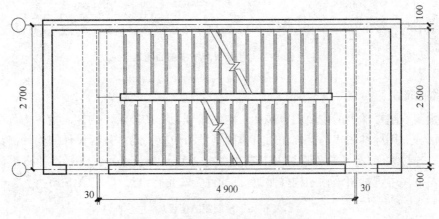

图 6-23　预制剪刀楼梯平面布置图

(2)预制剪刀楼梯剖面图标注内容。预制剪刀楼梯剖面图标注内容包括预制剪刀楼梯编号，梯梁、梯柱编号，预制梯板水平及竖向尺寸，楼层结构标高，层间结构标高，建筑楼面做法厚度等。

在图 6-24 所示的预制剪刀楼梯剖面图中，预制剪刀楼梯编号为 JT-28-25，梯梁编号为 TL，梯段高为 2 800 mm，楼层平台标高下一层为 H_i，上一层为 $H_i+2\,800$(mm)，入户处(平台处)楼梯建筑面层厚度为 50 mm；踏步高度为 175 mm，踏步宽度为 260 mm，梯板厚度为 200 mm。

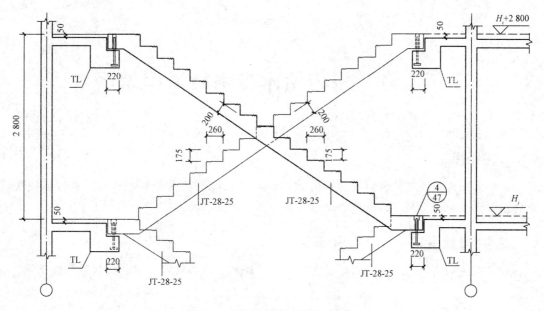

图 6-24　预制剪刀楼梯剖面图

习　题

一、填空题

1. 预制混凝土剪力墙编号由墙板_____、_____组成。

2. 预制混凝土剪力墙外墙由_____、_____和_____组成。

3. 各段墙板的位置信息包括所在轴号和所在楼层号，所在轴号应先标注垂直于墙板的起止轴号，用_____表示起止方向；再标注墙板所在轴线、轴号，二者用_____分隔。

4. 预制外墙模板编号由_____和_____组成。

5. 所有叠合板板块应逐一编号，相同编号的板块可择其一作_____，其他仅注写置于_____的板块编号。

6. 双向叠合板分为_____和_____两种类型。

二、简答题

1. 装配式剪力墙墙体结构可由哪几个部分组成？

2. 后浇段表内所表示的内容包括哪些？

3. 预制外墙模板表的内容包括哪些？

4. 叠合楼盖平面布置图主要包括哪些？

5. 简述预制双跑楼梯编号规定。

6. 简述预制剪刀楼梯平面布置图与剖面图标注内容。

第七章　室内给水排水施工图识读

学习目标

能够贯彻建筑给水排水制图标准的相应规定，能掌握室内给水排水施工图的类型及相应的图示方法和图示内容，会正确识读室内给水排水施工图。

教学方法建议

在建筑技能实训基地、多媒体教室采用集中讲授、分组练习、角色扮演等方法教学。

第一节　认识室内给水排水系统

一、室内给水系统的分类与组成

室内给水系统的任务是将取自城市给水管网或自备水源的用水输送到建筑内部用水点，以满足人们生活、生产、消防等用水的需求。室内给水系统分为生活给水系统、生产给水系统与消防给水系统三种类型。

建筑物的给水是从室外给水管网上经一条引入管进入的，引入管安装有进户总闸门和计算用水量的水表，再与室内给水管网连接。在室内给水管网上往往安装局部加压用水泵，在建筑物底层建储水池，在建筑物顶层安装储

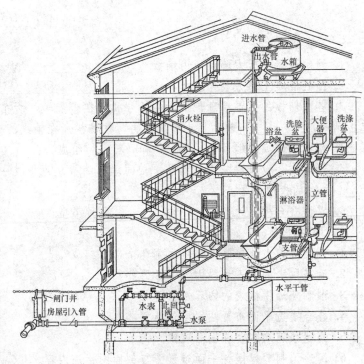

图 7-1　室内给水系统的组成

水箱，以确保建筑用水的水量和足够的压力。按建筑物的防火要求，还要设置消防给水系统。室内给水系统的组成如图 7-1 所示。

二、室内排水系统的分类与组成

按所排污水性质的不同，室内排水系统可分为生活污水排水系统、工业废水排水系统与屋面雨雪水排水系统三类。

室内排水系统如图 7-2 所示，一般由污废水收集器、排水管系统、通气管、清通设备、抽升设备、污水局部处理设备等部分组成。

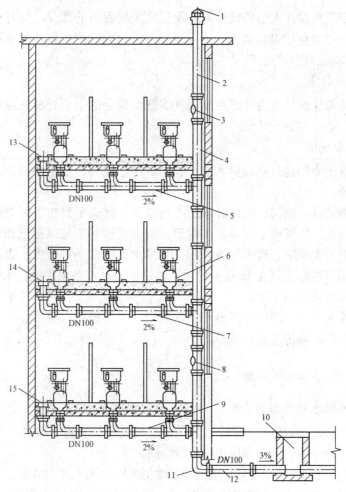

图 7-2　室内排水系统

1—风帽；2—通气管；3，8—检查口；4—排水立管；5，7，9—排水横支管；
6—大便器；10—检查井；11—出户大旁管；12—排水管；13，14，15—清扫口

第二节　识读室内给水排水施工图

室内给水排水施工图主要反映一幢建筑物内给水、排水管道的走向和建筑设备的布置情况。室内给水方式、排水体制、管道敷设形式、给水升压设备和污水局部处理构筑物等均可在图纸上表达出来。

一、室内给水排水施工图的组成

室内给水排水施工图是指房屋建筑内需要供水的厨房、卫生间等的给水和排水工程施工服务的图纸，主要包括设计说明、主要材料统计表、管道平面布置图、管路系统轴测图及详图。

1.设计说明

设计说明用于反映设计人员的设计思路及用图无法表示的部分，同时也反映设计者对施工的具体要求，主要包括设计范围、工程概况、管材的选用、管道的连接方式、卫生洁具的安装、标准图集的代号等。

2.主要材料统计表

主要材料统计表是设计者为使图纸能顺利实施而规定的主要材料的规格型号，小型施工图可省略此表。

3.管道平面布置图

管道平面布置图表明建筑物内给水排水管道、用水设备、卫生器具、污水处理构筑物等的各层平面布置。

管道上的各种管件、阀门、附件等均用图例表示。管道平面布置图中管道一般不必标注管径、长度和坡度。为了便于与系统图对照，管道应按系统加以标记和编号，给水管道以每一个引入管为一个系统，排水管道以每一个排出管或几条排出管汇集至室外检查井为一个系统。系统编号的标志是在 10 mm 的圆圈内过中心画一条水平线，水平线上面用大写汉语拼音字母表示管道类别。

给水立管和排水立管一般用涂黑的小圆圈表示，当建筑物内穿过一层及其以上楼的立管，数量多于一个时，宜标注立管编号。

二、识读室内给水排水平面图

(一)室内给水排水平面图的绘制

(1)建筑物轮廓线、轴线号、房间名称、楼层标高、门、窗、梁柱、平台和绘图比例等，均应与建筑专业一致，但图线应用细实线绘制。

(2)各类管道、用水器具和设备、消火栓、喷洒水头、雨水斗、立管、管道、上弯或下弯及主要阀门、附件等，均应按规定的图例，以正投影法绘制在平面图上。

管道种类较多，在一张平面图内表达不清楚时，可将给水排水、消防或直饮水管分开绘制相应的平面图。

(3)各类管道应标注管径和管道中心距离建筑墙、柱或轴线的定位尺寸，必要时还应标注管道标高。

(4)敷设在该层的各种管道和为该层服务的压力流管道均应绘制在该层的平面图上；敷设在下一层而为本层器具和设备排水服务的污水管、废水管和雨水管应绘制在本层平面图上。如有地下层时，各种排出管、引入管可绘制在地下层平面图上。

(5)设备机房、卫生间等另绘制放大图时，应在这些房间内按现行国家标准《房屋建筑制图统一标准》(GB/T 50001—2017)的规定绘制引出线，并应在引出线上面注明"详见水施-

××"字样。

(6)平面图、剖面图中局部部位需另绘制详图时，应在平面图、剖面图和详图上按现行国家标准《房屋建筑制图统一标准》(GB/T 50001—2010)的规定绘制被索引详图图样和编号。

(7)管道布置不同的楼层应分别绘制其平面图；管道布置相同的楼层可绘制一个楼层的平面图，并按现行国家标准《房屋建筑制图统一标准》(GB/T 50001—2017)的规定标注楼层地面标高。

(8)地面层(±0.000)平面图应在图幅的右上方按现行国家标准《房屋建筑制图统一标准》(GB/T 50001—2017)的规定绘制指北针。

(9)建筑专业的建筑平面图采用分区绘制时，本专业的平面图也应分区绘制，分区部位和编号应与建筑专业一致，并应绘制分区组合示意图，各区管道相连但在该区中断时，第一区应用"至水施-××"，第二区左侧应用"自水施-××"，右侧应用"至水施-××"方式表示，并应依此类推。

(10)建筑各楼层地面标高应以相对标高标注，并应与建筑专业一致。

(二)室内给水排水平面图识读方法

室内给水排水平面图是卫生设备施工图中最基本的图样，它主要反映卫生器具、管道及其附件相对于房屋的平面位置。

(1)看给水进户管和污(废)水排出管、给水排水干管、立管、支管的平面位置、走向、定位尺寸、系统编号及建筑小区给排水管网的连接形式、管径、坡度等。

(2)看卫生器具和用水设备、升压设备(水泵、水箱)等的平面位置、定位尺寸、型号规格及数量。

(3)看消防给水管道，弄清消火栓的平面位置、型号、规格，水带材质与长度，水枪的型号与口径，消防箱的型号，明装与暗装、单门与双门。

【例7-1】 识读图7-3所示室内给水排水平面图。

如图7-3所示，该图表示的住宅楼底层为商业门市，无卫生器具。27层为住户，每层卫生器具布置一致，管道布置相同。主卧卫生间布置有坐便器、洗脸盆浴池，客厅卫生间布置有蹲式大便器、洗脸盆，均设有地漏。

从图7-3可以看出，底层沿东侧横墙设一条给水引入管，管径为DN100，引入管上设总水表和总阀门，引入管在东北角分两支，一支引向东侧墙角接立管JL-4，管径为DN50，另一支平行于北纵墙布置，其上引入若干根支管进入商业门面，管径为DN15。2~7层由各立管引入各层用水房，连接各用水房(厨房、卫生间)用水设备，各层管道布置一致。

如图7-3所示，底层平面图中标示出了WL-7和WL-8的立管及排出管。27层平面图中，以WL-8为例，污水横管分别连接洗脸盆、蹲便式大便器、地漏，经立管WL-8至排出管，排至室外检查井W2。

三、识读室内给水排水系统图

室内给水排水系统图是反映室内给水排水管道及设备的空间关系的图纸。识读给水排水系统图时，应先看给排水进出口的编号。

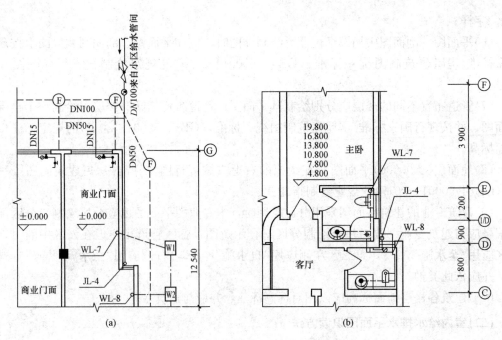

图 7-3 室内给水排水平面图

(a)一层给水排水平面图(1∶100);(b)27 层给水排水平面图(1∶100)

(一)识读室内给水系统图

识读室内给水系统轴测图时,从引入管开始,沿水流方向经过干管、立管、支管到用水设备。看图时了解室内给水方式、地下水池和屋顶水箱或气压给水装置的设置情况、管道的具体走向、干管的敷设形式、管井尺寸及变化情况、阀门和设备及引入管和各支管的标高。

【例 7-2】 识读图 7-4 所示室内给水及热水系统图。

从图 7-4 中可看出该给水系统为生活消防给水,干管位于建筑物±0.000 以下,属下行上给式系统,系统编号为$\frac{给}{1}$,引入管管径为 DN80,埋深为−0.8 m。

引入管进入室内后分成两路,一路由南向北沿轴线接消防立管 XL-1,干管直径为 DN80,标高为−0.450 m;另一路由西向东沿轴线接给水立管 JL-1,干管直径为 DN50,标高为−0.500 m。

立管 JL-1 设在Ⓐ轴线上,自底层−0.500 m 至 7.900 m。该立管在底层分为两路供水,一路沿墙面明装,管径为 DN32,标高为 0.900 m,经四组淋浴器后与储水罐底部的进水管相接;另一路沿墙面明装向洗脸盆供水,管径为 DN15,标高为 0.350 m。JL-1 立管在二楼卫生间内也分两路供水,一路管径为 DN20,标高为 4.300 m,后上翻到标高 4.800 m 转弯,为两个小便器供水;另一路沿墙面明装,标高为 4.600 m,管径为 DN20,接水龙头为污水池供水,然后上翻至标高 5.800 m,为蹲便器高水箱供水,再返下至标高 3.950 m,管径变为 DN15,为洗脸盆供水。三楼给水管道的走向、管径、器具设置与二楼相同。消防立管 XL-1 管径为 DN50,在标高 1.000 m 处设闸阀一个,并在每层距离地面 1.000 m 处设置消火栓,其编号分别为 H1、H2、H3。

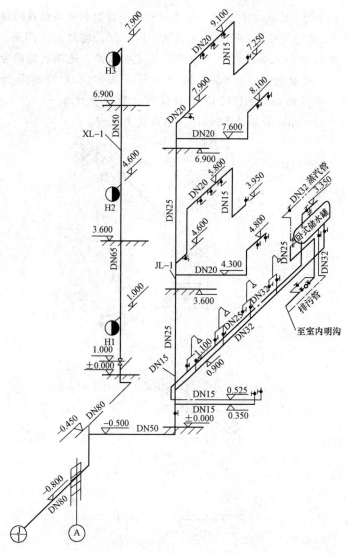

图 7-4　室内给水及热水系统图

(二)识读室内排水系统图

识读排水系统轴测图时,可从上而下自排水设备开始,沿污水流向经横支管、立管、干管到总排出管。看图时,了解排水管道系统的具体走向、管径尺寸、横管坡度、管道各部位的标高、存水弯的形式、三通设备设置情况、伸缩节和防火圈的设置情况、弯头及三通的选用情况。

【例 7-3】 识读图 7-5 所示室内排水系统图。

由图 7-5 可以看出,该工程的排出管沿轴线排出建筑物,排出管的管径为 DN110,标高为 -0.900 m,坡度为 $i=0.026$,坡向室外。

二楼的排水横管有两路:一路是从厕所的地漏开始,自北向南沿楼板下面敷设,排水管的起点标高为 3.27 m,中间接纳由洗脸盆、大便器、污水池排除的污水,并排至立管 PL-1,在排水横管上设有一个清扫口,其编号为 SC2,清扫口之前的管径为 DN50,之后的管径为

DN110，坡度为 $i=0.026$，坡向立管；另一路是由两个小便器和地漏组成的排水横管，地漏之前的管径为 DN50，之后的管径为 DN110，坡度为 $i=0.026$，坡向立管 PL-1。

底层淋浴器由洗脸盆和地漏组成排水横管，属直埋敷设，地漏之前的管径为 DN50，之后的管径为 DN110，坡度为 $i=0.026$，坡向立管。排水立管的编号为 PL-1，管径为 DN110，在底层及三层地面高度为 1.000 m 处设有立管检查口各一个。立管上部伸出屋面的通气管伸出屋面 700 mm，管径为 DN110，出口设有风帽。

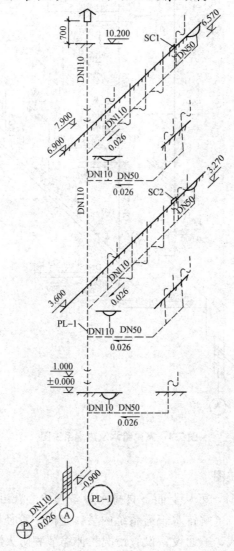

图 7-5　室内排水系统图

习　题

一、填空题

1. 室内给水系统分为＿＿＿＿＿＿、＿＿＿＿＿＿与＿＿＿＿＿＿三种类型。

2. 按所排污水性质的不同，室内排水系统可分为_____、_____与_____三类。

3. 识读室内给水排水系统图时，应先看_____。

二、思考题

1. 室内给水排水施工图由哪些内容组成？

2. 简述室内给水排水平面图的识读方法。

3. 如何识读室内排水系统图？

三、实践题

试对图 7-6 所示的一层给水排水平面图进行识读。

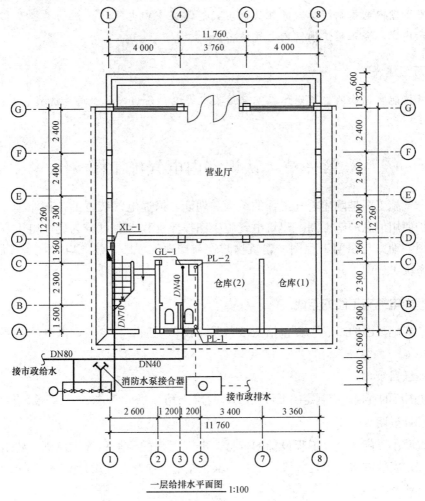

图 7-6 一层给水排水平面图

第八章　室内电气施工图识读

能够贯彻室内电气制图标准的相关规定，能掌握室内电气施工图的类型及相应的图示方法和图示内容，会正确识读室内电气施工图。

在建筑技能实训基地、多媒体教室采用集中讲授、分组练习、角色扮演等方法教学。

第一节　认识室内电气施工图

室内电气施工图是阐述电气工程的结构和功能，描述电气装置的工作原理，提供安装接线和维护使用信息的施工图。建筑电气施工图按照工程性质可分为变配电工程图、电力线路工程图、动力与照明工程图、建筑物防雷与接地工程图、建筑电气设备控制工程图、建筑弱电系统工程图等。

一、室内电气施工图的组成

室内电气施工图的组成主要包括图纸目录、设计说明、材料表、电气平面图、电气系统图和详图等。

(一)图纸目录

为方便图纸的查找，应制定图纸目录，其内容有序号、图纸名称、图纸编号、图纸张数等。

(二)设计说明

设计说明主要阐述电气工程设计的依据、电气工程的要求和施工原则、建筑特点、电气安装标准、安装方法、工程等级、工艺要求、注意事项及有关设计的补充说明等。

(三)材料表

图例使用表格的形式列出该系统中使用的图形符号或文字符号，通常只列出本套图纸中所涉及的一些图形符号或文字符号。设备材料明细表只列出该电气工程所需要的设备和材料的名称、型号、规格和数量等。材料表是将某一电气工程所需的主要设备、元件、材料和有关数据列成表格，表示其名称、符号、型号、规格、数量、备注等内容。

(四)电气平面图

电气平面图是表示电气设备与线路平面位置及线路走向的图纸，是进行建筑电气设备安装的重要依据。电气平面图分为外电总电气平面图和各专业电气平面图，主要包括电气照明平面图、电气动力平面图、防雷平面图、接地平面图、智能建筑平面图等。

(五)电气系统图

电气系统图是用单线图表示电能或电信号接回路分配出去的图样，是表明供电分配回路的分布和相互联系的示意图(主要表示各个回路的名称、用途、容量及主要电气设备、开关元件及导线电缆的规格型号等)。通过电气系统图可以知道该系统的回路个数及主要用电设备的容量、控制方式等。建筑电气工程中电气系统图用得很多，动力、照明、变配电装置、通信广播、电缆电视、火灾报警、防盗保安、计算机监控、自动化仪表等都要用到电气系统图。

(六)详图

详图是用来详细表示设备安装方法的图纸，多采用全国通用电气装置标准图集。通过详图可以了解该项工程的复杂程度。一般非标准的控制柜、箱，检测元件和架空线路的安装等都要用到详图，其中剖面图也是详图的一种。

二、室内电气施工图阅读程序

阅读室内电气施工图应该按照一定的顺序进行，这样才能比较迅速全面地读懂图纸，完全实现读图的意图和目的。建筑电气施工图的阅读顺序是设计总说明，电气总平面图，电气系统图，电气平面图，控制原理图，二次接线图，分项说明，图例，电缆、设备清册，大样图，设备材料表和其他专业图样并进，如图 8-1 所示。

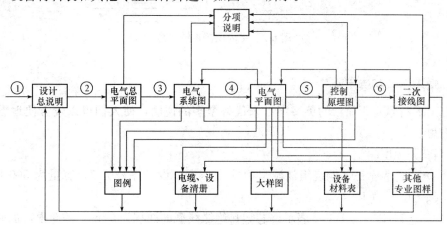

图 8-1 室内电气施工图阅读程序示意

第二节 识读室内电气施工图

一、室内电气系统的组成

(1)电气照明器及用电器。电光源与灯具的组合称为电气照明器；其他设备如开关、插座、电铃、排气扇、空调等称为用电器。

(2)开关和插座。开关和插座是电路的重要设备，直接关系到安全用电和供电。开关是接通或断开照明灯具电源的器件，用来控制照明灯具等设备。插座是为移动式电器和设备提供电源的设备。

（3）电力设备。工业企业及民用建筑中使用的以电动机为原动力的设备及其控制装置和附属设备统称为电力设备。

（4）配电箱。配电箱是按电气接线要求将开关设备、测量仪表、保护电器和辅助设备组装在封闭或半封闭金属柜中或屏幅上。

（5）配电线路。从降压变电站把电力送到配电变压器或将配电变压器的电力送到用电单位的线路称为配电线路。配电线路电压为 3.6～40.5 kV 的，称为高压配电线路；配电线路电压不超过 1 kV、频率不超过 1 000 Hz、电压不超过 1 500 V 的，称为低压配电线路。

室内电气系统的配电方式，由室外低压配电线路（引入线）引到建筑物内总配电箱，从总配电箱分出若干组干线，每组干线接分配电箱，最后从分配电箱引出若干组支线（回路）接至各用电设备，如图 8-2 所示。

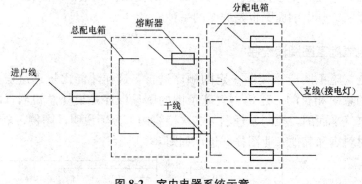

图 8-2　室内电器系统示意

二、常用符号阅读示例

图标上的符号是用简洁的英文字母来代替繁多的说明，使人们可以较方便地看懂这些符号的意思。

文字符号说明举例：

S7-500/10：表示三相铜绕组油浸自冷式变压器，设计序号为 7，容量为 500 kV·A，高压绕组额定电压为 10 kV。

BV3×6+1×2.5-SC-FC：表示铜芯塑料绝缘线截面面积为 6 mm^2 的 3 根，加截面面积为 2.5 mm^2 的 1 根，穿焊接钢管暗敷设在地面内。

BLVV3×2.5-QD-CE：表示导线型号为铝芯塑料护套线，导线根数为 3 根，每芯导线截面面积为 2.5 mm^2，用铝卡沿平顶明敷设。

BLX3×1.5-SC-AC：表示铝芯橡皮线 3 根，截面面积为 1.5 mm^2，穿钢管在能走人的吊顶内敷设。

三、室内电气施工图识读方法

（1）首先应阅读相对应的室内电气系统图，了解整个电气系统的基本组成、各设备之间的相互关系，对整个电气系统有一个全面了解。

（2）阅读设计说明和图例。电气平面图常附有设计说明或施工说明，以表达图中无法表示或不易表示但又与施工有关的问题。设计说明以文字形式描述设计的依据、相关参考资料以及图中无法表示或不易表示但又与施工有关的问题。图例中常表明图中采用的某些非标准图形符号。这些内容对正确阅读电气平面图是十分重要的。

（3）了解建筑物的基本情况，熟悉电气设备、照明灯具在建筑物内的分布与安装位置，同时了解电气设备、照明灯具的型号、规格、性能、特点，以及对安装的技术要求。

（4）了解各支路的负荷分配和连接情况，明确各设备属于哪个支路的负荷，弄清设备之间的相互关系。

（5）将电气平面图与安装大样图相互结合起来阅读，电气平面图是施工单位用来指导施工的依据，也是施工单位用来编制施工方案和工程预算的依据。

（6）在阅读电气平面图时，应建立空间概念。

（7）为避免建筑电气设备及线路与其他设备管线在安装时发生位置冲突，在阅读电气平面图时，要对照阅读其他建筑设备安装图，做到"相互对照、综合看图"。

（8）了解设备的一些特殊要求，作出适当的选择，如低压电器外壳防护等级、防触电保护的照明灯具分类、防爆电器等的特殊要求。

四、识读室内电气照明平面图

识读室内电气照明平面图要根据平面图标示的内容，沿着电源、引入线、配电箱、引出线、用电器具这条"线"来读。在识读过程中，要注意了解导线根数，敷设方式，灯具的型号、数量、安装方式及高度，插座和开关的安装方式、安装高度等内容。

【例 8-1】 识读图 8-3 所示室内电气照明平面图。

图 8-3 所示为某幼儿园一层照明平面图。图中有一个照明配电箱 AL1，由配电箱 AL1 引出 WL1 至 WL11 共 11 路配电线。

其中，WL1 照明支路共有 4 盏双眼应急灯和 3 盏疏散指示灯。4 盏双眼应急灯分别位于轴线Ⓑ的下方，连接到③轴线右侧传达室附近 1 盏；轴线Ⓔ的下方，连接到③轴线楼梯的下方和⑦轴线左侧消毒室附近各 1 盏；轴线Ⓔ的下方，连接到⑪轴线右侧厨房附近 1 盏。3 盏疏散指示灯分别位于：轴线Ⓐ的上方，连接到③～⑤轴线之间的门厅 2 盏；轴线Ⓓ～Ⓔ之间，连接到⑫轴线右侧的楼道附近 1 盏。

WL2 照明支路共有防水吸顶灯 2 盏、吸顶灯 2 盏、双管荧光灯 12 盏、排风扇 2 个、暗装三极开关 3 个、暗装两极开关 2 个、暗装单极开关 1 个。位于轴线Ⓒ～Ⓓ之间，连接到⑤～⑦轴线之间的卫生间里安装 2 盏防水吸顶灯、1 个排风扇和 1 个暗装三极开关；位于轴线Ⓒ～Ⓓ之间，连接到⑦～⑧轴线之间的衣帽间里安装 1 盏吸顶灯和 1 个暗装单极开关；位于轴线Ⓒ～Ⓓ之间，连接到⑧～⑨轴线之间的饮水间里安装 1 盏吸顶灯、1 个排风扇和 1 个暗装两极开关；位于轴线Ⓐ～Ⓒ之间，连接到⑤～⑦轴线之间的寝室里安装 6 盏双管荧光灯和 1 个暗装三极开关；位于轴线Ⓐ～Ⓒ之间，连接到⑦～⑨轴线之间的活动室里安装 6 盏双管荧光灯和 1 个暗装三极开关。

WL3 照明支路共有防水吸顶灯 2 盏、吸顶灯 2 盏、双管荧光灯 12 盏、排风扇 2 个、暗装三极开关 3 个、暗装两极开关 2 个、暗装单极开关 1 个。位于轴线Ⓒ～Ⓓ之间，连接到⑪～⑫轴线之间的卫生间里安装 2 盏防水吸顶灯、1 个排风扇和 1 个暗装三极开关；位于轴线Ⓒ～Ⓓ之间，连接到⑩～⑪轴线之间的衣帽间里安装 1 盏吸顶灯和 1 个暗装单极开关；

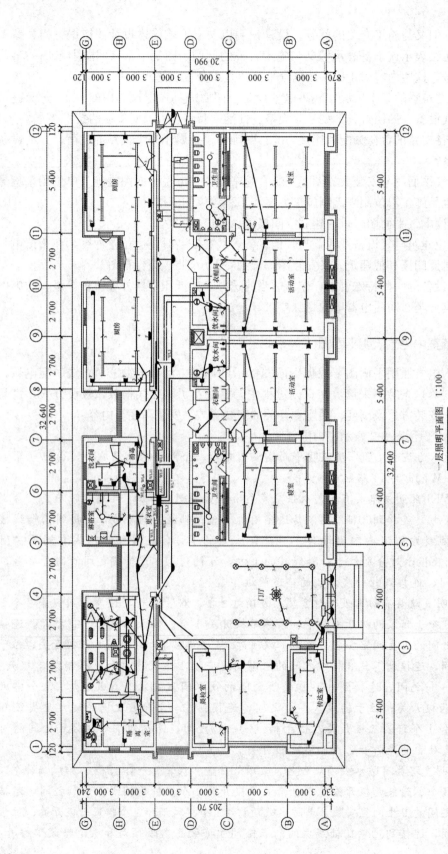

一层照明平面图 1:100

图 8-3 室内电气照明平面图

位于轴线Ⓒ～Ⓓ之间，连接到⑨～⑩轴线之间的饮水间里安装 1 盏吸顶灯、1 个排风扇和 1 个暗装两极开关；位于轴线Ⓐ～Ⓒ之间，连接到⑪～⑫轴线之间的寝室里安装 6 盏双管荧光灯和 1 个暗装三极开关；位于轴线Ⓐ～Ⓒ之间，连接到⑨～⑪轴线之间的活动室里安装 6 盏双管荧光灯和 1 个暗装三极开关。

WL4 照明支路共有防水吸顶灯 1 盏、吸顶灯 12 盏、双管荧光灯 1 盏、单管荧光灯 4 盏、排风扇 4 个、暗装两极开关 5 个和暗装单级开关 11 个。位于轴线Ⓖ下方，连接到①～②轴线之间的卫生间里安装 1 盏吸顶灯、1 个排风扇和 1 个暗装两极开关；位于轴线Ⓗ～Ⓖ之间，连接到②～③轴线之间的卫生间里安装 1 盏吸顶灯、1 个排风扇和 1 个暗装两极开关；位于轴线Ⓗ～Ⓖ之间，连接到③～④轴线之间的卫生间里安装 1 盏吸顶灯、1 个排风扇和 1 个暗装两极开关；位于轴线Ⓗ～Ⓖ之间，连接到⑤～⑥轴线之间的淋浴室里安装 1 盏防水吸顶灯和 1 个排风扇；位于轴线Ⓗ～Ⓖ之间，连接到⑥～⑦轴线之间的洗衣间里安装 1 盏双管荧光灯；位于轴线Ⓔ～Ⓗ之间，连接到⑥～⑦轴线之间的消毒间里安装 1 盏单管荧光灯和 2 个暗装单级开关（其中 1 个暗装单级开关是控制洗衣间 1 盏双管荧光灯的）；位于轴线Ⓔ～Ⓗ之间，连接到⑤～⑥轴线之间的更衣室里安装 1 盏单管荧光灯、1 个暗装单极开关和 1 个暗装两极开关（其中 1 个暗装两极开关是用来控制淋浴室的防水吸顶灯和排风扇的）；位于轴线Ⓔ～Ⓗ之间，连接到④～⑤轴线之间的位置安装 1 盏吸顶灯和 1 个暗装单极开关；位于轴线Ⓗ下方，连接到③～④轴线之间的洗手间里安装 1 盏吸顶灯和 1 个暗装单极开关；位于轴线Ⓗ下方，连接到②～③轴线之间的洗手间里安装 1 盏吸顶灯和 1 个暗装单极开关；位于轴线Ⓔ～Ⓗ之间，连接到③轴线位置安装 1 盏吸顶灯；位于轴线Ⓔ上方，连接到④轴线左侧位置安装 1 个暗装单极开关；位于轴线Ⓔ～Ⓗ之间和Ⓗ上方，连接到①～②轴线之间的中间位置各安装 1 个单管荧光灯；在轴线Ⓔ～Ⓗ之间，连接到②轴线左侧位置安装 1 个暗装两极开关；在轴线Ⓔ的下方，连接到④轴线位置安装 1 个暗装单极开关；在轴线Ⓓ～Ⓔ之间，连接到④～⑤轴线之间的中间位置安装 1 盏吸顶灯；在轴线Ⓓ～Ⓔ之间，连接到⑥～⑦轴线之间的中间位置安装 1 盏吸顶灯；在轴线Ⓔ的下方，连接到④～⑤轴线之间的中间位置安装 1 个暗装单级开关；在轴线Ⓓ～Ⓔ之间，连接到⑩～⑪轴线之间的中间位置安装 1 盏吸顶灯；在轴线Ⓔ的下方，连接到⑩～⑪轴线之间的中间位置安装 1 个暗装单级开关；在轴线Ⓓ～Ⓔ之间，连接到⑫轴线右侧的位置安装 1 盏吸顶灯；在轴线Ⓔ的下方，连接到⑫轴线的位置安装 1 个暗装单级开关。

WL5 照明支路共有吸顶灯 6 盏、单管荧光灯 4 盏、筒灯 8 盏、水晶吊灯 1 盏、暗装三极开关 1 个、暗装两极开关 3 个和暗装单极开关 1 个。位于轴线Ⓒ～Ⓓ之间，连接到①～③轴线之间的晨检室里安装 2 盏单管荧光灯和 1 个暗装两极开关；位于轴线Ⓑ～Ⓒ之间，连接到①～③轴线之间的位置安装 4 盏吸顶灯和 1 个暗装两极开关；位于轴线Ⓐ～Ⓑ之间，连接到①～③轴线之间的传达室里安装 2 盏单管荧光灯和 1 个暗装两极开关；位于轴线Ⓐ～Ⓒ之间，连接到③～⑤轴线之间的门厅里安装 8 盏筒灯、1 盏水晶吊灯、1 个暗装三极开关和 1 个暗装单极开关；位于轴线Ⓐ下方，连接到③～⑤轴线之间的位置安装 2 盏吸顶灯。

WL6 照明支路共有防水双管荧光灯 9 盏、暗装两极开关 2 个。位于轴线Ⓔ～Ⓖ之间，连接到⑧～⑫轴线之间的厨房里安装 9 盏防水双管荧光灯和 2 个暗装两极开关。

WL7 插座支路共有单相二、三孔插座 10 个。位于轴线Ⓐ～Ⓒ之间，连接到⑤～⑦轴线之间的寝室里安装单相二、三孔插座 4 个；位于轴线Ⓐ～Ⓒ之间，连接到⑦～⑨轴线之间的活动室里安装单相二、三孔插座 5 个；位于轴线Ⓒ～Ⓓ之间，连接到⑧轴线右侧的饮水间里安装单相二、三孔插座 1 个。

WL8 插座支路共有单相二、三孔插座 7 个。位于轴线Ⓒ～Ⓓ之间，连接到①～③轴线之间的晨检室里安装单相二、三孔插座 3 个；位于轴线Ⓐ～Ⓑ之间，连接到①～③轴线之间的传达室里安装单相二、三孔插座 4 个。

WL9 插座支路共有单相二、三孔插座 10 个。位于轴线Ⓒ～Ⓓ之间，连接到⑨～⑩轴线之间的饮水间里安装单相二、三孔插座 1 个；位于轴线Ⓐ～Ⓒ之间，连接到⑨～⑪轴线之间的活动室里安装单相二、三孔插座 5 个；位于轴线Ⓐ～Ⓒ之间，连接到⑪～⑫轴线之间的寝室里安装单相二、三孔插座 4 个。

WL10 插座支路共有单相二、三孔插座 5 个，单相二、三孔防水插座 2 个。在轴线Ⓔ～Ⓗ之间，连接到⑥～⑦轴线之间的消毒室里安装单相二、三孔插座 2 个；位于轴线Ⓗ～Ⓖ之间，连接到⑥～⑦轴线之间的洗衣间里安装单相二、三孔防水插座 2 个；位于轴线Ⓔ～Ⓗ之间，连接到⑤轴线右侧更衣室里安装单相二、三孔插座 1 个；位于轴线Ⓔ～Ⓗ之间，连接到①～②轴线之间的隔离室里安装单相二、三孔插座 2 个。

WL11 插足支路，共有单相二、三孔防水插座 8 个。位于轴线Ⓔ、Ⓖ之间，连接到⑧～⑫轴线之间的厨房里安装单相二、三孔防水插座 8 个。

五、识读电气照明系统图

电气照明系统图是用来表示照明系统网络关系的图纸，电气照明系统图应表示出照明系统的各个组成部分之间的相互关系、连接方式，以及各组成部分的电气元件和设备及其特性参数。读懂电气照明系统图，对整个电气工程就有了一个总体的认识。

在照明电气系统图中，可以清楚地看出照明系统的接线方式及进线类型与规格、总开关型号、分开关型号、导线型号规格、管径及敷设方式、分支回路编号、分支回路设备类型、数量及计算总功率等基本设计参数。

【例 8-2】 某综合大楼为三层砖混结构，识读图 8-4 所示其电气照明系统图。

从图中可以看出，进线标注为 VV22-4×16-SC50-FC，说明本楼使用全塑铜芯铠装电缆，规格为 4 芯，截面面积为 16 mm²，穿直径为 50 mm 的焊接钢管，沿地下暗敷设进入建筑物的首层配电箱。三个楼层的配电箱均为 PXT 型通用配电箱，一层的 AL-1 箱尺寸为 700 mm×650 mm×200 mm，配电箱内装一只总开关，使用 C45N-2 型单极组合断路器，容量为 32A。总开关后接本层开关，也使用 C45N-2 型单极组合断路器，容量为 15A。另外的一条线路穿管引上二楼。本层开关后共有 6 个输出回路，分别为 WL1 至 WL6。其中，WL1、WL2 为插座支路，开关使用 C45N-2 型单极组合断路器；WL3、WL4、WL5 为照明支路，使用 C45N-2 型单极组合断路器；WL6 为备用支路。

一层到二层的线路使用 5 根截面面积为 10 mm² 的 BV 型塑料绝缘铜导线连接，穿直径为 32 mm 的焊接钢管，沿墙内暗敷设。二层配电箱 AL-2 与三层配电箱 AL-3 相同，为 PXT 型通用配电箱，尺寸为 500 mm×280 mm×160 mm。箱内主开关为 C45N-2 型 15A 单极组合断路器，在开关前分出一条线路接往三楼。主开关后为 7 条输出回路，其中，WL1、WL2 为插座支路，使用带漏电保护断路器；WL3、WL4、WL5 为照明支路；WL6、WL7

两条为备用支路。

从二层到三层使用 5 根截面面积为 6 mm² 的塑料绝缘铜线连接，穿直径为 25 mm 的焊接钢管，沿墙内暗敷设。

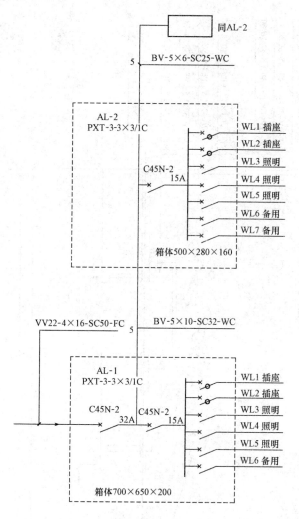

图 8-4 某综合大楼电气照明系统图

六、识读电气动力平面图

图 8-5 所示为某车间电气动力平面图，车间里设有 4 台动力配电箱 AL1～AL4。其中，AL1 $\dfrac{XL\text{-}20}{4.8}$ 表示配电箱的编号为 AL1，其型号为 XL-20，配电箱的容量为 4.8 kW。由 AL1 箱引出三个回路，均为 BV-3×1.5＋PE1.5-SC20-FC，表示 3 根相线截面面积为 1.5 m²，PE 线截面面积为 1.5 m²，铜芯塑料绝缘导线，穿直径为 20 mm 的焊接钢管，沿地暗敷设。配电箱引出回路给各自的设备供电，其中 $\dfrac{1}{1.1}$ 表示设备编号为 1，设备容量为 1.1 kW。

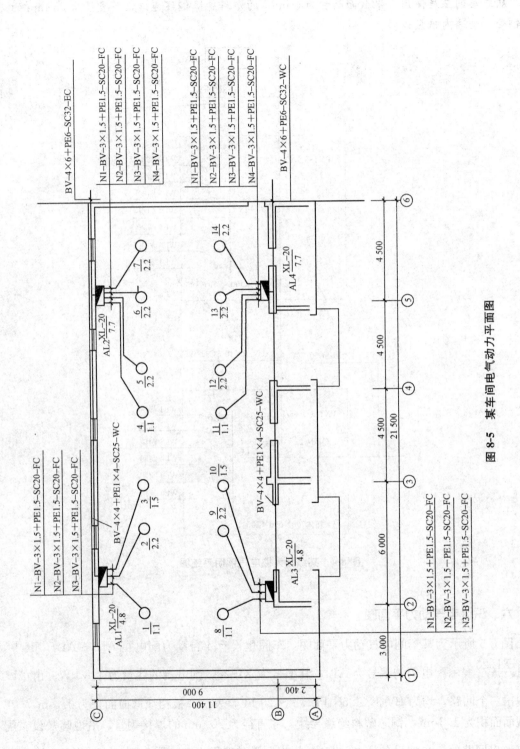

图 8-5 某车间电气动力平面图

一、填空题

1. _____是用单线图表示电能或电信号接回路分配出去的图样。

2. 从降压变电站把电力送到配电变压器或将配电变压器的电力送到用电单位的线路称为_____。

二、思考题

1. 室内电气施工图由哪些内容组成？

2. 简述室内电气施工图的阅读顺序。

3. 简述室内电气施工图的识读方法。

三、实践题

用简图画出室内电气施工图识读的一般程序。

第九章　钢结构施工图识读

能正确使用钢结构施工图的常用符号与图例，能熟练识读钢结构平面布置图、立面布置图以及常见的节点详图。

通过校企合作、校内外实训基地实习等途径，采取工学结合的培养模式，注重"教"与"学"的互动，注意创设职业情境，在多媒体教室中采用集中讲授、分组练习、角色扮演等方法教学。

第一节　识读钢结构施工图常用符号与图例

一、常用型钢的标注方法

常用型钢的标注方法应符合表 9-1 所示的规定。

表 9-1　常用型钢的标注方法

序号	名称	截面	标注	说明
1	等边角钢	∟	∟$b×t$	b 为肢宽，t 为肢厚
2	不等边角钢	∟	∟$B×b×t$	B 为长肢宽，b 为短肢宽，t 为肢厚
3	工字钢	I	IN　Q IN	轻型工字钢加注 Q 字
4	槽钢	[	[N　Q[N	轻型槽钢加注 Q 字
5	方钢	b	□b	—

序号	名称	截面	标注	说明
6	扁钢	b	$-b \times t$	—
7	钢板		$-\dfrac{b \times t}{L}$	宽×厚 板长
8	圆钢		ϕd	
9	钢管		$\phi d \times t$	d 为外径，t 为壁厚
10	薄壁方钢管		$B \square b \times t$	
11	薄壁等肢角钢		$B \llcorner b \times t$	
12	薄壁等肢 卷边角钢		$B \llcorner b \times a \times t$	
13	薄壁槽钢	h	$B \llbracket h \times b \times t$	薄壁型钢加注 B 字，t 为壁厚
14	薄壁卷边槽钢		$B \llbracket h \times b \times a \times t$	
15	薄壁卷边 Z 型钢	h b	$B \llbracket h \times b \times a \times t$	
16	T 型钢	T	TW×× TM×× TN××	TW 为宽翼缘 T 型钢，TM 为中翼缘 T 型钢，TN 为窄翼缘 T 型钢
17	H 型钢	H	HW×× HM×× HN××	HW 为宽翼缘 H 型钢，HM 为中翼缘 H 型钢，HN 为窄翼缘 H 型钢
18	起重机钢轨		$\perp$ QU××	详细说明产品规格型号
19	轻轨及钢轨		$\perp$ ××kg/m 钢轨	

二、螺栓、孔和电焊铆钉的标注方法

螺栓、孔和电焊铆钉的标注方法应符合表 9-2 所示的规定。

表 9-2　螺栓、孔和电焊铆钉的标注方法

序　号	名　　称	图　例	说　　明
1	永久螺栓		
2	高强螺栓		
3	安装螺栓		1. 细"＋"线表示定位线； 2. M 表示螺栓型号； 3. ϕ 表示螺栓孔直径； 4. d 表示膨胀螺栓、电焊铆钉直径； 5. 采用引出线标注螺栓时，横线上标注螺栓规格，横线下标注螺栓孔直径
4	胀锚螺栓		
5	圆形螺栓孔		
6	长圆形螺栓孔		
7	电焊铆钉		

三、钢结构施工图常用焊缝图例

钢结构施工图常用焊缝图例见表 9-3。

表 9-3　钢结构施工图常用焊缝图例

连接类型	焊缝代号	坡口形状示意图	标注样式	焊透种类	焊接方法	板厚 t/mm	焊缝位置	坡口尺寸/mm			备注
主要用于构件组焊	①			全焊透焊接	焊条手工电弧焊	≥6	F, H V, 0	b	α_1	p	L形
								6	45°	0～2	
					气体保护焊、自动保护焊		F, H V, 0	b	α_1	p	
								6	45°	0～2	
					埋弧焊	≥10	F	b	α_1	p	
								6	45°	2	
								10	30°		

连接类型	焊缝代号	坡口形状示意图	标注样式	焊透种类	焊接方法	板厚 t/mm	焊缝位置	坡口尺寸/mm			备注
主要用于构件组焊	①			全焊透焊接	焊条手工电弧焊	≥12	F, H V, 0	b	α_1	p	L形
								6	45°		
							F, V 0	10	30°	0~2	
								13	20°		
					气体保护焊、自动保护焊		F V 0	b	α_1	p	
								6	45°	0~2	
								10	30°		
					埋弧焊	≥10	F	$b=8$ $p=2$ $\alpha_1=45°$			
	②			全焊透焊接	焊条手工电弧焊	≥6	F H V 0	$b=0~3$ $p=0~3$ $\alpha_1=60°$			清根 L形
					气体保护焊、自动保护焊						
					埋弧焊	≥10	F	$b=0$ $p=6$ $\alpha_1=60°$			
	③			部分焊透焊接	焊条手工电弧焊	≥6	F, H V, 0	$b=0$ $H_1 \geq 2\sqrt{t}$			L形
					气体保护焊、自动保护焊	6~24	F, H V, 0	$H_1 \geq t/2$ $p=t-H_1$ $\alpha_1=60°$			
					埋弧焊	≥14	F	$b=0$ $H_1 \geq 2\sqrt{t}$ $p=t-H_1$ $\alpha_1=60°$			
主要用于构件及板材拼接	④			全焊透焊接	焊条手工电弧焊	≥6	F, H V, 0	b	α_1	p	一形 可以相互代换
								6	45°		
							F, V 0	10	30°	0~2	
								13	20°		
					气体保护焊、自动保护焊		F, V 0	b	α_1	p	
								6	45°	0~2	
								10	30°		
					埋弧焊	≥10	F	$b=8$ $p=2$ $\alpha_1=30°$			

连接类型	焊缝代号	坡口形状示意图	标注样式	焊透种类	焊接方法	板厚 t/mm	焊缝位置	坡口尺寸/mm			备注
主要用于构件及板材拼接	④a			全焊透焊接	焊条手工电弧焊	≥6	F,H V,O	b 6	α_1 45°	p 0~2	一形可以相互代换
					气体保护焊、自动保护焊		F,H V,O	b 6	α_1 45°	p 0~2	
					埋弧焊	≥10	F	b 6	α_1 45°	p 2	
	⑤			全焊透焊接	焊条手工电弧焊	≥6	F H V O	$b=0\sim3$ $p=0\sim3$ $\alpha_1=60°$			
					气体保护焊、自动保护焊						
					埋弧焊	≥12	F	$b=0$ $p=6$ $\alpha_1=60°$			
				全焊透焊接	焊条手工电弧焊	≥16	F H V O	$b=0\sim3$ $H_1\geq2(t-p)/3$ $p=0\sim3$ $H_2\geq(t-p)/3$ $\alpha_1=60°$ $\alpha_2=60°$			清根一形
					气体保护焊、自动保护焊						
					埋弧焊	≥20	F	$b=0$ $H_1\geq2(t-p)/3$ $p=6$ $H_2\geq(t-p)/3$ $\alpha_1=60°$ $\alpha_2=60°$			
	⑥			全焊透焊接	焊条手工电弧焊	≥6	F,H V,O	b 6	α_1 45°	p 0~2	清根T形板厚较小时采用7a焊缝
					气体保护焊、自动保护焊		F,H V,O	b 6 10	α_1 45° 30°	p 0~2	
							F				
					埋弧焊	≥10	F	b 6 10	α_1 45° 30°	p 2	

连接类型	焊缝代号	坡口形状示意图	标注样式	焊透种类	焊接方法	板厚 t/mm	焊缝位置	坡口尺寸/mm	备注
主要用于构件及板材拼接	⑦			全焊透焊接	焊条手工电弧焊	≥16	F H V O	$b=0\sim3$ $H_1\geq2(t-p)/3$ $p=0\sim3$ $H_2\geq(t-p)/3$ $\alpha_1=45°$ $\alpha_2=60°$	清根 T形 板厚较小时采用 7a 焊缝
					气体保护焊、自动保护焊				
					埋弧焊	≥20	F	$b=0$ $H_1\geq2(t-p)/3$ $p=6$ $H_2\geq(t-p)/3$ $\alpha_1=60°$ $\alpha_2=60°$	
	⑦a			全焊透焊接	焊条手工电弧焊	≥6	F H V O	$b=0\sim3$ $p=0\sim3$ $\alpha_1=45°$	清根 T形 板厚较大时也可采用 7 号焊缝
					气体保护焊、自动保护焊				
					埋弧焊	≥8	F	$H_1=t-p$ $p=6$ $\alpha_1=60°$	
	⑧			部分焊透焊接	焊条手工电弧焊	≥10	F H V O	$b=0$ $H_1\geq2\sqrt{t}$ $H_1\geq t/2$ $p=t-H_1$ $\alpha_1=45°$	T形 一形
					气体保护焊、自动保护焊				
	⑨			全焊透焊接	焊条手工电弧焊	≤16		$b=6$ $\alpha_1=55°$	非正交T形

连接类型	焊缝代号	坡口形状示意图	标注样式	焊透种类	焊接方法	板厚 t/mm	焊缝位置	坡口尺寸/mm	备注
主要用于构件节点区及肋板焊接	⑩			角焊缝	≤8		$t_{max}=max(t, t_0)$ $t_{min}=min(t, t_0)$ $h_1=min(1.2t_{min}, 8)$		T形不同板厚参数采用的焊接处理方法
				部分焊透对接与角接组合焊缝	≥10		$H_1≥t/2$		
	⑪			角焊缝	≤8		$t_{max}=max(t, t_0)$ $t_{min}=min(t, t_0)$ $h_1=min(1.2t_{min}, 8)$		
				部分焊透对接与角接组合焊缝	≥10		$H_1≥t/3$		

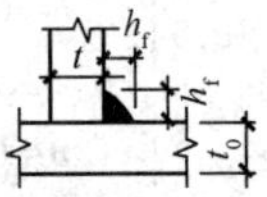

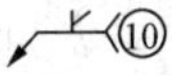

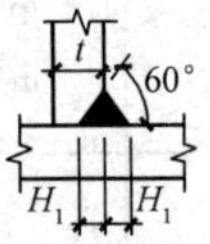

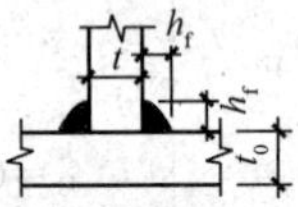

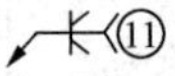

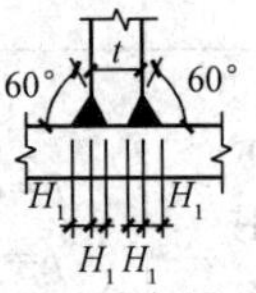

第二节　识读钢结构平面及立面布置图

一、识读钢结构平面布置图

(一)钢结构平面布置图表示规则

(1)钢梁、钢柱在钢结构平面布置图中应按不同的结构层(标准层)采用适当比例绘制。

(2)钢结构平面布置图中应有一个基准标高，该标高为结构层标高减去楼板厚度，即大多数钢梁的梁顶标高。如有个别升板或降板的情况，应在相关的钢梁处注明与基准标高的差值。具体注写方法如图 9-1 所示。

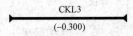

图 9-1　降标高的钢梁注写方式

注：括号内的数字表示的是钢梁与基准标高的差值，正值表示高于基准标高的数值，负值表示低于基准标高的数值。假定钢梁所在层的基准标高为 6.500 m，则该钢梁标高＝6.500－0.300＝6.200(m)。

(3)未作定位标注的钢梁、钢柱，均为轴线居中布置。

(4)钢结构平面布置图中，钢梁可以采用单线条表示，也可以根据实际需要采用钢梁的俯视图表示，如图 9-2、图 9-3 所示。

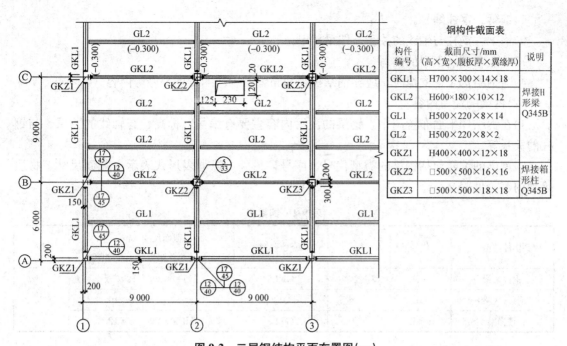

图 9-2　二层钢结构平面布置图(一)

钢构件截面表

构件编号	截面尺寸/mm (高×宽×腹板厚×翼缘厚)	说明
GKL1	H700×300×14×18	焊接H形梁 Q345B
GKL2	H600×180×10×12	
GL1	H500×220×8×14	
GL2	H500×220×8×2	
GKZ1	H400×400×12×18	
GKZ2	□500×500×16×16	焊接箱形柱 Q345B
GKZ3	□500×500×18×18	

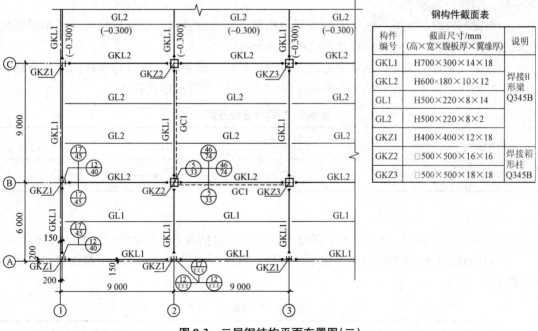

图 9-3　二层钢结构平面布置图(二)

钢构件截面表

构件编号	截面尺寸/mm (高×宽×腹板厚×翼缘厚)	说明
GKL1	H700×300×14×18	焊接H形梁 Q345B
GKL2	H600×180×10×12	
GL1	H500×220×8×14	
GL2	H500×220×8×2	
GKZ1	H400×400×12×18	
GKZ2	□500×500×16×16	焊接箱形柱 Q345B
GKZ3	□500×500×18×18	

(5)在钢结构平面布置图中,节点的注写要能充分反映钢柱与各方向钢梁的连接情况。

(6)钢结构平面布置图中的构件编号宜按从左到右、从下到上的顺序编写。

(二)钢结构平面布置图的注写

(1)钢结构平面布置图中的注写内容。

1)钢梁、钢柱编号。

2)钢梁、钢柱与轴线的关系，即梁柱定位。

3)节点和节点索引的注写。

4)当钢结构布置支撑时，应在钢结构平面布置图中注明支撑编号等内容。

(2)钢梁的注写内容。

1)在钢结构平面布置图中，钢梁的注写内容主要有编号、标高、与轴线的关系、与钢柱的关系等。

2)钢梁的编号包括钢梁的类型代号、序号，另外，以列表形式表示出截面尺寸、材质等项内容，见表9-4。

表9-4　钢梁表

构件类型	代号	序号	编号举例	截面尺寸/mm 高×宽×腹板厚×翼缘厚	材质
钢框架梁	GKL	××	GKL5	H600×200×12×16	
钢梁(次梁)	GL	××	GL2	H400×150×8×10	Q235-B
楼梯梁	GTL	××	GTL3	H200×200×8×12	

3)钢梁的标高一般为钢结构平面布置图的**基准标高**，可以不加注写；如果与基准标高不一致，需加注写说明。

4)钢梁与轴线的关系，钢梁宜轴线居中布置，如有偏轴应注明偏轴尺寸。在钢梁以俯视图表示的平面图中，也可以标注钢梁边到轴线的尺寸。

5)钢梁与钢柱的关系，钢梁中心线宜与钢柱的中心线重合。钢梁与钢柱的连接有两种方式——刚接、铰接，在钢结构平面布置图中应按表9-5所示形式表示。

表9-5　钢构件连接方式

构件铰接		
构件刚接		

(3)钢柱的注写内容。

1)在钢结构平面布置图中，钢柱的注写内容一般包括编号、与轴线的关系(即定位)等。

2)钢柱的编号包括钢柱的类型代号、序号，另外，以列表形式表示出截面尺寸、材质等项内容，见表9-6。

表9-6　钢柱表

柱类型	代号	序号	编号举例	截面尺寸/mm 高×宽×腹板厚×翼缘厚	变截面处 标高/m	材质
钢框架柱	GKL	××	GKZ1	H400×400×12×18	7.8	Q235-B
			GKZ2	□400×400×18×18		
楼梯柱	GTZ	××	GTZ1	H200×200×8×12		

3)钢柱的变截面处，宜位于钢框架梁上方 1.3 m 附近，同时考虑现场接长的施工方便与否。如果钢结构平面布置图中的基准标高为 6.500 m，层高为 3.600 m，则变截面位置可设在标高 7.800 m 处。

4)钢柱与轴线的关系，钢柱宜轴线居中布置，如有偏轴应注明偏轴尺寸。

5)钢柱宜采用钢柱立面图或钢柱表的方式，表示出钢柱变截面处或接长处的标高。

6)如图 9-4 所示，节点注写表示的是三个方向上钢梁与钢柱的连接。如果每个方向钢梁截面及与钢柱的连接形式均相同，可用一个索引号表示。

7)如图 9-4 中 GKZ1、GKZ2 与梁汇交节点均为同类，注写一次即可。

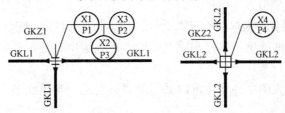

图 9-4　节点注写示意

(三)钢结构节点索引选用说明

下面以图 9-5 为例，说明如何将平面节点与索引图联系起来。钢构件截面见钢构件截面表。

左侧钢梁与钢柱的连接可以按图集中的 5 号节点。与此类似，其他 3 根钢梁和钢柱的连接节点同样可以查出为 5 号节点，然后将查出的参数节点索引编号标注在节点附近，且与钢梁方向对应。

钢梁的截面不同，但与钢柱的连接形式相同，使用相同的节点索引。如果各方向钢梁与钢柱的连接形式均相同，则不必标注每个方向上的节点索引号，可简化为一个节点索引号，如图 9-5 所示。

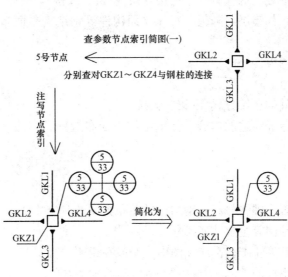

图 9-5　节点索引选用过程示意

二、识读钢结构立面布置图

(一)钢结构立面布置图表示规则

(1)当钢结构中布置有支撑，或平面布置不足以清楚表达特殊构件布置时，应在钢结构平面布置图的基础上，增加钢结构立面布置图。钢结构立面布置图应包含钢柱、钢梁、钢支撑和节点等内容。

(2)钢结构立面布置图可挑选布置有钢支撑或有特殊结构布置的轴网进行投影，并采用适当比例绘制。

(3)钢结构立面布置图中应标明各钢梁的梁顶标高，可以标注钢柱变截面处或拼接处的标高。

(4)未作定位标注的钢梁、钢柱和钢支撑均沿轴线居中布置，其中未作说明的钢支撑强轴在框架平面内。

(5)钢结构立面布置图中各构件可以采用单线条表示，当单线条表示不清时，也可以采用双线条表示。

(6)当钢结构立面布置图主要是为了表示钢支撑位置时，应给此立面图编号，如"GK-CY"等，并在钢结构平面布置图中注写出来。

(7)钢柱宜采用柱图或柱表的方式，清楚表达变截面或接长处的位置。

(二)钢结构立面布置图的注写

(1)注写的基本原则。

1)表达内容的深度。钢结构立面布置图应标明钢支撑与特殊构件的定位、截面、几何尺寸和连接方式。

2)必须注写的内容。

①钢结构立面布置图轴线号和与钢结构平面布置图的对应关系。

②层高及标高、柱网等主要几何尺寸。

③钢支撑的几何参数、构件编号及连接方式(刚接、铰接)。

④特殊注写内容，如错层、降板、特殊立面构件等钢结构平面布置图无法表达或表达不清楚的内容。

3)选择性注写的内容。

①钢梁、钢柱编号。

②钢梁、钢柱构件的连接方式(刚接、铰接)。

③通过其他方式已经表达的内容，如钢结构平面布置图、钢柱立面布置图等有专门表示的内容等。

(2)注写方式。

1)钢柱的注写。

①钢结构立面布置图轴线号和与钢结构平面布置图的对应关系。

②层高及标高、柱网等主要几何尺寸。

③钢柱段起始端和终止端标高应在图中注明或在说明中写明。

④可选择性注写钢柱的编号。

2)钢梁的注写。

①钢结构立面布置图轴线号与钢结构平面布置图的对应关系。

②层高及标高、钢桩网等主要几何尺寸。

③与统一层标高不一致的钢梁应单独标明。

④可选择性注写钢梁的编号与连接方式。

3）钢支撑的注写。

①在钢结构立面布置图中，钢支撑构件的注写内容有三项，包含编号及钢支撑两端的定位。

②钢支撑构件的编号包括钢支撑的类型代号、序号、截面尺寸、材料等内容，如果钢支撑的强轴在框架平面外，还应在截面尺寸后加注"（转）"，见表9-7。

表9-7　钢支撑类型

构件类型	代号	序号	编号举例	截面尺寸/mm 高×宽×腹板厚×翼缘厚	材质
钢支撑	GC	××	GC1	H400×400×12×18	Q235-B
钢支撑			GC2	□400×400×16×16	Q235-B
钢支撑（转轴）		××	GC3	H400×400×12×18（转）	Q235-B

注：截面相同而长度不同的钢支撑可以采用相同的编号。

③钢支撑轴线如交会于钢梁、钢柱轴线的交点，则无须定位，如偏离交点，则需要注明与交点偏离的距离。如图9-6所示，钢支撑与钢梁、钢柱交点的偏离距离 i_1 为500 mm。

④当立面的钢柱在其他方向的立面还有其他钢支撑与之相连时，另一方向钢支撑用虚线表示。

⑤钢支撑轴线的水平投影与钢梁轴线水平投影重合。

4）节点的注写，其方式如下：

①在钢结构立面布置图中，节点主要表现钢支撑与钢梁、钢柱之间的关系，以及它们连接的情况。

②节点的注写以索引的方式表达，每个索引表示的是该方向上的钢支撑与钢梁、钢柱的连接。

③节点的每一个索引应与索引简图的节点形式相对应。

④节点注写举例：如图9-7中的下部节点注写表示的是两个方向上钢支撑与钢梁、钢柱的连接。如果每个钢支撑与钢梁、钢柱的连接均相同，且钢支撑的截面也一样，则可用一个索引号表示（图9-7中的顶部节点）。

一般可以用一个立面对上述内容同时注写。

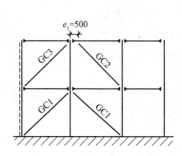

图9-6　钢结构立面布置图中钢支撑的注写规则

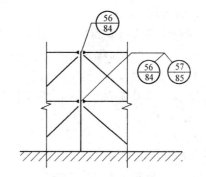

图9-7　钢结构立面布置图中节点的注写规则

(三)钢结构立面布置图注写示例

某工程的 GKC1 立面布置图如图 9-8 所示，其中构件截面见表 9-8。

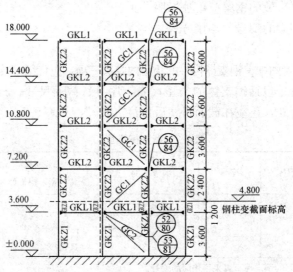

图 9-8　某工程 GKC1 立面布置图

表 9-8　构件截面表

编　号	截面尺寸/mm(高×宽×腹板厚×翼缘厚)	材质
GKL1	H400×300×8×12	
GKL2	H400×300×10×16	
GKZ1	H500×300×12×16	Q235-B
GKZ2	H400×300×12×16	
GC1	H300×300×10×16	
GC2	H300×300×16×16(转)	

一、选择题

1. 钢结构平面布置图中的构件编号宜按(　　　)的顺序编写序号。

　　A. 从右到左，从下到上　　　　　　B. 从左到右，从下到上

　　C. 从左到右，从上到下　　　　　　D. 从右到左，从上到下

2. 在钢结构平面布置图中，钢梁的注写内容不包括(　　　)。

　　A. 编号　　　　　　　　　　　　　B. 与梁高的关系

　　C. 标高　　　　　　　　　　　　　D. 与轴线的关系

二、判断题

1. 钢结构平面布置图中，钢梁只能采用单线条表示。　　　　　　　　　　　　(　　　)

2. 当结构中布置有钢支撑或平面布置不足以清楚表达特殊构件布置时，应在钢结构平面布置图的基础上增加钢结构立面布置图。（　　）

三、实践题

试对图 9-9 所示的箱形柱-梁节点图进行识读。

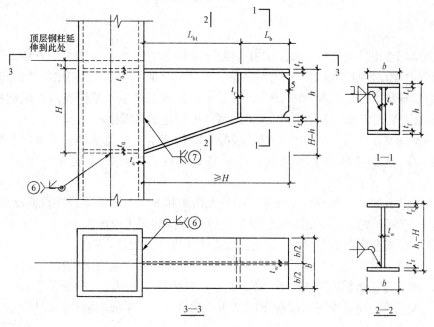

图 9-9　箱形柱-梁节点图

节点参数表

参数名称	参数取值/mm 限制值(参考值)
H	汇交钢梁最大钢梁截面高度
h	同钢梁截面高度
b	同钢梁翼缘宽度
L_b	钢梁段连接长度： ≥max(150，××) [max(150，××)] ××—腹板拼接板长度/2+35
L_{b1}	楔形钢梁段长度： ≥max[3($H-h$)，150] {max[3($H-h$)，150]}
Z	≥max{30，1.5t_c[60]}

节点钢板厚度表

钢板厚度符号	钢板厚度取值/mm	材质要求
t_f	同钢梁翼缘厚度	与钢梁相同
t_w	同钢梁腹板厚度	与钢梁相同
t_0	钢柱加劲隔板厚度： 取各方向 t_f 的最大值	与钢梁相同
t_r	max(0.4f_t，$b/30$)	与钢梁相同
t_c	钢柱截面壁厚： $t_c < t_0$ 时，在钢梁上、 下各 500 范围内取 $t_c=t_0$	与钢柱相同

说明：1. 多高层钢结构、钢-混凝土混合结构中的钢框架；

2. 抗震设防地区及非抗震设防地区；

3. 钢梁端需加腋时适用；

4. 未标注焊缝为 7 号焊缝；

5. 焊缝代号可参见表 9-3。

参 考 文 献

[1] 中国建筑标准设计研究院 . 16G101-1 混凝土结构施工图平面整体表示方法制图规则和构造详图(现浇混凝土框架、剪力墙、梁、板)[S]. 北京：中国计划出版社，2016.

[2] 中国建筑标准设计研究院 . 16G101-2 混凝土结构施工图平面整体表示方法制图规则和构造详图(现浇混凝土板式楼梯)[S]. 北京：中国计划出版社，2016.

[3] 中国建筑标准设计研究院 . 16G101-3 混凝土结构施工图平面整体表示方法制图规则和构造详图(独立基础、条形基础、筏形基础、桩基础)[S]. 北京：中国计划出版社，2016.

[4] 中华人民共和国住房和城乡建设部，中华人民共和国国家质量监督检验检疫总局 . GB/T 50105—2010 建筑结构制图标准[S]. 北京：中国建筑工业出版社，2011.

[5] 肖明和 . 建筑制图与识图[M]. 大连：大连理工大学出版社，2014.

[6] 金燕 . 混凝土结构识图与钢筋计算[M]. 3 版 . 北京：中国电力出版社，2016.

[7] 魏松，林淑芸 . 建筑识图与构造[M]. 北京：机械工业出版社，2009.

[8] 高远，张艳芳 . 建筑识图与构造[M]. 3 版 . 北京：机械工业出版社，2015.